丛书编委会

井延海　刘志敏　张景钢　刘国兴

倪文耀　赵瑞华　董文特　郭　刚

木　兰　井　姗

本书主编

刘国兴　井延海

中级注册安全工程师职业资格考试辅导系列丛书

安全生产专业实务

道路运输安全

考试重点与案例分析

北京注安注册安全工程师安全科学研究院　组织编写

北京交通大学出版社

·北京·

内 容 简 介

本书根据中级注册安全工程师考试大纲的要求，结合道路运输安全专业实务考试教材、事故案例分析内容，以及作者历年进行注册安全工程师考前培训的经验，整理和编写了中级注册安全工程师考试需要掌握的重点内容和知识点，以方便各位考生学习掌握。为方便考生进行事故案例分析的训练，收集了有关道路运输安全的10个典型案例，各位考生可结合事故调查报告学习掌握事故致因理论、事故的直接原因和间接原因的分析、经济损失分析、事故调查处理程序、责任划分等相关知识内容。

图书在版编目（CIP）数据

安全生产专业实务. 道路运输安全考试重点与案例分析 / 北京注安注册安全工程师安全科学研究院组织编写. —北京：北京交通大学出版社，2020.8

（中级注册安全工程师职业资格考试辅导系列丛书）

ISBN 978-7-5121-4281-7

Ⅰ. ① 安…　Ⅱ. ① 北…　Ⅲ. ① 公路运输－交通运输安全－资格考试－自学参考资料　Ⅳ. ① X93

中国版本图书馆 CIP 数据核字（2020）第 135524 号

安全生产专业实务——道路运输安全考试重点与案例分析
ANQUAN SHENGCHAN ZHUANYE SHIWU——DAOLU YUNSHU ANQUAN KAOSHI ZHONGDIAN YU ANLI FENXI

策划编辑：高振宇　　责任编辑：陈可亮
出版发行：北京交通大学出版社　　电话：010-51686414　　http://www.bjtup.com.cn
地　　址：北京市海淀区高梁桥斜街 44 号　　邮编：100044
印 刷 者：北京时代华都印刷有限公司
经　　销：全国新华书店
开　　本：185 mm×260 mm　　印张：16.25　　字数：351 千字　　插页：2
版 印 次：2020 年 8 月第 1 版　　2020 年 8 月第 1 次印刷
印　　数：1～3 000 册　　定价：48.00 元

本书如有质量问题，请向北京交通大学出版社质监组反映。对您的意见和批评，我们表示欢迎和感谢。
投诉电话：010-51686043，51686008；传真：010-62225406；E-mail：press@bjtu.edu.cn。

前　言

北京注安注册安全工程师安全科学研究院是全国注册安全工程师行业第一家，也是唯一一家科学研究院，是培训注册安全工程师和落实注册安全工程师制度的专业性服务机构。

本研究院多年来致力于帮助考生学习和掌握考试重点，顺利通过中级注册安全工程师职业资格考试；提高企业主要负责人和安全生产管理人员的知识水平与业务能力；充分发挥中级注册安全工程师作用，显著提升企业安全管理水平、专业技术人员素质和防灾、减灾、救灾能力，科学有效地预防和减少生产安全事故。

中级注册安全工程师职业资格考试辅导系列丛书，包括《安全生产法律法规考试重点与精选题库》《安全生产管理考试重点与精选题库》《安全生产技术基础考试重点与精选题库》《安全生产专业实务——道路运输安全考试重点与案例分析》《安全生产专业实务——道路运输安全精选题库与模拟试卷》，均由本研究院组织的国家级权威专家和相关专业人士精心编写而成。本书编写过程中紧扣考试大纲的要求，深入研究考试教材和相关政策法规，精心筛选考试重点。

本书作为丛书之一，专门为考生考前复习量身打造，具有较强的针对性、指导性、实用性。本书适合在教材学习阶段巩固学习成果，在冲刺复习阶段抓住学习重点，在考试之前进行自评自测。本书也可作为道路运输企业主要负责人和安全生产管理人员的学习参考用书。

书中标有“★”的内容为大纲要求掌握，标有“★★★”的内容为大纲要求重点掌握。

由于编写时间仓促，水平有限，如有错误和遗漏敬请批评指正，以便持续改进。联系电话 010-56386900，亦可扫描下方二维码联系我们。

北京注安注册安全工程师安全科学研究院
2020 年 4 月

扫码关注微信公众号

目　录

第一章　考试大纲

一、试卷结构

专业科目试题包括专业安全技术和安全生产案例分析两部分。专业安全技术部分题型为客观题，均为单项选择题，占分值的 20%；安全生产案例分析部分题型包括客观题（占分值的 10%）和主观题（占分值的 70%），客观题为单项选择题和多项选择题，主观题为综合案例分析题。

四个科目试卷总分均为 100 分，考试时间均为 2.5 小时。

二、考试目的

考查专业技术人员掌握专业安全技术，并综合运用安全生产法律、法规、规章、标准、政策、安全生产理论和方法，分析并解决安全生产实际问题的能力。

三、考试内容及要求

（一）专业安全技术——道路运输安全技术

1. 道路运输安全技术基础

掌握道路运输安全生产基本特点，运用道路运输安全技术和相关法律法规、规章制度、标准规范，进行道路运输行业重大危险源辨识与隐患排查，制定相应风险管理措施。运用驾驶员和车辆安全管理理论，分析驾驶员操作和运输车辆安全隐患，制定驾驶员和车辆安全管理措施。运用道路运输信息化基础技术，按照事故报告和调查处理的基本要求，梳理、分析运输事故原因，提出安全应对措施。掌握道路运输中驾驶员劳动防护相关要求，以及相关消防设施及器材的功能和使用要求，制定相应的安全技术措施。了解道路及其安全设施的作用和使用要求，了解特殊道路和环境下车辆安全运行技术及紧急情况的应对处理基本技能。

2. 道路旅客运输安全技术

掌握道路旅客运输安全生产基本特点，运用道路旅客运输安全技术和相关法律法规、规章制度、标准规范，分析客运驾驶员、车辆技术状况及动态监控、运输经营行为等方面的安全技术和管理要求，组织实施驾驶员安全培训教育；针对不同道路旅客运输各环节的风险隐患，提出相应的安全技术措施，制定道路旅客运输各岗位操作规程和安全管控措施。了解新时期道路旅客运输安全管理要求。

3. 道路货物运输安全技术

掌握道路货物运输安全生产基本特点，运用道路货物运输安全技术和相关法律法规、规章制度、标准规范，分析运输车辆装备的安全技术要求、货物运输安全管理的基本内容和要求，组织实施从业人员安全培训教育；分析货物运输安全检查和隐患排查的特点及要求，针对重大安全隐患提出治理措施，尤其是典型危险货物运输风险管控的相关内容和要求。了解新时期道路货物运输安全生产管理要求。

4. 道路运输站场安全生产技术

掌握道路旅客及货物运输站场安全生产特点，运用道路运输站场安全技术和相关法律法规、规章制度、标准规范，制定汽车客运站危险品查堵、客车安全检查技术措施及工作规范，货运站场货物存储及堆放安全技术措施，以及道路运输站场突发事件应急处置措施。了解汽车客运站安全告知等制度的工作规范和技术要求，了解货运站场对超限超载、禁止装卸国家禁运和限运物品，以及对出站车辆进行安全检查的工作规范和技术要求。

5. 道路运输信息化安全技术

掌握常用道路运输管理信息系统的主要功能、应用要求以及车辆卫星定位动态监控系统、客运联网售票信息系统等重点信息系统应用相关政策法规的要求。了解计算机软件、硬件、计算机网络、数据库等方面的知识。熟悉网络信息安全相关技术知识。运用道路运输信息化安全技术，解决相关问题。

6. 道路运输事故应急处置与救援

运用道路运输安全技术和相关法律法规、规章制度、标准规范，根据道路运输以及维修、检测企业潜在的安全风险，编制相应的应急预案，制定典型道路运输事故的应急救援流程及现场处置措施；根据具体的事故场景，制定应急救援方案和培训演练方案。了解常见的道路运输事故应急处理器材、安全防护设施设备的基本原理及使用要求，了解道路运输事故调查处理的相关要求。

7. 道路运输其他安全生产技术

运用车辆维修、检测安全技术和相关法律法规、规章制度、标准规范，分析车辆维修和检测作业中的安全生产要求，制定维修、检测设备操作规程及各工位安全技术和管理措施，以及车辆在检测区检验的安全防范措施；制定特种车辆以及危险品运输车辆维修场地及作业过程的相关安全技术措施；制定驾驶员培训工作中相关的安全管理制度，以及培训机构训练场的安全防范措施；解决场地和实际道路训练过程中的相关安全要求，制定在特殊情况下的安全应对措施。

（二）安全生产案例分析

（1）国家安全生产法律、法规、规章、标准和政策；企业安全生产规章制度制定、修订和执行；企业安全生产责任制制定、企业安全生产计划制定与执行；安全管理模式、要素；安全生产管理机构设置和人员配备的案例分析。

（2）危险及有害因素辨识、危险化学品重大危险源管理、安全生产检查、事故隐患排查、安全评价、安全技术措施制定的案例分析。

（3）安全生产许可、建设项目安全设施、安全生产教育培训、安全文化、安全生产标准化、安全风险分级管控和隐患排查治理双重预防机制的案例分析。

（4）劳动防护用品选用与配备、特种设备安全管理、特种作业安全管理、工伤保险、安全生产投入的案例分析。

（5）应急管理体系建设、应急预案制定和演练、应急准备与响应、应急处置和事后恢复的案例分析。

（6）安全生产事故报告、调查、处理，安全生产统计分析的案例分析。

第二章　考试重点

第一节　道路运输安全技术基础

道路运输安全涉及人、车、路（环境）三个最基本要素★。

为了保障道路运输安全，要求在人、车、路（环境）三个方面都安全可靠，即：驾驶员身体状况良好，驾驶技术熟练，经验丰富，注意力集中，遵守交通安全规则；车辆结构、性能和技术状况良好；道路条件符合安全行车要求。此外，还要考虑特殊环境下的车辆运行安全性，以及道路运输安全防护、风险辨识、安全隐患排查等方面的内容。

一、道路运输安全生产基本特点★

1. 道路运输特点

（1）机动灵活、适应性强，可以随时、随地、随量地参与运输。

（2）可实现“门到门”的直达运输，这是其他运输方式无法比拟的。

（3）道路运输是一种全民皆可利用的运输方式，因此具有公用开放性。

（4）原始投资少，技术要求低。

（5）单车运量较小，运输成本较高。

（6）与其他运输方式相比，平均运距是最短的，运行持续性较差。

（7）由于运输环境比较复杂，准入门槛较低，导致安全性较低，环境污染较大。

2. 道路运输安全特点

（1）道路运输行业风险高。

（2）运输企业安全主体责任不落实是运输事故的主要原因。

（3）大型货车是导致运输事故的主要车型。

（4）“两客一危”车辆是发生群死群伤恶性道路运输事故的主要车辆。

（5）开放动态的工作环境增加了道路运输安全的管理难度。

注★：“两客一危”车辆是指：旅游包车和班线大型客车以及危险品运输车辆。

危险品运输车辆是指：危险化学品、烟花爆竹、民用爆炸物品运输车辆。

3. 道路运输安全保障体系

道路运输安全保障体系由法规制度体系、安全责任体系、预防控制体系、宣传教育体系、支撑保障体系、国际化战略体系六个方面内容构成。

（1）法规制度体系：安全生产法规；安全生产制度；安全生产标准规范；安全生产应急预案。

（2）安全责任体系：企业安全生产主体责任；安全生产监督管理责任；安全生产“一岗双责”；安全生产问责追责。

（3）预防控制体系：安全生产形势研判；隐患排查治理；安全生产风险管理；安全生产监督检查；社会监督；安全应急演练。

（4）宣传教育体系：安全文化宣传引导；企业从业人员教育培训；安全监督管理人员业务素质；安全生产诚信管理。

（5）支撑保障体系：安全管理力量配备；安全生产费用和工作经费；安全监督管理和应急救援装备设施建设；安全科技和信息化建设；行业组织的作用。

（6）国际化战略体系：国际影响力；国际化水平；国际交流与合作。

注★：“一岗双责”是指：管行业、管业务、管生产经营必须管安全。

4.“四不放过”

“四不放过”是指：事故原因未查清不放过；责任人员未处理不放过；责任人和群众未受教育不放过；整改措施未落实不放过。目的：接受教训，防止同类事故重复发生。

5. 安全生产管理体制

根据《中华人民共和国安全生产法》，我国现行的安全生产管理体制为：企业负责、政府监管、国家监察和群众监督。这是市场经济国家的普遍做法，也是符合国际惯例的通行做法。

6. 道路运输事故

道路运输事故是指交通运输企业在交通运输过程发生的事故，对交通运输企业而言，这些事故属于生产事故。虽然大部分的道路运输事故都属于道路交通事故，也是运输企业事故预防的重点，但也有部分道路运输事故不属于道路交通事故，例如客货运站场、汽车修理厂、驾驶培训场地内发生的事故都不属于道路交通事故。

7. 构成道路交通事故的要素

（1）有车辆存在。车辆包括各种机动车和非机动车。

（2）在道路上。这是道路交通事故最主要的特征。

（3）在通行中。这是指车辆不是静止不动的，而是在行驶中。

（4）具有交通事态发生。要有与道路事故有关的现象发生。

（5）事故发生是由于过错或意外。

（6）有损害后果。道路交通事故必须要有人畜伤亡或车辆、货物损毁的后果。

8. 道路交通事故基本特点

（1）随机性。道路交通事故往往是多种因素共同作用或互相引发的结果，其中许多因素本身就是随机的，多种因素组合在一起则具有更大的随机性。

（2）突发性。道路交通事故在很多情况下没有任何征兆，即具有突发性。

（3）频发性。随着汽车工业和道路运输活动的蓬勃发展，加之交通管理不善等原因，造成事故频发。

（4）不可逆性。无论怎样研究道路交通事故的发生机理和防治措施，也不能预测何时、何地、何人会发生何种事故。因此，道路交通事故是不可重现的，其过程是不可逆的。

9. 事故类型与等级划分★★★

1）事故类型 ★★★

《道路交通事故处理程序规定》（公安部令第146号）第一章第三条规定：道路交通事故分为财产损失事故、伤人事故和死亡事故。

（1）财产损失事故是指造成财产损失，尚未造成人员伤亡的道路交通事故。

（2）伤人事故是指造成人员受伤，尚未造成人员死亡的道路交通事故。

（3）死亡事故是指造成人员死亡的道路交通事故。

2）事故等级★★★

事故等级分类见表2-1。

表2-1 事故等级分类

事故等级	死亡人数	重伤人数	直接经济损失
特别重大事故	30人以上	100人以上	1亿元以上
重大事故	10人以上30人以下	50人以上100人以下	5 000万元以上1亿元以下
较大事故	3人以上10人以下	10人以上50人以下	1 000万元以上5 000万元以下
一般事故	3人以下	10人以下	1 000万元以下

注★：“以上”包括本数；“以下”不包括本数。

（1）特别重大事故，是指造成30人以上死亡，或者100人以上重伤（包括急性工业中毒，下同），或者1亿元以上直接经济损失的事故。

（2）重大事故，是指造成10人以上30人以下死亡，或者50人以上100人以下重伤，或者5 000万元以上1亿元以下直接经济损失的事故。

（3）较大事故，是指造成3人以上10人以下死亡，或者10人以上50人以下重伤，或者1 000万元以上5 000万元以下直接经济损失的事故。

（4）一般事故，是指造成3人以下死亡，或者10人以下重伤，或者1 000万元以下直接经济损失的事故。

10. 道路交通事故主要类型★

道路交通事故主要包括碰撞、碾压、刮擦、翻车、坠车、爆炸、失火和撞固定物等类别。

对于有两种及两种以上并存事故形式的现象，一般按事故现象发生的先后顺序进行确定，如碰撞后失火可认定为碰撞形式。有时也可按主体现象进行确定，如碰撞后碾压可认定为碾压形式。

二、驾驶员基本心理生理特性★

1. 驾驶员信息处理过程

熟悉三个阶段的作用。

（1）信息感知阶段。

（2）分析判断阶段。

（3）操作反应阶段。

2. 交通信息的分类

按照道路基本信息的显现特征一般将交通信息分为：

（1）潜伏信息——驾驶员不能直接观察到的信息，例如凸曲线视线受阻、路面附着系数低等。

（2）微弱信息——信息刺激量较小，难以被驾驶员接收的信息，例如夜间穿深色衣服的人、缺少明显标志的出口等。

（3）先兆信息——能够提前显示某些提示或征兆的信息，例如酒后开车、超速行驶、标志和标线完备的山区公路等。

（4）突显信息——没有任何征兆，突然出现的信息，例如前车突然急踩刹车、行人突然横穿、车辆未打转向灯突然换道等。

3. 影响驾驶员信息处理的因素

（1）驾驶员自身的心理、生理特性，包括驾驶员的驾驶水平、身体状况、心理状况以及驾驶员对交通安全的认知水平。

（2）车辆设计，包括车辆的仪表、视野、操纵装置等。

（3）道路环境刺激等路面反馈特性。

4. 保证道路基本信息传递畅通的措施

1）对于道路设计者

（1）设计出诱导性好的道路，提供易察觉的信息。

（2）避免突显信息，变潜伏信息为先兆信息。

（3）增强微弱信息的刺激强度和刺激量。

2）对于车辆设计者

（1）设计利于观察的仪表。

（2）尽量不缩小视野，为驾驶员提供良好的信息感知环境。

（3）设计便于操纵的装置，便于迅速而准确的动作输出。

3）对于驾驶员

（1）避免疲劳驾驶，杜绝酒后驾驶。

（2）加强交通安全知识学习，提高潜在信息和微弱信息的识别能力。

（3）谨慎驾驶，集中注意。

5. 汽车驾驶员对交通标志的设置要求

标志应设置在从车内最容易看见的地方；在一个地点不应设置多个交通标志；标志之间不应有矛盾和重复；必要的地方应设置预告标志；标志的附近不应存在干扰因素；在道路环境复杂的地方，标志的设置不应增加驾驶员的视觉负荷等。

6. 驾驶员基本心理、生理特性

包括：驾驶员的信息处理；心理特性；生理特性；人的反应特性；人的错觉对道路运输安全的影响；酒精、药物、毒品对驾驶行为的影响。

7. 驾驶员的心理特性

包括：感知；注意；情绪和情感；意志；性格。

（1）感知。具体分为：感觉；知觉（空间知觉、时间知觉、运动知觉）；感知能力（车体及其空间关系的感知能力、车速感知能力、车距感知能力、操纵车辆的感知能力）。

（2）注意。可分为有意注意和无意注意两类。如驾驶员行车时留心观察行车动态、仪表指示都是有目的、有意识的注意。驾驶员在行车中，如不能自我控制而东张西望或与人随意谈笑，是很容易发生交通事故的。注意具有范围、分配、集中、稳定性和转移等特性。

（3）情绪和情感。情绪分为心境、激情和应激三种典型状态。如果驾驶员带着低沉的情绪开车，就会对驾驶操作产生消极作用。暴怒、狂喜、恐惧、剧烈的悲痛等都是激情，如果驾驶员处于激情状态，就会失去理智，严重影响其观察、判断和操作能力，从而酿成事故。优秀的驾驶员应当具备道德感、理智感和美感。

（4）意志。

（5）性格。分为外向型驾驶员、内向型驾驶员。

8. 驾驶员的生理特性

包括：视觉特性；听觉特性；感觉的相互作用；疲劳驾驶。其中视觉和听觉是最主要的感知信息来源，通过视觉感知到的信息大约占 80%以上。

1）视觉特性

（1）视力。

① 静视力。

② 动视力（驾驶员观察运动物体的视力）★。动视力随着车速的提高明显下降。以辨别道路标志为例，当车辆以 60 km/h 的车速行驶时，一般驾驶员可看清 240 m 以内的标志；当车速增大到 80 km/h 时，只能看到 160 m 之内的标志。动视力之所以随车速增大而下降，是因为驾驶员的视力随刺激物露出时间的长短而变化，目标物在高速下移动过快，露出时间过短，致使驾驶员视力下降（看不清）。

此外，动视力与驾驶员年龄有关，年龄越高，动视力越差。与静视力相比，动视力一般低 10%～20%，特殊情况下低 30%～40%。

③ 夜间视力。在黑暗环境中的视力称为夜间视力。在照度 0.1～1 000 lx 的范围内，

视力与照度呈线性关系并随照度的减小而降低。此外，夜间视力也与年龄和车速有关，年龄越大，车速越高，夜间视力越弱。

④ 立体视力。立体视力是人对三维空间各种物体远近、前后、高低、深浅和凹凸的一种感知能力。失去这种能力的人称为立体盲，立体视盲是一种比色盲、夜盲更为有害的眼病。

（2）视野。

① 静视野。指驾驶员的头部和眼球固定时能够看到的范围。

② 动视野。指仅将头部固定、眼球自由转动能够看到的范围。随着汽车速度升高，注视点前移，视野变窄，周界感减少；随着驾驶员年龄增大，视野会变窄。戴眼镜也会使驾驶员的视野略窄。

（3）视觉适应★。

视觉适应是指人的眼睛对于光亮程度突然变化而引起的感受性适应过程。视觉适应分为暗适应和明（光）适应。

① 暗适应。人由明（光）亮处进入暗处，眼睛习惯后，视力恢复的过程，称为暗适应。

② 明（光）适应。人由暗处进入明（光）亮处，眼睛习惯后，视力恢复的过程，称为明（光）适应。

明（光）适应过程较快，一般不超过 1 min；而暗适应则慢得多，对安全行车影响也更大。

一般由隧道外进入没有照明条件的隧道时，大约发生 10 s 的视觉障碍。夜晚在有无路灯的交界处，由于照明条件的改变也会使驾驶员产生视觉障碍，从而影响行车安全。此外，黄昏时路面的明亮度降低，但天空还较明亮，视觉的适应较困难。

对于不同年龄的驾驶员来说，暗适应能力也有明显不同。研究表明，从 20 岁到 30 岁，暗适应能力是不断提高的，40 岁后逐渐开始下降，而 60 岁时的暗适应能力则仅为 20 岁时的 1/8。

（4）眩目。

眩目是指视野内有强光照射、颜色不均匀等刺激现象使人的眼睛产生不舒适感，且引起视力暂时下降，导致看不清物体的现象。

为防止夜间会车时眩目，汽车前照灯应备有远、近两种灯光，会车时使用近光。在道路设施方面也要注意防眩，如在上下行车道间设置隔离带，在隔离带上设置防眩板，加强路灯照明等。

若发生眩目，最好行驶至路旁停车，待视力恢复后再继续行驶。

2）听觉特性

一般人通过听觉感知到的信息约占 10%。

3）感觉的相互作用

各种感觉器官对其适宜刺激的感受能力都将因受到其他刺激的干扰影响而降低，由此使感受性发生变化的现象被称为感觉的相互作用。

这时同时输入两个相等强度的听觉信息，人们对其中一个信息的辨别能力将降低50%。不同感觉器官的影响是不同的，听觉信息对视觉信息的干扰比较大。

4）疲劳驾驶★

疲劳是经过体力和脑力劳动后全身机能下降的一种现象。

驾驶员的驾驶活动不仅是体力劳动，而且是脑力劳动，因此更容易疲劳。在驾驶疲劳的状态下，极易发生事故。

（1）引起驾驶员疲劳的主要原因有：生活作息；驾驶时间；生理、心理状态；工作环境。

（2）防止驾驶员疲劳的主要措施有：保证足够的睡眠时间和良好的睡眠效果；科学地安排行车时间，注意劳逸结合；养成良好的饮食习惯，提高身体素质；保持良好的工作环境。

在疲劳驾驶的状态下，极易发生事故。因此，应科学、合理地安排行车时间和计划，注意行车途中的休息；连续驾驶时间不得超过4 h，连续行车4 h，必须停车休息20 min以上；尽量不安排驾驶员在夜间及中午休息时间从事运输工作，如果受工作任务所迫，夜间长时间行车应由2人轮流驾驶，交替休息，每人驾驶时间应在2～4 h之间，尽量不在深夜驾驶。

9. 人的反应特性★

1）驾驶员的反应

可分为简单反应和复杂反应。

（1）简单反应。简单反应是给驾驶员单一刺激，要求做出的反应。

（2）复杂反应。复杂反应是给驾驶员多种刺激，要求做出不同的反应。

2）影响驾驶员反应的因素

（1）刺激。一定范围内，同种刺激，强度越大，反应时间越短；刺激信号数目的增加会使反应时间延长；一定范围内，刺激信号显露时间越长，反应时间越短。

（2）年龄和性别。同龄男性比同龄女性反应时间要短。

（3）情绪和注意。积极的情绪可以提高和增强人的活力，驾驶员在喜悦、惬意、舒畅的状态下，反应速度快，大脑灵敏度较高，判断准，操作失误少。

（4）车速。车速越快反应越迟钝。

（5）疲劳驾驶。疲劳会使驾驶员驾驶机能失调、下降，反应时间增加。

（6）饮酒。饮酒影响人的中枢神经系统，导致感觉模糊，反应延迟。

3）安全跟车距离的“2 s准则”

不同的人在不同的环境条件下，反应时间也不同。反应敏捷的人反应时间可控制在0.4 s，绝大多数人的反应时间小于2 s，但个别反应迟钝的人可达4 s。一般而言，驾驶员的平均反应时间为1 s。

当前车驶过路边某一固定的参照物时，后车驾驶员开始读秒，“一秒钟、两秒钟”，若数完，后车未到达该参照物，说明跟车距离安全、合适，该驾驶行为准则被称为2 s准则。当遇到雨雪天气时，跟车距离应变为3 s、4 s准则。

10. 驾驶错觉★

常见的驾驶错觉主要有：速度错觉、距离错觉、弯道错觉、坡度错觉、光线错觉。

（1）速度错觉。在市区道路上对车速易于高估，在原野道路上易于低估；在加速时，易于将低速高估（这样在超车时会延长超车距离）；在减速时易于将车速低估，以致转弯、会车时因车速过快而发生危险。

（2）距离错觉。同样的距离，白天看起来近，而在夜间及昏暗的环境感觉远；前面是大车，感觉距离近；前面是小车，感觉距离远；路上参照物多时感觉距离近，参照物少时感觉距离远；会车时，无论两车的速度差有多大，总是感觉会车地点在两车距离一半处。

应对方法：为安全起见，可采用行车间距的米数与车速的千米数相同的方法加以预防，如：60 km/h 的车速下，与前车要保持 60 m 间距，如果是夜间行车应进一步加大车距；会车间距一般为 1.5 m 左右，要勤观察路边界标。

（3）弯道错觉。一般对于未超过半圆的圆弧，驾驶员往往感觉到的曲率半径总是比实际的小，圆弧的长度越短，越感到曲率半径小。

（4）坡度错觉。在很长的坡道上下坡，会产生好像是在平路上行驶的感觉；在下长坡接近坡底、坡度变得很小的时候，尤其坡底是直线路段时，会觉得已变成上坡，若这时加大油门，车速会更快；在上坡途中坡度变缓时，往往也会以为已变成下坡，若这时减小油门，易使车辆溜坡。

应对方法：在上下坡之前，切记要试一试刹车。同时，为防止坡度错觉，可以常观察坡道上的标志牌，感觉发动机的声音和利用好挡位等。

（5）光线错觉。在遇到光线频繁变化时，比如对向远光灯晃眼，应立即减速慢行。

11. 酒精对人的影响★★★

酒精影响人的中枢神经系统，导致感觉模糊、判断失误、反应不当。

（1）酒精会使人的色彩感觉功能降低，视觉受到影响。

（2）酒精会使人的触觉、平衡觉功能降低。

（3）酒精会对人的思考、判断能力产生影响，当血液中酒精浓度达到 0.94%时，判断力会降低 25%。

（4）醉酒使人的注意力水平降低。

（5）醉酒使人的情绪变得不稳定，往往不能控制自己的语言和行为。

12.《车辆驾驶人员血液、呼气酒精含量阈值与检验》中的规定★

（1）饮酒驾车：每百毫升血液中的酒精含量大于或等于 20 mg、小于 80 mg。

（2）醉酒驾车：每百毫升血液中的酒精含量大于或等于 80 mg。

13.《中华人民共和国道路交通安全法》中对于饮酒、醉酒驾驶的规定★

饮酒、服用国家管制的精神药品或者麻醉药品，或者患有妨碍安全驾驶机动车的疾病，或者过度疲劳影响安全驾驶的，不得驾驶机动车。

（1）饮酒后驾驶机动车的，处暂扣 6 个月机动车驾驶证，并处 1 000 元以上 2 000 元以下罚款。因饮酒后驾驶机动车被处罚，再次饮酒后驾驶机动车的，处10日以下拘留，并处1 000元以上2 000元以下罚款，吊销机动车驾驶证。

（2）醉酒驾驶机动车的，由公安机关交通管理部门约束至酒醒，吊销机动车驾驶证，依法追究刑事责任，5年内不得重新取得机动车驾驶证。

（3）饮酒后驾驶营运机动车的，处15日拘留，并处5 000元罚款，吊销机动车驾驶证，5年内不得重新取得机动车驾驶证。

（4）醉酒驾驶营运机动车的，由公安机关交通管理部门约束至酒醒，吊销机动车驾驶证，依法追究刑事责任；10年内不得重新取得机动车驾驶证，重新取得机动车驾驶证后，不得驾驶营运机动车。

14. 药物对驾驶员的影响★

镇静剂和安眠药在服用后会产生麻醉和催眠作用，驾驶员在开车前均不应服用这类药物。

链霉素等抗生素也会使驾驶员产生头晕、耳鸣、恶心等副作用，使人体机能失去平衡，开车时就容易发生事故。抗过敏药物则有头晕、困倦、嗜睡等副作用，驾驶期间应禁用。特别应引起重视的是，目前广泛用于治疗感冒等常见病的解热镇痛药，如阿司匹林、扑热息痛等，服后会使人感到乏力、注意力减退、反应灵敏性下降。

15. 毒品★

毒品对中枢神经系统和周围神经系统都有很大的损害，可产生异常的兴奋、抑制等作用，出现一系列神经、精神症状，如失眠、烦躁、惊厥、麻痹、记忆力下降、主动性降低、性格孤僻、意志消沉、周围神经炎等，从而严重危害行车安全。

三、车辆运行安全基础理论★

1. 车辆行驶性能与道路运输安全

主要包括动力性、制动性、操纵性和稳定性。

在汽车各种行驶性能中，动力性是最重要、最基本的性能。

超车行驶时，加速时间越短，行车越安全。

货车最大爬坡度一般在30%左右，即坡度角为16.7°左右。

2. 影响制动效能的主要因素★

制动效能是指汽车在良好路面上以一定的初速度制动到停车的制动距离或制动时汽车的减速度，是制动性最基本的评价指标。《机动车运行安全技术条件》（GB 7258—2017）要求：对于总质量大于3 500 kg的货车及客车，其空载检验充分发出的平均减速度（MFDD）不得小于5.4 m/s^2，满载检验充分发出的平均减速度（MFDD）不得小于5.0 m/s^2。

影响制动效能的主要因素有：

（1）制动器的结构形式。一般而言，气压制动的制动效能要高于液压制动，但是体积、噪声都要大一些，因此在大型车辆上应用较多。液压制动噪声较小，家用小型汽车通常仍采用液压制动。鼓式制动的制动效能要高于盘式制动，但盘式制动器在液力助力下同样可以获得较高的制动效能，而且由于盘式制动器一般无摩擦助势作用，因而制动效能受摩擦系数的影响较小。因此，其制动效能的稳定性比较好，故越来越得到广泛应用。

（2）制动协调时间。采用液压制动的汽车制动协调时间要小于或等于 0.35 s；采用气压制动的汽车制动协调时间要小于或等于 0.6 s；汽车列车、铰接客车、铰接无轨电车的制动协调时间要小于或等于 0.8 s。

（3）路面附着系数越高，制动效能越高。在积水的路面上容易发生“滑水效应”，路面附着系数急剧降低，导致丧失制动效能。

（4）超载率。随着超载率的增加，制动效能下降，因此，超载大货车的制动距离远大于正常装载车辆的制动距离。

3. 制动效能的恒定性★

恒定性指车辆制动效能的保持能力，一般指制动过程中制动器的抗热衰退性和抗水衰退性。

汽车长时间进行强度较大的制动时（如下长坡连续制动或高速制动），制动器的温度常在 300 ℃以上。温度升高后，制动摩擦片性能下降，制动器摩擦副的摩擦系数减小，所产生的摩擦力矩和制动力减小，制动效能降低，这种现象称为制动器的热衰退。

制动器的抗水衰退性能反映了汽车涉水后制动效能保持的程度和恢复的快慢。制动器涉水引起的制动效能下降的现象称为制动器的水衰退现象。其产生原因是制动器摩擦表面浸水后，水的润滑作用使制动摩擦片与制动鼓间的摩擦系数下降。制动器浸水后，经过若干次（一般为 5～15 次）制动后，在制动蹄与制动鼓的摩擦热作用下水分蒸发，制动器摩擦片逐渐干燥，并逐渐恢复到浸水前的制动性能，这种现象称为水恢复现象。盘式制动器的水衰退影响比鼓式制动器要小，制动效能下降小，恢复也较快。

在实际行车过程中，造成制动效能恒定性下降的主要是热衰退，应采取以下改进措施★★★：

（1）在长大下坡连续制动时，应低挡低速行驶，采用发动机或排气辅助制动。

（2）选用耐热性强的制动器摩擦副材料。

（3）改进制动器的结构形式，如采用盘式制动器。

（4）加快制动器的散热速度，如货车制动器强制性淋水。

4. 汽车制动跑偏的主要原因★

（1）汽车左右车轮，特别是前轴左右车轮制动器制动力不相等。

（2）制动时悬架导向杆系与转向系拉杆在运动学上不协调（互相干涉）。

（3）前轮定位失准，车架偏斜，装载不合理。

5. 制动时的方向稳定性★★★

制动时的方向稳定性是指车辆在制动过程中按预定轨道行驶，不发生跑偏、侧滑以及失去转向能力的性能。车辆制动时的方向不稳定性表现主要为制动跑偏、侧滑、前轮失去转向能力。

（1）制动过程中，汽车某一轴或两轴发生横向移动的现象称为制动侧滑。汽车制动时，若后轴车轮比前轴车轮先抱死，就可能发生后轴侧滑。若能使前、后轴车轮同时抱死，或前轴车轮先抱死、后轴车轮后抱死或不抱死，则能防止后轴侧滑。

（2）转向轮失去转向能力。指弯道制动时，汽车不再按原来的弯道行驶，而是沿弯道切线方向驶出。直线行驶制动时，虽然转动转向盘，但汽车仍沿直线方向行驶。转向轮失去转向能力是转向轮抱死的直接结果。

从保证汽车制动时的方向稳定性出发，首先，不能出现只有后轴车轮抱死或后轴车轮比前轴车轮先抱死的情况，防止在危险地段后轴侧滑；其次，尽量避免只有前轴车轮抱死或前、后轴车轮都抱死的情况，以维持汽车的转向能力。最理想的情况就是防止任何车轮抱死，采用制动防抱死系统（ABS），可以控制制动强度，制动过程中边滚边滑。既可利用路面较大的纵向附着系数来增大制动力，又可得到较大的侧向附着系数，使汽车具有较强的抵抗侧向力的能力；既可避免制动侧滑，又能保持汽车制动时的转向能力。

6. 操纵性和稳定性★

操纵性是指车辆在行驶过程中能够确切地响应驾驶员指令的能力；稳定性是指汽车在行驶过程中受到外力扰动后恢复原来运动状态的能力。操纵性和稳定性与车辆的转向系、行驶系、轮胎以及车辆的空气动力学密切相关。

当转向盘转过一定角度维持前轮转角不变时，会引起汽车运动状态发生变化，称为车辆响应。

具有过度转向特性的汽车是不稳定、不安全的，操纵性和稳定性良好的车辆应具有适度的不足转向特性。

7. 汽车制动侧滑的影响因素★

汽车高速曲线行驶时，由于惯性力的作用可能导致侧翻，也可能发生侧滑。汽车制动侧滑的影响因素主要有：

（1）路面附着系数。车辆在低附着系数的路面上制动易发生侧滑。

（2）制动时车轮的抱死及抱死顺序。车轮抱死后承受侧向力的能力降低，若后轴先抱死，就可能发生后轴侧滑。

（3）车辆受到的横向力。车辆受到的横向力越大，越容易发生侧滑。

（4）车辆荷载及荷载转移。

8. 制动系统★★★

制动系统按结构可分为制动器和制动传动机构。

1）汽车的制动过程

一般包括如下几个时间段。

（1）驾驶员反应时间：即从驾驶员识别障碍到把踏板力施加到制动踏板上所经历的时间。驾驶员反应时间因人而异，一般为 0.3～1.0 s，反应慢的可达 1.7 s，酒后开车可达 2 s 以上。通常驾驶员反应时间取 1 s。

（2）制动协调时间：即从驾驶员踩下制动踏板到产生最大制动减速度所需时间，由克服制动系统自由行程所需时间和制动力增长时间两部分组成。制动协调时间主要取决于汽车制动系统的结构形式，同时还取决于驾驶员踩制动踏板的速度。《机动车运行安全技术条件》（GB 7258—2017）要求，采用液压制动的汽车制动协调时间应小于或等于 0.35 s，采用气压制动的汽车制动协调时间应小于或等于 0.60 s，汽车列车、铰链客车和铰接式无轨电车应小于或等于 0.80 s。

（3）持续制动时间：在该段时间内，汽车的制动减速度基本不变，以最大制动强度制动至停车。

（4）制动释放时间：指驾驶员松开制动踏板至制动力完全消除所需时间。制动释放时间一般为 0.2～0.9 s，过长时会影响随后汽车的起步。

2）制动系统的分类

制动系统按作用可分为行车制动系统、驻车制动系统、应急制动系统、辅助制动系统，各系统在不同情况下发挥出不同的制动效果。

（1）行车制动系统。是指用以使行驶中的车辆降低车速甚至停车的制动系统。

（2）驻车制动系统。是指用以使停止的汽车能维持在原地不动的制动系统。

（3）应急制动系统。是指在行车制动系统失效的情况下，保证车辆仍能实现减速或停车的制动系统。

（4）辅助制动系统。是指在行车过程中能降低车速或保持车速稳定，但不能使车辆紧急停住的制动系统。在山区行驶的载货车必须装备辅助制动系统。辅助制动系统主要有：缓速器、发动机制动、排气制动。

发动机制动效力最低，排气制动效力高一些，最有效力的持续制动装置是缓速器。

缓速器分为液力缓速器和电涡流缓速器。

液力缓速器的优点是：缓速效能比发动机缓速装置高，能以比较高的速度下坡行驶；尺寸和质量小，可与变速器连成一体；工作时不产生磨损；工作液产生的热易于传出和消散，且在长下坡时可保持发动机的正常工作温度；低速时制动转矩趋于零，在滑路制动时车轮不会产生滑移。缺点是：接合和分离滞后时间长，不工作时有功率损失，特别是用于挂车时结构复杂。

电涡流缓速器是一种新型非接触式减速装置，制动效能高，除可稳定车速外，还可以降低车轮制动器温度，提高摩擦片寿命，提高汽车行驶的安全性、平顺性；缺点是尺寸庞大、机体沉重、消耗电能且受周围环境温度影响较大，目前只适用于大型商用车辆。

《营运客车类型划分及等级评定》（JT/T 325—2018）规定，在特大型客车、大型客车及中型客车的高二级都必须全部装备缓速器。

9. 转向系统★

转向系统按转向能源的不同分为机械转向系统和动力转向系统两大类。

机械转向系统以驾驶员的体力作为转向能源，其所有传力件都采用机械的形式，主要由转向操纵机构、转向器和转向传动机构三大部分组成。

动力转向系统是兼用驾驶员体力和发动机（或电动机）的动力作为转向能源的转向系统。在正常情况下，汽车转向所需的能量只有一小部分由驾驶员提供，而大部分能量由发动机（或电动机）通过转向加力装置提供。但在转向加力装置失效时，一般还应当能由驾驶员独立承担汽车转向任务。因此，动力转向系统是在机械转向系统的基础上加设一套转向加力装置而形成的。

转向系统常见的故障有：转向沉重、转向不灵敏、汽车发飘（驾驶员在保持转向盘不动时，车辆前行过程中容易从一侧偏向另一侧）。

10. 行驶系统★

一般由车架、车桥、车轮和悬架组成，其常见故障有：行驶跑偏、前轮定位失准、车轮不平衡和行驶轮胎爆胎。

轮胎爆胎的主要原因是：气压不足、气压过度、轮胎磨损严重、轮胎突然被扎破或受到猛烈撞击。

11. 车身

（1）非承载式车身。这种车身的结构特点是车身通过橡胶软垫或弹簧与车架做柔性连接。车架是支承全车的基础，承受着在其上所安装的各个总成的各种载荷。车身承受所装载的人员和货物的重量及惯性力。绝大多数货车驾驶室都是非承载式结构，驾驶室支柱结构会部分遮挡驾驶员视野，形成视野盲区。

（2）半承载式车身。

（3）承载式车身。这种车身的结构特点是汽车没有车架，车身就作为发动机和底盘各总成的安装基体。在这种情况下，车身兼有车架的作用并承受全部载荷。为了省去笨重的车架而使汽车轻量化，绝大多数轿车车身都采用承载式结构。整体承载式客车车身结构的特点是所有的车身壳体构件都参与承载，互相牵连和协调，充分发挥材料的潜力，使车身质量最小而强度和刚度最大。

12. 车门★

按开启方法可分为：顺开式、逆开式、水平滑移式、上掀式、折叠式和外摆式等。

顺开式车门即使在汽车行驶时仍可借气流的压力关上，比较安全，故被广泛采用。

逆开式车门在汽车行驶时若关闭不严就可能被迎面气流冲开，因而很少采用。

水平滑移式车门的优点是车身侧壁和障碍物距离很小时仍能全部开启。

上掀式车门广泛应用于轿车及轻型客车的背门，有时也用于低矮的汽车。

折叠式和外摆式车门广泛应用于大、中型客车。

在有些大型客车上，还备有加速乘客撤离事故现场以及便于救援人员进入的安全门。

13. 驾驶员视野和视野盲区★

驾驶员视野分为前方视野、侧方视野、后方视野。现代汽车的驾驶室结构除了安装玻璃的支柱外，还因封闭性需要采用了片状的金属板件，这些结构会部分遮挡驾驶员视野，形成视野盲区。

很多交通事故都是由驾驶员的视野盲区导致的，特别是大型车辆，视野盲区会更多。图 2–1 为大型货车视野盲区示意图，其中 A、B、C 区为半盲区，D、E 区为全盲区。

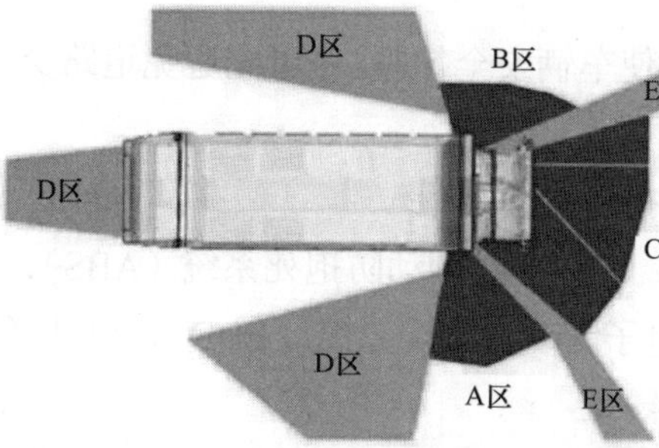

图 2–1　大型货车视野盲区示意图

在日常道路运输过程中，由于驾驶座椅位于驾驶室左侧，离右侧车窗较远，当小型车辆、非机动车及行人在大型车辆右侧通过时，驾驶员很难从后视镜中发现其存在，如果此时大型车辆进行向右并线将非常危险，极易发生碰撞。特别是大型车辆右转弯时，由于内轮差的存在，处于其右侧视野盲区的小型车辆、非机动车及行人，特别容易被卷入后侧车轮下方。

内轮差是指车辆转弯时前内轮的转弯半径与后内轮的转弯半径之差。由于内轮差的存在，车辆转弯时，前、后车轮的运动轨迹不重合，在行车中如果只注意前轮能够通过而忘记内轮差，就可能造成后内轮驶出路面或与其他物体碰撞的事故。图 2–2 为汽车内轮差事故示意图。

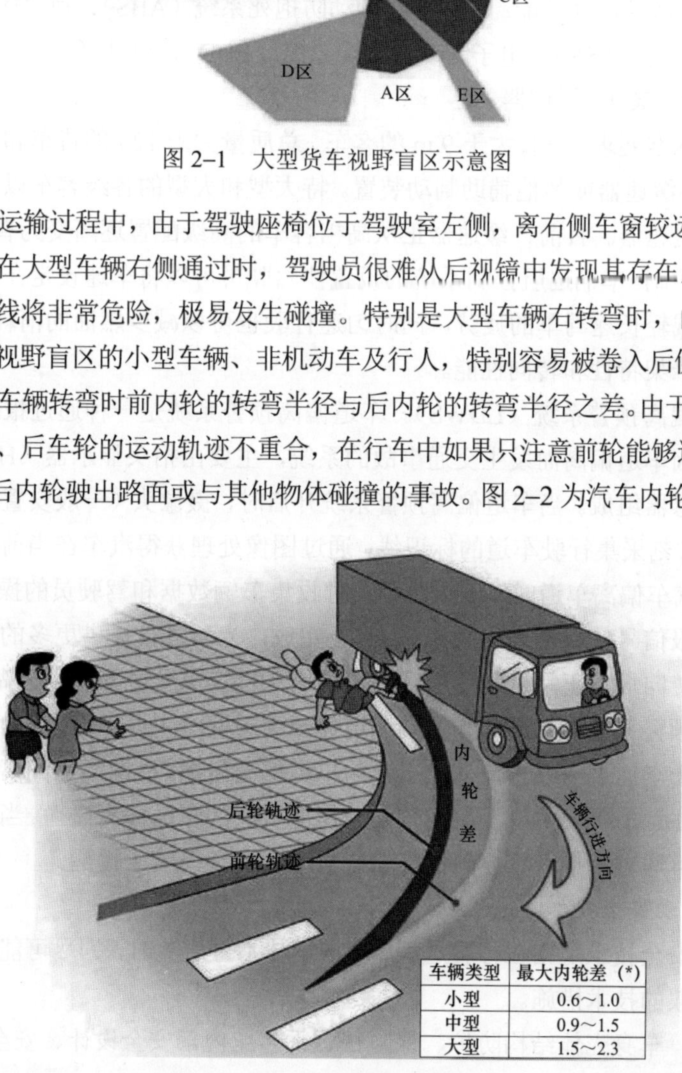

车辆类型	最大内轮差（*）
小型	0.6～1.0
中型	0.9～1.5
大型	1.5～2.3

图 2–2　汽车内轮差事故示意图

与其他视野盲区相比，大型车辆左侧盲区最小最短，但其左后方依然存在视野盲区，而且车辆越长，盲区越大。所以当遇到后方车辆超车时，位置正好处于大型车辆盲区范围内，如果此时后方车辆不能及时完成超车，则在大型车辆向左变道时就有可能发生剐蹭事故。

14. 车辆安全技术★★★

车辆安全技术分为主动安全技术和被动安全技术。

1）车辆主动安全技术

车辆主动安全技术是指为使车辆安全行驶，尽可能避免道路交通事故发生而采取的技术措施。

车辆主动安全技术主要包括以下内容。

（1）提高和改善制动效能：主要通过制动防抱死系统（ABS）、制动辅助系统（BAS）、驱动防滑控制系统（ASR）、电子制动力分配系统（EBD）、自动紧急制动系统（AEBS）、电子稳定控制（ESC）、缓速器。

根据国家标准要求，车长大于 9 m 的客车、总质量大于 12 t 的货车和所有危险货物运输车辆，应装备缓速器或其他辅助制动装置。特大型和大型的各级客车以及中型的高二级客车必须装配缓速器。目前，缓速器正从高档客车的高级配置逐渐变为普通客车的配置。

（2）车速控制。车辆巡航控制系统的设置使驾驶员可以将车速设定在一个固定的速度上，从而大大减轻长途驾车的疲劳，同时匀速行驶也可以减少燃油的消耗。

（3）改善悬架特性和转向性能。

（4）车道偏离预警系统（LDWS）。车道偏离预警系统是一种通过报警的方式辅助驾驶员减少汽车因车道偏离而发生交通事故的系统，主要由抬头显示器（HUD）、摄像头、控制器以及传感器组成。当车道偏离预警系统开启时，摄像头（一般安置在车身侧面或后视镜位置）会时刻采集行驶车道的标识线，通过图像处理获得汽车在当前车道中的位置参数。当检测到汽车偏离车道时，传感器会及时收集车辆数据和驾驶员的操作状态。之后由控制器发出警报信号，整个过程大约在 0.5 s 完成，为驾驶员提供更多的反应时间。而如果驾驶员打开转向灯，正常进行变线行驶，那么车道偏离预警系统不会做出任何提示。

车道偏离预警系统包括纵向和横向车道偏离警告两个主要功能。纵向车道偏离警告主要用于预防由于车速太快或方向失控引起的车道偏离碰撞，横向车道偏离警告主要用于预防由于驾驶员注意力不集中以及放弃转向操作而引起的车道偏离碰撞。当车辆偏离行驶车道时，该系统可通过警报音、方向盘震动或自动改变转向给予提醒。

2）车辆被动安全技术

车辆被动安全技术是指在行驶过程中，当事故不可避免时，为尽可能减轻事故伤害和货物受损所采取的技术措施。

主要包括：车身壳体结构防护、保险杠、乘客舱内部安全设计、安全带、安全气囊、头枕、安全玻璃、门锁与门铰链。

安全带通过对车内乘员的约束作用，从而防止乘员受到二次碰撞；车辆翻滚时，还可以保护乘员不被甩出车外。

安全气囊与安全带配合使用。有统计表明，发生碰撞事故后，安全带起到的保护作用占 90%，加上安全气囊后可达 95%。而如果没有安全带的帮助，安全气囊连 5%的功效都很难保证。

汽车的门锁和门铰链应有足够的强度，能同时承受纵、横两个方向的冲击载荷而不致使车门开启，避免乘员被甩出车外的危险。此外，在事故后，门锁应不失效而使车门仍能被打开。

四、道路交通安全设施★

1. 道路几何线形★

对于干线和高速公路来说，直线部分景观单调，对驾驶员缺乏刺激，如果直线段过长，驾驶员容易产生疲劳，从而形成安全隐患，因此直线段不宜过长，也不宜过短。对于城市道路来说，设计速度较低，停车次数较多，因而采用通视良好的直线线形对驾驶员有利。

缓和曲线：主要类型有抛物线形、双扭曲线形和回旋曲线形。

超高：指在道路弯道处的设计与施工中，把弯道处的外侧抬高，使路面在横断面方向形成外侧高、内侧低的横向倾斜坡度的结构。设置超高的目的是抵消车辆在弯道处行驶时产生的离心力。

加宽：为保障车辆在弯道处安全会车，应将弯道处车道加宽。

车道宽度：我国规定高速公路大型车车道宽度为 3.75 m，小型车车道宽度为 3.5 m。

分车带：是指在多幅道路上，沿道路纵向设置的用于分割不同类型、不同车速或不同行驶方向车辆及行人的带状设施。分车带的主要功能是分隔交通，提高道路通行能力及行车安全性。此外，分车带也作为交通标志、公用设施和绿化用地。

路肩：指行车道外缘到路基边缘具有一定宽度的带状结构。其主要作用是：① 供发生故障的车辆临时停车或作为紧急救援通道；② 保护和支撑路面结构；③ 为其他设施的设置提供场地；④ 汇集路面排水等。

道路安全净空：我国高速公路、一级公路、二级公路的净空高度是 5 m，三、四级公路的净空高度是 4.5 m。对于城市道路，当机动车道行驶的车辆类型为各种机动车（既有大型车辆也有小型车辆）时，道路最小净空高度为 4.5 m。当机动车道行驶的车辆类型为小客车时，道路最小净空高度为 3.5 m。

道路交叉口：道路交叉口分为平面交叉和立体交叉，立体交叉又可分为互通式立体交叉和分离式立体交叉。平面交叉路口有三个特点：交通量大、冲突点多、视线盲区大。统计表明，车辆驶出匝道的事故数明显高于驶入匝道，这是由于驶出匝道前后车速差过大所致。

2. 道路交通安全设施★

交通信号灯：由红灯、绿灯、黄灯组成，红灯表示禁止通行，绿灯表示准许通行，黄灯表示警示。

交通标志：交通标志按功能不同分为主标志和辅助标志。主标志进一步分为指示标志、警告标志、禁令标志、指路标志、旅游区标志、道路安全施工标志；辅助标志是附设在主标志下起辅助说明作用的标志。

道路标线：按设置方式分为纵向标线、横向标线和其他标线；按功能分为指示标线、禁止标线、警告标线。标线有连续线、间断线、箭头指示线等，多使用白色和黄色。

护栏：设计合理的护栏应具备保护、隔离、缓冲、导向等主要功能；按设置位置和保护对象的不同可分为路侧护栏、中央分隔带护栏、人行道护栏、桥梁护栏等；按结构分为刚性、半刚性、柔性护栏；按防护等级可分为一（C）级、二（B）级、三（A）级、四（SB）级、五（SA）级、六（SS）级、七（HB）级和八（HA）级。

隔离栅：隔离栅是阻止人畜进入高速公路的基础设施之一，使高速公路全封闭得以实现，可分为金属网、钢板网、刺铁丝和常青绿篱几大类。

照明设施：主要作用是保证夜间交通的安全和畅通，可分为连续照明、局部照明和隧道照明。

视线诱导标：一般沿道路两侧设置，具有明示道路线形、诱导驾驶员视线的用途。

防眩光设施：主要有拉物防眩、防眩网、防眩板 3 种。

人行横道和交通岛：用斑马线等标线或其他方法标示的、规定行人横穿车道的步行范围。车行道上人行横道处的斑马线通常用白色涂料画出。交通岛是指为控制车辆行驶方向和保障行人安全，在两车道之间设置且车辆不能使用的高出路面的岛状设施。根据功能差异，交通岛可分为导流岛、分隔岛、安全岛。

五、特殊环境下车辆运行安全★

1. 弯道行车安全★

车辆在弯道行驶时，其轮胎轨迹宽度比直线行驶时大，同时在弯道内侧会产生内轮差，如果不能准确把握，就容易和其他车辆或者建筑相撞。弯道行驶会产生离心力，离心力过大会造成车辆侧滑或侧翻。此外，弯道行驶视线受阻，影响驾驶安全。在进入弯道行驶时要注意以下事项。

（1）进入弯道之前要注意观察，要看清路标和道路状况，弄清是单个弯还是连续弯、路面的宽度和视野，以及是平路还是坡道等情况，做到“心中有数”。处理情况要做到“远近兼顾”，避免错过转弯时机和突然情况的发生。

（2）通过弯道时应该减速、鸣号、靠右行，注意内轮差和转弯宽度，不能紧急制动和猛打方向。

（3）“控制车速”和“慢进快出”。车辆在转弯时会产生离心力，车辆速度越快，所产生的离心力将越大，导致前后车轮上的载荷重新分配。假如车速过快，大力制动时，将进一步加重 4 个车轮的不平衡性，会出现汽车轮胎爆胎，甚至侧滑或翻车事故。车辆在转弯时，最好按照“慢进快出”的原则控制车速：进弯道前完成降低挡位和减缓速度的操作，将车速控制在不需要弯道中大力制动的程度；在弯道出口，如车头已经对准出弯方向，而且方向盘已经回正时，则可加速驶出弯道。

2. 通过无交通管理的交叉路口★

（1）支路车应该让干路车先行。

（2）支、干路不分时，机动车让非机动车先行。

（3）相对方向同类车相遇时，左转弯车让直行和右转弯车先行。

（4）同方向进入路口的右转弯机动车让直行的非机动车先行。

（5）进入环形路口的车让已在路口内的车先行。

3. 通过互通立交★

（1）熟悉互通立交的形式及行车路线，按照指路标志和标线行驶。

（2）驶出公路时应当在减速车道降低车速，从匝道驶出公路。

（3）驶入公路时，必须要在加速车道将车速提高到 60 km/h 以上时才能择机汇入主路。

（4）遵守立交桥的行车规定，在立交桥上禁止倒车和停车，如果汽车行至立交桥发生故障时，必须想办法将车移走，以免影响交通。

（5）通过互通立交路段时应适当减速，注意观察入口匝道车辆行驶情况。

4. 桥梁行车安全★

横风对汽车行驶的影响与行驶速度的平方成正比，因此在遭遇较强横风时，驾驶员首先要降低车速；其次，行驶方向发生偏离时，应适当地转动方向盘加以修正，但不能急转，避免发生事故。如必须超车，一定要谨慎、果断，选好超车时机，尽快完成超车过程，避免长时间并行，以免产生两车侧面刮擦而发生交通事故。

5. 隧道行车安全★

（1）提前减速。建议进入隧道前 100 m 时减速，隧道入口处往往会有提示标志。

（2）保持车距。刚进隧道时光线骤然变暗，很多人会下意识地制动减速，此时容易追尾。因此，最好拉开足够的安全距离。

（3）正确使用灯光。进入隧道要开启车灯，但不要开远光灯，光线较暗的环境下远光灯可能使驾驶员视觉瞬间致盲，容易出现危险。

（4）禁止超车，不得变更车道。由于隧道内，特别是隧道口内外光照亮度相差较大，且通常只有两条车道，应务必按照所在车道行驶，不要超车。

（5）防止疲劳。隧道内环境单调，驾驶员容易出现疲劳诱发事故。此外，隧道洞口的道路断面可能会出现突变，要时刻警醒，防止在进入洞口时因疲劳撞上洞壁。

6. 山岭重丘道路行车安全★★★

山岭重丘区道路的特点是地势险恶，有时靠山傍崖，且坡度大、弯道多、半径小；有时坡道和弯道重叠，道路视距不足；等等。

避险车道是最为有效的被动安全防护措施之一。避险车道是指在长陡下坡路段行车道外侧增设的供速度失控（制动失效）车辆驶离主线道路安全减速的专用车道。如若在长大下坡处汽车失控，应果断驶向就近的避险车道。

动力性不足的车辆应选择爬坡车道行驶。爬坡车道是指设置在上坡路段，供慢速上坡车辆行驶专用的车道。爬坡车道在连续陡坡路段原有车道外侧，为车速降低过多的载重车行驶而增设，用以维持一般车辆的正常车速，提高交通安全和通行能力。

在进入视距不良的弯道路段之前，应当减速、鸣号并各行其道。

7. 高原道路行车安全★

高原地区的道路除了具有严寒和山区道路的特点之外，还有一个突出特点就是海拔高、气压低，不仅使车辆动力性和燃油经济性降低，还会对车辆的制动性能产生影响。

（1）在高原地区由于空气稀薄，采用气压制动的车辆空气压缩机进气量不足，使制动效能减弱。因此在行驶中必须经常注意气压表指示，气压较低时应停车空转发动机增大储气筒压力，保证制动效能。

（2）海拔高度升高，水沸点降低，车辆高负荷工作后容易发生冷却液沸腾和发动机过热现象，使汽油蒸发，油路中形成气阻，对燃油供给造成影响。

（3）大气压力降低，轮胎气压相对增大，容易损坏轮胎。

（4）驾驶员的高原反应也会对安全操纵车辆产生影响，易于发生交通事故。

8. 导致夜间事故率高的主要原因★

（1）夜间行车时，驾驶员只能看清前照灯所照射的前方空间，对周围环境的视知性很差，往往因为看不清道路两侧的情况而发生交通事故。

（2）由于前照灯和太阳光照射方式不同，驾驶员往往不能及时分辨道路的凹凸线形、弯道、交叉口和路面缺陷等状况，而导致交通事故。

（3）夜间会车时，由于对向前照灯照射，容易使驾驶员产生眩目，不能及时发现右侧行人和障碍物，也不能正确判断对向车的左边缘位置，导致交通事故的发生。

（4）夜间交通量小，行车干扰小，使得驾驶员容易超速行驶，一旦发生紧急情况，极容易导致事故。

（5）夜间驾驶会让驾驶员感到十分疲劳。人们的生活习惯就是晚上应该睡觉，在本来应该休息的状态下开车会加速疲劳，人的反应是会变慢的。

六、道路运输劳动安全防护基础★

1. 驾驶员常见职业病★

驾驶员接触到的有害物理因素主要有噪声、振动等，常见职业病包括：胃病、肩周炎、腰痛、颈椎痛、急性颈扭伤、耳聋、视力疲劳。

2. 驾驶员行车安全防护★★★

（1）驾驶员必须严格考核，持证上岗，遵守交通法规，服从安全管理，严禁“三超”（超速、超载、超疲劳）。

（2）发车前对随车携带证照、标志、车辆燃油、冷却液、润滑油、制动液、轮胎气压、机件润滑、各部件螺丝紧固程度、消防器材进行自检。

（3）配合安检员对营运车辆进行安检，安检合格方可出车。

（4）严禁私自越线（改线、绕道）行驶，严禁私自将车交给他人驾驶。

（5）驾驶员连续驾驶时间不得超过 4 h，驾驶员一次连续驾驶 4 h 应休息 20 min 以上，24 h 内实际驾驶车辆时间累计不得超过 8 h。

3. 车辆碰撞时的防护

（1）发生正面碰撞时，应迅速判断可能撞击的方位和力量。

（2）应极力避免侧面碰撞，发生侧面碰撞时，在保证安全的前提下，可立即改变方向，努力使侧撞变为剐撞，同时身体向驾驶室一侧倾斜，并用力拉住转向盘，稳住身体，以免甩出车外。

（3）发生追尾碰撞时，应把腿稍稍弯曲一些，用脚抵住车底，身体前倾至能感觉到安全带的程度，同时缩起头，胳膊抵住仪表盘或转向盘。

4. 车辆制动器失效时的防护★

（1）汽车在高速公路上行驶，如果制动失灵，则应马上向紧急停车道变道。进入紧急停车道后，可以将变速器抢挂低速挡，然后将发动机熄火，这样可利用发动机的制动作用使车速下降，当车速低于 30 km/h 后再用驻车制动将汽车停住。如果是自动变速器汽车，则应稳住转向盘，并将自动变速器变速杆置于 L 位，再慢慢收油，让汽车慢慢地自行降速，最后用驻车制动将汽车停住。

（2）汽车在普通的平坦道路上行驶，如果制动失灵，则驾驶员应把稳转向盘，保持对车辆行走方向的控制，以便躲避碰撞，并迅速将变速器挡位换入 1 挡，依靠发动机的阻力作用降低车速，然后再拉紧驻车制动。这里要注意的是，应防止用力过大崩断驻车制动拉索，且应当不断地用喇叭、灯光警示，使汽车急速停靠在道路旁。

（3）汽车在下坡过程中，如果制动失灵，首先抢挂低速挡，利用发动机制动和驻车制动若仍无法控制车速，汽车面临下滑、翻车或碰撞危险时，驾驶员应果断地利用道路上的路坎行道树、栏栅、挡护板、草堆、土堆等天然障碍物，给汽车造成阻力，以消耗汽车的惯性力，迫使汽车减速停车。在山区情况紧急时，可将汽车靠向山体一侧，利用车厢侧面与山崖的擦碰，强制汽车减速停车，避免恶性事故发生。

（4）在进入弯道或转弯之前制动失灵时，驾驶员应先控制住方向并快速地抢入低挡，利用发动机制动，可视情况决定是否利用驻车制动。进入弯道前，可配合使用驻车制动将车速降下来；进入弯道后，如果是急转弯行车，则不要拉紧驻车制动，否则会造成车辆甩尾，从而导致更大的车祸。

5. 车辆轮胎爆裂时的防护★

（1）若是后轮胎突爆，车辆会出现较大颤动，但倾斜度不会太大，方向也不会出现大的摆动。这时，只要轻踩制动，让汽车缓缓停下，就不会出现意外。

（2）若是前轮胎突爆，车辆则立即出现跑偏或严重摇摆。此时，不要惊慌，应双手用力控制住转向盘，放松油门踏板，让汽车沿原行驶方向继续行驶一段路程，使之自行停车。切忌紧急制动，否则会酿成翻车等事故。

6. 车辆火灾防护★★★

1）车辆火灾预防技术措施

（1）燃油供给系统的火灾预防。防止燃油泄漏；严格控制火源；避免燃油静电。

（2）排气系统的火灾预防。排气尾管在各种行驶状态下不应漏气、冒火星；在排气管排出废气方向上不应有可燃物，不应正对轮胎、后桥等；油罐车等运送危险品的车辆应将排气管布置在车辆前部。

（3）电气系统的火灾预防。车辆线路中的通电导线（包括蓄电池接柱），各接头要经常进行检查和紧固；车辆电路中的保险装置，是用来保护电气设备和导线的，应按规定的电流数值选用熔断器；防止静电火源的产生。

（4）汽车内饰材料的"阻燃整理"。

所谓"阻燃整理"，不是指整理后的材料在接触火源时不会燃烧，而是使材料在火焰中的可燃性降低，蔓延速度减缓，不形成大面积燃烧，离开火焰后能很快自熄，不再燃烧或阴燃。

汽车内饰材料包括座椅靠背、坐垫、头枕、安全带、地毯、遮阳板及车顶、车门、所有装饰性衬板、仪表板、杂物箱等，大体可分为四种：纤维纺织与皮革类、塑料类、橡胶类、复合材料类。这些材料均属于易燃或可燃性材料。

《汽车内饰材料的燃烧特性》（GB 8410—2006）要求：汽车的内饰材料在火焰作用下，水平方向燃烧速率不超过 100 mm/min。

2）车辆行驶中失火的防护

（1）马上停车熄火，切断油源，关闭油箱开关，并立即设法离开驾驶室。

（2）载客车辆要及时打开车门，组织乘客迅速下车。

（3）如果着火范围比较小，可用车上现有物品覆盖或用灭火器灭火，防止火情扩大。

（4）如果货车起火危及车上货物时，应在扑救的同时迅速卸货。

（5）无论何种情况，都必须做好油箱的防火防爆工作。

七、道路运输风险源辨识与隐患排查★

1. 道路运输风险源★★★

风险源是指可能导致死亡、伤害、职业病、财产损失、工作环境破坏或这些情况组合的根源或者状态。

第一类风险源。又称根源风险源，是指具有能量或产生、释放能量的物理实体或有害物质，如运转着的机械、易燃液体、爆炸品、噪声源、粉尘源等。

第二类风险源。又称状态风险源，是指导致能量及危险物质的约束或限制措施失效的各种因素，具体是指人的不安全行为、物的不安全状态和环境的不良状态。

第三类风险源。是指不符合安全的管理或组织因素（组织程序、组织文化、规则、制度等），包含管理组织人的不安全行为和失误。

2. 风险辨识★★★

风险辨识是指发现、确认和描述风险的过程，风险辨识包括风险原因和潜在后果的辨识。

1）确定风险辨识范围

2）风险辨识方法

（1）问卷调查。

（2）现场观察。

（3）安全检查表（SCL）。

（4）故障树分析。

（5）事件树分析。

3）风险辨识内容

生产经营单位风险辨识应针对影响发生安全生产事故及其损失程度的致险因素进行，一般按照人、设施设备（含货物或物料）、环境、管理四要素进行主要致险因素分析。

（1）从业人员安全意识、安全与应急技能、安全行为或状态。

（2）生产经营基础设施、运输工具、工作场所等设施设备的安全可靠性。

（3）影响安全生产外部要素的可知性和应对措施。

（4）安全生产的管理机构、工作机制及安全生产管理制度合规和完备性。

3. 风险评估★★★

风险评估是将风险辨识的结果按照风险评估标准进行评估，以确定风险和（或）其量的大小、级别，以及是否可接受或可容许。

1）风险评估指标体系确定

（1）可能性指标分级标准。

可能性统一划分为五个级别，分别是：极高、高、中等、低、极低。可能性判断标准表见表 2–2。

表 2–2　可能性判断标准表

序号	可能性级别	发生的可能性	取值区间
1	极高	极易	(9,10]
2	高	易	(6,9]
3	中等	可能	(3,6]
4	低	不大可能	(1,3]
5	极低	极不可能	(0,1]

针对不同作业单元，搜集生产经营单位近年来突发事件发生情况频次数据，并根据最新辨识到的主要致险因素，结合行业实践经验，进行风险事件发生可能性评价，并通过可能性判断标准，进行突发事件发生可能性评分。

（2）后果严重程度分级标准。

后果严重程度统一划分为四个级别，分别是：特别严重、严重、较严重、不严重。后果严重程度等级取值见表 2–3。

表 2–3　后果严重程度等级取值表

后果严重程度等级	后果严重程度取值
特别严重	10
严重	5
较严重	2
不严重	1

针对不同作业单元，分析风险事件发生后，可能造成的最大人员伤亡、经济损失、环境污染、社会影响，综合参考历史上类似事件后果损失，根据后果严重程度判断标准，进行后果严重程度指标评分。

2）风险等级评估标准

公路水路交通运输行业安全生产风险等级按照可能导致安全生产事故的后果和概率，风险等级由高到低依次分为四级，分别是：重大、较大、一般、较小。风险等级大小（D）由风险事件发生的可能性（L）、后果严重程度（C）两个指标决定。

$$D=L\times C$$

重大风险是指一定条件下易导致特别重大安全生产事故的风险；较大风险是指一定条件下易导致重大安全生产事故的风险；一般风险是指一定条件下易导致较大安全生产事故的风险；较小风险是指一定条件下易导致一般安全生产事故的风险。

同时满足两个以上条件的，按最高等级确定风险等级，风险等级取值区间见表 2–4。

表 2–4　风险等级取值区间表

风险等级	风险等级取值区间
重大	(55,100]
较大	(20,55]
一般	(5,20]
较小	(0,5]

3）整体风险评估标准

根据宏观管理需要，结合历史风险管理经验，进行区域（领域）范围不同等级风险数量阈值设置。当区域（领域）范围内某一等级的风险数量处于阈值范围内，则认为区域（领域）整体风险等级达到一定级别。

4. 风险管控措施★★★

1）技术控制

即采用技术措施对危险源进行控制，主要技术有：消除、控制、防护、隔离、监控、保留和转移等。

2）行为控制

即控制人为失误，减少人不正确行为对危险源的触发作用。

3）管理控制

（1）建立健全危险源管理的规章制度。

（2）明确责任，定期检查。

（3）加强危险源的日常管理。

（4）抓好信息反馈，及时整改隐患。

（5）搞好危险源控制管理的基础建设工作。

（6）搞好危险源控制管理的考核评价与奖惩。

5. 道路运输隐患排查的方式和方法★★★

1）隐患排查的方式

（1）综合检查。综合检查是以落实岗位安全责任制为重点，各部门共同参与的全面检查。企业每年至少组织检查或抽查一次。

（2）专业检查。专业检查主要是对压力容器、电器设备、机械设备、安全装备、监测仪器、危险品等进行专业检查，以及新车运营前、新装备竣工及试用转等时期进行的专项检查。

（3）季节性检查。季节性检查是根据各季节点开展的专项检查。春季安全大检查以防雷、防静电、防解冻跑漏为重点；夏季安全大检查以防暑降温、防食物中毒、防台风、防洪防汛为重点；秋季安全大检查以防火、防冻保温为重点；冬季安全大检查以防火、防爆、防冻、防滑为重点。不同类型的营运车辆，季节性检查的重点应注意。

（4）节假日检查。节假日检查主要是节前对安全、保卫、消防、生产设备、备用设备、应急预案等进行检查，应做好营运客车的节假日检查工作。

（5）日常检查。日常检查包括班组、岗位员工的交接班检查和班中巡回检查，以及基层单位领导和生产、设备、安全等专业技术人员的经常性检查。各岗位应该严格履行日常检查制度，营运车辆的日常检查应加强指导。

2）隐患排查的方法

安全检查表法（SCL，定性或半定量分析时又称 SCA）是开展事故隐患排查最直接、最简单、最便于发动全员参与的方法。安全检查表法是依据相关的标准、规范，对工程、系统中已知的危险类别、设计缺陷以及与一般工艺设备、操作、管理有关的潜在危险性和有害性进行判别检查。适用于工程、系统的各个阶段，是系统安全工程的一种最基础、最简便、广泛应用的系统危险性评价方法。安全检查表的编制主要是依据以下四个方面的内容：

（1）国家、地方的相关安全法规、规定、规程、规范和标准，行业、企业的规章制度、标准，以及企业安全生产操作规程。

（2）国内外行业、企业事故统计案例，以及经验教训。

（3）行业及企业安全生产的经验，特别是本企业安全生产的实践经验，引发事故的各种潜在不安全因素及成功杜绝或减少事故发生的成功经验。

（4）系统安全分析的结果，如采用事故树分析方法找出的不安全因素，或作为防止事故控制点源列入检查表。

6. 隐患的定义和分级★★★

1）隐患的定义

安全生产隐患是指生产经营单位（运输企业或单位）违反安全生产法律、法规、规章、标准、规程和安全生产管理制度等规定，或因其他因素在生产经营活动中存在的可能导致生产安全事故发生的人的不安全行为、物的不安全状态、场所的不安全因素和管理上的缺陷。

生产经营单位（运输企业或单位）是隐患治理的责任主体，生产经营单位（运输企业或单位）主要负责人对本单位隐患治理工作全面负责，应当部署、督促、检查本单位或本单位职责范围内的隐患治理工作，及时消除隐患。

2）隐患的分级

隐患分为重大隐患和一般隐患两个等级。重大隐患是指极易导致（道路运输）重特大生产安全事故，且整改难度较大，需要全部或者局部停产停业，并经过一定时间整改治理方能消除的隐患，或者因外部因素影响致使生产经营单位自身难以消除的隐患。一般隐患是指除重大隐患外，可能导致生产安全事故发生的隐患。

7. 道路运输隐患表现形式★

道路运输隐患在不同的载体上体现出不同的表现形式，其载体包括人、车、法、物、环五个方面。

人，即人的不安全行为；车，即运输车辆的不安全状态；法，即制度管理上的缺陷；物，即物的不安全状态；环，即作业环境不符合要求。

1）人的隐患表现（主要为驾驶员和押运员）

（1）不遵守安全操作规程，违章作业。

（2）技术水平、身体状况等不符合岗位要求的人员上岗作业。

（3）对习惯性违章操作不以为然，对隐患的存在抱有侥幸心理。

（4）不正确佩戴个人安全防护用品或放弃不用等。

（5）不积极参加安全培训。

2）车辆的隐患表现

（1）车辆自身的安全防护装置缺少、不全或长期损坏待修。

（2）车辆的设计存在缺陷，容易导致事故。

（3）危险品运输车辆安全防护装置的质量存在缺陷，起不到防护作用。

（4）车辆缺乏定期维护，没有维护记录或记录不全。

（5）车载消防器材不合格或已过期，特种设备已过检验期或未检验使用。

3）制度管理上的隐患表现

（1）安全生产相关规章制度不完善、不健全。

（2）管理者自身安全素质不高，只重视生产而对事故隐患视而不见、监管不力。

（3）员工因缺乏必要的安全教育培训而导致安全意识不强。

（4）安全管理中不按制度办事，以人情、义气代替规章、原则。

（5）各级主管人员发现员工不安全行为时讲解不清、态度恶劣、语气蛮横，不仅不容易使员工认识错误，而且会让员工产生逆反心理，继续违章。

（6）劳动组织不合理。

（7）没有事故防范和应急措施，或者不健全。

（8）对事故隐患整改不力，经费不落实。

4）物的隐患表现

（1）危货品的装载方法不当。

（2）罐体等容器与危货品不相匹配。

（3）危货品封装不当。

（4）危货品超载装运。

（5）危货品与其他货物混装。

5）作业环境的隐患表现

（1）危货品装车环境不良，温度过高或过低、通风不良。

（2）各类安全警示、指示标志缺少、不明确或指示混乱。

（3）运输线路规划和运输时机选择不当。

（4）道路环境隐患，如道路设计隐患、交通管理隐患等。

8. 道路运输隐患排查具体范围★

（1）经营资质。

（2）人员资质及设备设施标准。

（3）安全生产管理制度合规性。

（4）挂靠或代管运输设备安全管理。

（5）设备设施及作业场所、作业活动安全管理。

（6）人员安全管理。

（7）重大危险源安全管理。

（8）突发事件应急管理。

（9）事故管理。

9. 事故隐患整改及报告★★★

对于一般事故隐患，可以由道路运输企业（车间、分厂、区队等）负责人或者有关人员立即组织整改。对于重大事故隐患，企业除依照规定进行书面报送外，还应当及时向安全监管监察部门和有关部门报告。其中，重大事故隐患报告内容应当包括：

（1）隐患的现状及其产生原因。

（2）隐患的危害程度和整改难易程度分析。

（3）隐患的治理方案。

重大事故隐患治理方案应当包括以下内容：

（1）治理的目标和任务。

（2）采取的方法和措施。

（3）经费和物资的落实。

（4）负责治理的机构和人员。

（5）治理的时限和要求。

（6）安全措施和应急预案。

10. 安全隐患的基本处理程序

安全隐患的处理程序大致包括“登记—整改—复查—销案”四个环节。按照“定时间、定负责人、定资金来源、定完成期限”这“四定”原则，落实隐患处理具体要求。

若复查结果达标，则注销该隐患，并对相关责任人员进行惩罚和处理，将相关记录存入安全隐患整改处理档案中。

第二节　道路旅客运输安全技术

一、道路旅客运输安全生产基础★

1. 安全生产管理机构★★★

客运企业及分支机构应当依法设置安全生产领导机构。安全生产领导机构应当包括企业主要负责人（包括法定代表人和实际控制人、其他负责人），运输经营、安全管理、车辆技术管理、从业人员管理、动态监控等业务负责人及分支机构的主要负责人。

根据《道路旅客运输企业安全管理规范》规定，拥有20辆（含）以上客运车辆的客运企业应当设置安全生产管理机构，且配备专职安全管理人员，并提供必要的工作条件。拥有20辆以下客运车辆的客运企业应当配备专职安全管理人员，并提供必要的工作条件。

专职安全管理人员配备数量原则上按照以下标准确定：对于拥有300辆（含）以下客

运车辆的企业，按照每 30 辆车 1 人的标准配备，最低不少于 1 人；对于拥有 300 辆以上客运车辆的企业，按照每增加 100 辆车，需要增加 1 人的标准配备。

客运企业主要负责人和安全管理人员应当具备与本企业所从事的道路旅客运输生产经营活动相适应的安全生产知识和管理能力，并经县级以上交通运输管理部门对其安全生产知识和管理能力考核合格，或者取得注册安全工程师（道路运输安全）执业资格并向属地县级以上交通运输管理部门报备。

2. 客运车辆技术管理机构★★★

取得“运输经营许可证”的运输经营者，是所属营运车辆技术管理工作的责任主体，负责对道路运输车辆实行择优选配、正确使用、周期维护、视情修理、定期检测和适时更新，保证投入道路运输经营的车辆符合技术要求。

客运企业作为营运车辆技术管理工作的责任主体，应设立车辆技术管理机构，配备专业技术管理人员。

拥有 20 辆（含）以上客运车辆的客运企业应当设置车辆技术管理机构，配备专业车辆技术管理人员，提供必要的工作条件。拥有 20 辆以下客运车辆的客运企业应当配备专业车辆技术管理人员，提供必要的工作条件。专业车辆技术管理人员原则上按照每 50 辆车 1 人的标准配备，最低不少于 1 人。

3. 安全生产工作会议★

安全生产工作会议至少每季度召开 1 次，解决安全生产中的重大问题，安排部署阶段性安全生产工作。安全例会至少每月召开 1 次，通报和布置落实各项安全生产工作。拥有 20 辆（含）以下客运车辆的客运企业，安全生产工作会议可与安全例会一并召开。

客运企业在发生造成人员死亡、3 人（含）以上重伤、恶劣社会影响的生产安全事故后，应当及时召开安全生产工作会议或安全例会进行分析和通报。对于安全生产工作会议和安全例会应当有会议记录，且会议记录应建档保存，保存期不少于 36 个月。

4. 安全生产投入★★★

客运企业应当保障安全生产投入，依据相关规定，按照不低于上一年度实际营业收入 1.5%的比例提取、设立安全生产专项资金，建立独立的台账，专款专用。安全生产专项资金主要用于：

（1）完善、改造、维护安全运营设施和设备支出。

（2）道路运输车辆动态监控平台与视频监控系统的建设、运行、维护和升级改造，以及具有行驶记录功能的卫星定位装置与视频监控装置的购置、安装和使用等支出。

（3）配备、维护、保养应急救援器材、设备和开展应急演练支出。

（4）开展安全风险管控和事故隐患排查、评估、监控和整改支出。

（5）安全生产检查、评价、咨询和安全生产标准化建设支出。

（6）配备和更新现场作业人员安全防护用品支出。

（7）安全宣传、教育、培训和安全奖励等支出。

（8）安全生产适用的新技术、新标准、新工艺、新装备的推广应用支出。

（9）安全设施设备检测检验支出。

（10）其他与安全生产直接相关的支出。

除了上述使用范围外，安全生产奖励和评优费用（需要注意比例，不能过高）、承运人责任险、应急预案编制及修订、应急队伍建设、日常应急管理、应急宣传以及应急处置措施等可以纳入安全生产费用；但是更换车辆轮胎、车辆维修费等常态成本费用不应归类为安全生产费用。

5. 安全生产责任制★★★

安全生产责任制的内容应当包括：

（1）主要负责人的安全生产责任、目标及考核标准。

（2）分管安全生产和运输经营的负责人的安全生产责任、目标及考核标准。

（3）管理科室、分支机构及其负责人的安全生产责任、目标及考核标准。

（4）车队和车队队长的安全生产责任、目标及考核标准。

（5）岗位从业人员的安全生产责任、目标及考核标准。

企业应当实行安全生产"一岗双责"。法定代表人和实际控制人为安全生产的第一责任人，负有安全生产的全面责任。

按照《道路旅客运输企业安全管理规范》要求，客运企业的主要负责人对本单位安全生产工作负以下职责：

（1）严格执行安全生产法律、法规、规章、规范和标准，组织落实相关管理部门的工作部署和要求。

（2）建立健全本单位安全生产责任制，组织制定本单位安全生产规章制度、客运驾驶员和车辆安全生产管理办法以及安全生产操作规程。

（3）依法建立适应安全生产工作需要的安全生产管理机构，确定符合条件的分管安全生产的负责人，配备专职安全管理人员。

（4）按规定足额提取安全生产专项资金，保证本单位安全生产投入的有效实施。

（5）督促、检查本单位安全生产工作，及时消除安全生产隐患。

（6）组织开展本单位的安全生产教育培训工作。

（7）组织开展安全生产标准化建设。

（8）组织制定并实施本单位安全生产应急预案，开展应急救援演练。

（9）定期组织分析本单位的安全生产形势，解决重大安全生产问题。

（10）按相关规定汇报道路客运安全生产事故，落实安全生产事故处理的有关工作。

二、客运驾驶员安全管理★

1. 驾驶员聘用方法和条件★

客运企业应当依法建立客运驾驶员聘用制度，统一录用程序和客运驾驶员录用条件，严格审核客运驾驶员从业资格条件、安全行车经历及职业健康检查结果，对实际驾驶技能进行测试。

《中华人民共和国道路运输条例》（2019 年修正）规定从事客运经营的驾驶员，应当符合下列条件：

（1）取得相应的机动车驾驶证；

（2）年龄不超过 60 周岁；

（3）3 年内无重大以上交通责任事故记录；

（4）经设区的市级道路运输管理机构对有关客运法律法规、机动车维修和旅客急救基本知识考试合格。另外，客运驾驶员上岗必须取得从业资格证，国家对经营性道路客货运输驾驶员、道路危险货物运输从业人员实行从业资格考试制度（总质量 4.5 t 及以下普通货运车辆已取消道路运输证和驾驶员从业资格证）。

驾驶员存在下列情况之一的，客运企业不得聘用其驾驶客运车辆：

（1）无有效的、适用的机动车驾驶证和从业资格证件，以及诚信考核不合格或被列入黑名单的；

（2）36 个月内发生道路交通事故致人死亡且负同等以上责任的；

（3）最近 3 个完整记分周期内有 1 个记分周期交通违法记满 12 分的；

（4）36 个月内有酒后驾驶、超员 20%以上、超速 50%（高速公路超速 20%）以上或 12 个月内有 3 次以上超速违法记录的；

（5）有吸食、注射毒品行为记录，或者长期服用依赖性精神药品成瘾尚未戒除的，以及发现其他职业禁忌的。

2. 客运驾驶员录用

（1）应聘者提出申请。

（2）驾驶技能和综合素质测试。

客运企业应组织应聘者进行理论知识测试和驾驶技能测试，通过综合考核的方式择优选取符合条件的驾驶员。

《中华人民共和国劳动合同法》规定，劳动合同期限 3 个月以上不满 1 年的，试用期不得超过 1 个月；劳动合同期限 1 年以上不满 3 年的，试用期不得超过 2 个月；3 年以上固定期限和无固定期限的劳动合同，试用期不得超过 6 个月。同一用人单位与同一劳动者只能约定一次试用期。

3. 驾驶员岗前培训★

客运企业应当建立驾驶员岗前培训制度，驾驶员合格后方可上岗。《中华人民共和国安全生产法》规定，未经安全生产教育和培训合格的从业人员，不得上岗作业。

客运驾驶员岗前培训可以分为理论培训和实际驾驶操作培训，客运驾驶员岗前培训不少于 24 学时，也可以根据自身的业务需求和培训要求，适当增加理论培训学时。

4. 驾驶员日常安全培训★

客运企业对驾驶员进行统一培训，安全教育培训应当每月不少于 1 次，每次不少于 2 学时。安全教育培训内容应当包括：法律法规、典型交通事故案例、技能训练、安全驾驶经验交流、突发事件应急处置训练等。

根据《道路运输驾驶员继续教育办法》的规定，道路旅客运输驾驶员继续教育周期为 2 年。道路运输驾驶员在每个周期接受继续教育的时间累计应不少于 24 学时。驾驶员继续教育以接受道路运输企业组织并经县级以上道路运输管理机构备案的培训为主。不具备条件的运输企业和个体运输驾驶员的继续教育工作，由其他继续教育机构承担。

继续教育还包括以下形式：

（1）经许可的道路运输驾驶员从业资格培训机构组织的继续教育；

（2）经交通运输部或省级交通运输主管部门备案的网络远程继续教育；

（3）经省级道路运输管理机构认定的其他继续教育形式。

道路运输企业应当组织和督促本单位的驾驶员参加继续教育，并保证参加继续教育的时间，提供必要的学习条件。客运驾驶员的继续教育包括道路运输法规和政策、社会责任与职业道德、驾驶员职业心理和生理健康、运输车辆、行车危险源辨识、道路旅客运输防御性驾驶方法及不安全驾驶习惯纠正、紧急情况及应急处置、道路旅客运输知识、运输车辆节能减排 9 个单元模块的培训内容。

客运驾驶员教育培训档案的内容应包括：培训内容、培训时间、培训地点、授课人、参加培训人员签名、考核人员和安全管理人员签名、培训考试情况等。档案保存期限不少于 36 个月。

5. 驾驶员从业行为定期考核★

客运企业应当建立驾驶员从业行为定期考核制度，考核周期应不大于 3 个月。

客运驾驶员定期考核内容包括：违法驾驶情况、交通事故情况、道路运输车辆动态监控平台和视频监控系统发现的违规驾驶情况、服务质量、安全运营情况、安全操作规程执行情况，以及参加教育与培训情况等。

其中，违法驾驶情况是指驾驶员的违法驾驶行为记录；交通事故情况主要是负次要或者以上责任的交通事故；道路运输车辆动态监控平台和视频监控系统发现的违规驾驶情况主要有监控平台发现的疲劳驾驶、超速、不按规定线路行驶等违规行为；服务质量是指与驾驶员相关服务质量事件和有责投诉情况；安全运营情况是指驾驶员累计安全运行里程；安全操作规程执行情况是指对车辆“三检”制度、开车前向旅客的安全告知、规范行车、规范操作等作业规程的执行情况；参加教育与培训情况是指驾驶员日常安全教育培训、继续教育等的出席情况以及培训后考核情况。

客运企业对驾驶员考核的周期不大于 3 个月，即企业至少应该在一个季度内对驾驶员组织一次考核。

道路旅客运输驾驶员诚信考核内容包括：

（1）安全生产情况：安全生产责任事故情况。

（2）遵守法规情况：违反道路运输相关法律、行政法规、规章的有关情况。

（3）服务质量情况：服务质量事件和有责投诉的有关情况。

驾驶员诚信考核等级分为优良、合格、基本合格和不合格四个等级。

6. 驾驶员调离和辞退

客运企业应当建立驾驶员调离和辞退制度。

调离是指因驾驶员不符合岗位要求或因用人单位业务需要，将驾驶员调离现有岗位的行为。客运企业发现客运驾驶员具有《道路旅客运输企业安全管理规范》第二十条规定情形的，应当严肃处理并及时调离驾驶岗位；情节严重的，客运企业应当依法予以辞退。对于机动车驾驶证被公安部门注销或者吊销的驾驶员，由交通运输部门依法吊销其从业资格证。从业资格证被吊销的，三年内不得重新参加从业资格考试。

7. 驾驶员安全告诫制度

客运企业应当建立驾驶员安全告诫制度。

客运企业安全管理人员应每天对所有出车的驾驶员分别至少进行一次安全告诫。

8. 驾驶员疲劳驾驶预防★

防止客运驾驶员疲劳驾驶的主要手段就是使驾驶员得到足够的休息，创造良好的工作环境，使驾驶员保持良好的生理和心理状态。

第一，合理安排行车任务，严格监控驾驶员持续驾驶时间，防止疲劳驾驶。

第二，为驾驶员创造良好的工作环境，企业应以人为本，尊重和关心驾驶员，与驾驶员建立良好的工作关系，创造融洽的工作氛围。

第三，积极关注驾驶员身体和心理状况。企业安全管理人员应注意驾驶员的身体和心理状况，及时开展心理疏导工作，定期组织体检，保障驾驶员身体和心理处于较好的状态。

三、道路客运车辆安全技术管理★

1. 车辆选用和报废★

客运企业应当建立客运车辆选用管理制度，鼓励选用安全、节能、环保型客车。

客运企业不得使用已达到报废标准、检测不合格、非法拼（改）装等不符合运行安全技术条件的客车以及其他不符合国家规定的车辆从事道路旅客运输经营。

已注册机动车有下列情形之一的应当强制报废，其所有人应当将机动车交给报废机动车回收拆解企业，由报废机动车回收拆解企业按规定进行登记、拆解、销毁等处理，并将报废机动车登记证书、号牌、行驶证交公安机关交通管理部门注销。

（1）达到规定使用年限的；

（2）经修理和调整后，仍不符合机动车安全技术国家标准对在用车有关要求的；

（3）经修理和调整或者采用控制技术后，向大气排放污染物或者噪声仍不符合国家标准对在用车有关要求的；

（4）在检验有效期届满后连续 3 个机动车检验周期内未取得机动车检验合格标志的。

各类机动车使用年限见表 2-5。

表 2-5 各类机动车使用年限

车辆类型与用途					使用年限/年	行驶里程参考值/万 km
汽车	载客	营运	出租客运	小、微型	8	60
				中型	10	50
				大型	12	60
			租赁		15	60
			教练	小型	10	50
				中型	12	50
				大型	15	60
			公交客运		13	40
			其他	小、微型	10	60
				中型	15	50
				大型	15	80
		专用校车			15	40
		非营运	小、微型客车、大型轿车*		无	60
			中型客车		20	50
			大型客车		20	60
	载货	微型			12	50
		中、轻型			15	60
		重型			15	70
		危险品运输			10	40
		三轮汽车、装用单缸发动机的低速货车			9	无
		装用多缸发动机的低速货车			12	30
	专项作业	有载货功能			15	50
		无载货功能			30	50
挂车	半挂车	集装箱			20	无
		危险品运输			10	无
		其他			15	无
	全挂车				10	无
摩托车	正三轮				12	10
	其他				13	12
轮式专用机械车					无	50

注：① 表中机动车主要依据《机动车类型 术语和定义》（GA 802—2014）进行分类，标注*车辆为乘用车。

② 对小、微型出租客运汽车（纯电动汽车除外）和摩托车，省、自治区、直辖市人民政府有关部门可结合本地实际情况，制定严于表中使用年限的规定，但小、微型出租客运汽车不得低于 6 年，正三轮摩托车不得低于 10 年，其他摩托车不得低于 11 年。

机动车使用年限起始日期按照注册登记日期计算，但自出厂之日起超过 2 年未办理注册登记手续的，按出厂日期计算。

2. 客运车辆安全关键部件安全技术要求★

1）转向系

（1）转向轴最大设计轴荷大于 4 000 kg 时，应安装转向助力装置。转向时其转向助力功能应连续有效，且转向助力装置失效时仍应具有用转向盘控制车辆的能力。

（2）营运客车应具有不足转向特性，不足转向度应符合规定。

（3）营运客车在平坦、硬实、干燥和清洁的水泥或沥青路面上行驶，以 10 km/h 的速度在 5 s 之内沿螺旋线从直线行驶过渡到外圆直径为 25 m 的车辆通道圆行驶，施加于转向盘外缘的最大切向力应小于或等于 245 N。

2）制动系统

（1）营运客车应安装符合规定的防抱制动装置，并配备防抱制动装置失效时用于报警的信号装置。

（2）营运客车所有车轮应安装盘式制动器。

（3）营运客车所有的行车制动器应具备制动间隙自动调整功能。盘式制动器的衬片需要更换时，应采用声学或光学报警装置向在驾驶座上的驾驶员报警，报警信号符合要求。

（4）车长大于 9 m 的营运客车应装备缓速装置，其性能应满足要求。

（5）采用气压制动的营运客车应安装气压显示装置、限压装置，并可实现报警功能。气压制动系统应安装保持压缩空气干燥、油水分离装置。

（6）采用气压制动系统的营运客车，制动储气筒内工作气压应大于或等于 1 000 kPa。

（7）营运客车应满足弯道制动稳定性要求。满载车辆在附着系数不大于 0.5、车道中心线半径 150 m、宽 3.7 m 的平坦圆弧车道上，以 50 km/h 的初始车速进行全力制动的过程中，车辆应保持在车道内。

3）行驶系

营运客车应装用无内胎子午线轮胎。

营运客车安装单胎的车轮应安装胎压监测系统或胎压报警装置，并能通过仪表台向驾驶员显示相关信息。

车长大于 9 m 的营运客车前轮应安装爆胎应急安全装置，并能通过仪表台向驾驶员显示。

4）车身结构、强度、出口

（1）营运客车上部结构强度应符合规定。按标准进行试验后，座椅的调整和锁止装置应能保持锁止状态，座椅与车辆固定件不应失效；以汽油为燃料的营运客车，其燃油箱不应发生泄漏。

（2）营运客车座椅及其车辆固定件强度应符合规定。按标准进行试验后，将假人从约束系统中解脱时，约束系统在不使用其他工具情况下应能被正常打开。

（3）每个分隔舱的出口最少数量应符合表 2–6 的规定，其中，卫生间或烹调间不视为分隔舱。不论撤离舱口数量有多少，只能计为 1 个应急出口。

表 2–6 出口的最少数量★

乘客及车组人员的数量/人	出口的最少数量/个
1～8	2
9～16	3
17～30	5
31～45	7
＞45	8

（4）车长大于 9 m 的营运客车右侧应至少配置两个乘客门。后置发动机的营运客车后轮后方不应设置乘客门。

（5）车长大于 9 m 的营运客车，无论车身左侧是否设置驾驶员门，均应在车身左侧设置符合要求的应急门。

（6）紧急情况下，当营运客车静止或以小于或等于 5 km/h 的速度运行时，每扇动力控制乘客门无论是否有动力供应，都应能从车内打开，当车门未锁住时，也能通过应急控制器从车外打开。

（7）操作乘客门应急控制器 8 s 内应使乘客门自动打开，或用手轻易打开到相应的乘客门引道量规能通过的宽度。

（8）车长大于 9 m 的营运客车，左右两侧应至少各配置 2 个外推式应急窗；车长大于 7 m 且小于或等于 9 m 的营运客车，左右两侧应至少各配置 1 个外推式应急窗。

（9）未配置内外开启式尾门的营运客车后围，应配置 1 个外推式应急窗或击碎玻璃式应急窗。当配置击碎玻璃式应急窗时，其附近应配置具有自动破窗功能的装置。最后一排乘客座椅头枕可设计为快速翻转式或可快速拆卸式。最后一排座椅安装非固定式头枕时，在乘客易见位置应有头枕操作方法的清晰说明。

（10）车长大于 9 m 的营运客车，应至少配置 2 个安全顶窗；车长大于 7 m 且小于或等于 9 m 的营运客车，应至少配置 1 个安全顶窗。

（11）营运客车应急窗附近应安装应急锤，应急锤取下时应能通过声响信号实现报警。

（12）驾驶员座位附近应配置 1 个应急锤。若配置动力控制乘客门，应设置易于驾驶员操作的乘客门应急开关；若配置自动破窗器，应设置自动破窗器开关。

（13）营运客车踏步区不应设置座椅。通道中不应设置折叠座椅。应急门引道宽度应符合规定，应急门引道处前排的座椅靠背应不可调节。

3. 安全防护装置★★★

（1）营运客车应装备单燃油箱，且单燃油箱的额定容量应小于或等于 260 L，并满足如下要求：

① 燃油箱应固定牢靠，其安装位置应使其在车辆前、后碰撞事故中受到车身结构的保护。燃油箱任何部位距车辆前端应不小于 600 mm（对于发动机后置的营运客车，其燃油箱前端面应位于前轴之后），距车辆后端应不小于 300 mm。

② 燃油箱侧面未受到车身纵梁保护的营运客车，应安装侧面防护装置。燃油箱侧面防护装置应能对燃油箱起到可靠的侧面防护作用并满足静强度试验要求。

（2）营运客车 CNG、LNG、LPG 燃气专用装置的安装要求应符合规定。加气口、控制仪表和阀件应设置安全防护装置。

（3）营运客车所有座椅均应装备安全带。驾驶员座椅、前排乘客座椅、驾驶员和乘客门后第一排座椅、最后一排中间座椅及应急门引道后方座椅，装备的安全带应为三点式。

（4）营运客车在车内乘客易见位置应设置安全带佩戴提醒标识。应装备乘客安全带佩戴提醒装置，当乘客未按规定佩戴安全带时，对乘客至少应有声学信号报警。

（5）营运客车发动机舱内和其他热源附近的线束应采用耐温不低于 125 ℃的阻燃电线，其他部位的线束应采用耐温不低于 100 ℃的阻燃电线。波纹管阻燃特性应满足 V-0 级。线束穿孔洞时应装设阻燃耐磨绝缘套管。

（6）装备电涡流缓速器的营运客车，安装部位的上方应装设具有阻燃性的隔热装置，并应加装温度报警系统。

（7）营运客车在设计和制造上应保证发动机或采暖装置的排气不会进入客舱，营运客车应有通风换气装置。

（8）营运客车应装备至少 2 个停车楔（如三角垫木）。

4. 客运车辆维护、检验和检查★

（1）车辆维护。

营运车辆经封存后启封使用时，应进行必要的维护，已封存 3 个月以上的营运车辆一般应进行二级维护

（2）车辆检验。

严格执行道路运输车辆安全技术状况检验、综合性能检测和技术等级评定制度，确保车辆符合安全技术条件。逾期未年审、年检或年审、年检不合格的车辆禁止从事道路旅客运输经营。

禁止使用检测不合格的客车以及其他不符合国家规定的车辆从事道路客运经营；客运经营者对经检测不符合国家强制性标准要求的客运车辆，应当及时交回“道路运输证”，不得继续从事客运经营。客运经营者应在规定时间内，到符合国家相关标准的机动车综合性能检测机构进行检测。

从事高速公路客运或者营运线路长度在 800 km 以上的客运车辆，其技术等级应当达到一级；其他客运车辆的技术等级应当达到二级。车籍所在地县级以上交通运输管理部门应当将车辆技术等级在“道路运输证”上标明。

（3）车辆检查。

对于不在客运站进行安全例检的客运车辆，企业应当安排专业技术人员在每日出车前或收车后按照相关规定对车辆的技术状况进行检查。对于一个趟次超过1日的运输任务，途中的车辆技术状况检查由驾驶员具体实施。

企业应主动排查并及时消除车辆安全隐患，每月检查车内安全带、应急锤、灭火器、三角警告牌以及应急门、应急窗、安全顶窗的开启装置等是否齐全、有效，安全出口通道是否畅通，确保客运车辆应急装置和安全设施处于良好的技术状况。

5. 车辆技术档案管理

客运企业应当建立客运车辆技术档案管理制度，按照规定建立车辆技术档案，实行一车一档，实现车辆从购置到退出运输市场的全过程管理。

车辆技术档案包括车辆基本信息、车辆技术等级评定、客车类型等级评定或者年度类型等级评定复核、车辆维护和修理（含“机动车维修竣工出厂合格证”）、车辆主要零部件更换、车辆变更、行驶里程、对车辆造成损伤的交通事故等。企业可在此基础上建立更为详细的车辆技术档案。

四、旅客运输组织安全要求及操作规程★

运输组织是实现旅客位置转移的核心过程，也是道路旅客运输的主要环节，其安全程度对旅客运输的总体安全影响较大。

1. 运输计划制定★

客运企业在制定运输计划时应当严格遵守通行道路的限速要求，以及客运车辆（9座以上）夜间（22时至次日6时，下同）行驶速度不得超过日间限速80%的要求，不得制定导致客运驾驶员按计划完成运输任务将违反通行道路限速要求的运输计划。同一客运班线全程接驳次数不得超过2次。

行驶速度与跟车距离应满足以下要求：

（1）按照道路限速标志、标线标明的速度行驶。

（2）在没有限速标志、标线，且没有施画道路中心线的城市道路上，最高速度为30 km/h；在没有限速标志、标线，且同方向只有一条机动车道的城市道路上，最高速度为50 km/h。

（3）在没有限速标志、标线，且没有施画道路中心线的公路上，最高速度为40 km/h；在没有限速标志、标线，且同方向只有一条机动车道的公路上，最高速度为70 km/h。

（4）遇有下列情形之一的，及时降低车速，行驶速度不超过30 km/h：

① 进出非机动车道，通过铁路道口、急弯路、窄路和窄桥时；

② 掉头、转弯、下陡坡时；

③ 遇雾、雨、雪、沙尘、冰雹，能见度在50 m以内时；

④ 在冰雪、泥泞的道路上行驶时；

⑤ 牵引发生故障的机动车时。

（5）在高速公路上行驶，车速超过 100 km/h 时，与同车道前车保持 100 m 以上的距离；车速低于 100 km/h 时，与同车道前车保持 50 m 以上的距离。

2. 驾驶员驾驶时间和休息时间★★★

（1）日间连续驾驶时间不得超过 4 h，夜间连续驾驶时间不得超过 2 h，每次停车休息时间应不少于 20 min。

（2）在 24 h 内累计驾驶时间不得超过 8 h。

（3）任意连续 7 日内累计驾驶时间不得超过 44 h，期间有效落地休息。

（4）禁止在夜间驾驶客运车辆通行达不到安全通行条件的三级及以下山区公路。

（5）长途客运车辆凌晨 2 时至 5 时停止运行或实行接驳运输；从事线路固定的机场、高铁快线以及短途驳载，且单程运营里程在 100 km 以内的客运车辆，在确保安全的前提下，不受凌晨 2 时至 5 时的通行限制。

3. 出车前准备★

1）熟悉行车路线和行车计划

（1）应提前熟悉高速公路出入口、沿线服务区或其他中途休息场所，以及备用行车路线等信息。

（2）应按照以下要求提前了解运行路线沿线的道路情况、交通环境和气候特点：

① 沿线道路等级、道路线性及中央隔离带、护栏的设置等情况；

② 沿线桥梁对通行车辆的总质量、轴重等限值，沿线涵洞、隧道对通行车辆的高度和宽度的限值；

③ 沿线地区台风、暴雨、暴风、寒潮、沙尘暴、泥石流、山体塌方等天气和地质灾害预警信息；

④ 沿线道路容易出现团雾、结冰、横风的路段信息。

（3）根据运行路线沿线的道路交通环境，提前做好以下准备：

① 应根据沿线地区的季节性气候变化情况，及时更换相适应的冷却液、机油、燃油等；

② 冬季行经严寒地区，宜随车携带防滑链、垫木等防滑材料；

③ 行经高远地区时，宜提前备好应急药物和器材。

2）驾驶员生理、心理状况自我检查

3）车辆安全技术状况检查

除检查车辆设备设施，客车驾驶员还应按以下要求做好出车前的安全检查：

（1）确认乘客座椅的安全带齐全，能正常调节长度和锁止，无破损。

（2）确认应急门、应急窗能正常开启和锁止；安全锤齐全、有效、位置正确；设有撤离舱门的，撤离舱口应能正常开启和锁止。

（3）确认灭火器齐全、有效，放置于明显、便于取用的位置。

（4）车辆起步前，做好以下检查：

① 在临时停靠站点，对上车乘客进行实名验票，检查乘客所携带的物品，防范携带、夹带危险或国家规定的违禁物品上车；

② 确认乘客行包摆放整齐稳妥，安全出口和通道畅通，无行包物品；

③ 清点乘客人数，确认无超员情况，督促乘客系好安全带；

④ 确认行李舱门和车门关闭锁止。

4）发车前安全告知与安全承诺★

（1）班线客车和旅游客车驾驶员应口头或通过播放宣传片、在车内明显位置标示等方式，对乘客进行安全告知，告知内容包括：

① 客运公司名称、客车号牌、驾驶员及乘务员姓名和监督举报电话；

② 车辆核定载客人数、行驶线路、经批准的停靠站点、中途休息站点；

③ 车辆安全出口及应急出口的逃生方法、安全带和安全锤的使用方法；

④ 法律法规规定的其他事项。

（2）客车驾驶员应向乘客进行安全承诺，承诺内容包括：

① 不超速，严格按照道路限速要求行驶；

② 不超员，车辆乘员不得超过核定载客人数；

③ 不疲劳驾驶，日间连续驾驶时间不得超过 4 h，夜间 22 时至凌晨 6 时连续驾驶时间不超过 2 h，每次停车休息时间不少于 20 min；

④ 不接打手机，在驾驶过程中保持注意力集中；

⑤ 不关闭动态监控系统，做到车辆运行实时在线；

⑥ 确保提醒乘客系好安全带，全程按要求佩戴使用；

⑦ 确保乘客生命安全，为旅途平安保驾护航。

4. 行车中安全驾驶操作基本要求★★★

（1）规范操作车辆操纵装置；车辆行驶方向、速度等变化时，提前观察内、外后视镜，视线不应持续离开行驶方向超过 2 s。

（2）应根据道路条件、道路环境、天气条件、车辆技术性能、车辆装载质量等，合理控制行驶速度和跟车距离。应满足以下要求：

① 按照道路限速标志、标线标明的速度行驶。

② 在没有限速标志、标线且没有施画道路中心线的城市道路上，最高速度为 30 km/h；在没有限速标志、标线且只有一条机动车道的城市道路上，最高速度为 50 km/h。

③ 在没有限速标志、标线且没有施画道路中心线的公路上，最高速度为 30 km/h；在没有限速标志、标线且同方向只有一条机动车道的公路上，最高速度为 70 km/h。

④ 遇有下列情形之一的，及时降低车速，行驶速度不超过 30 km/h：

进出非机动车道，通过铁路道口、急弯路、窄路和窄桥时；掉头、转弯、下陡坡时；遇雾、雨、雪、沙尘、冰雹，能见度在 50 m 以内时；在冰雪、泥泞的道路上行驶时；牵引发生故障的机动车时。

⑤ 在高速公路行驶，车速超过 100 km/h 时，与同车道前车保持 100 m 以上的距离；车速低于 100 km/h 时，与同车道前车保持 50 m 以上的距离。

⑥ 在高速公路上行驶，遇有雾、雨、雪、沙尘、冰雹等能见度较低气象条件时，应遵守以下要求：

能见度小于 500 m 且大于或等于 200 m 时，速度不超过 80 km/h，与同车道前车保持 150 m 以上的距离；

能见度小于 200 m 且大于或等于 100 m 时，速度不超过 60 km/h，与同车道前车保持 100 m 以上的距离；

能见度小于 100 m 且大于或等于 50 m 时，速度不超过 40 km/h，与同车道前车保持 50 m 以上的距离；

能见度小于 50 m 时，速度不超过 20 km/h，并从最近的出口尽快驶离高速公路。

（3）行车中不应有以下不安全驾驶行为：

① 车门、行李舱门或车厢未关闭锁止时行车；

② 下陡坡时熄火或空挡滑行；

③ 占用应急车道行驶；

④ 长时间骑轧车道分界线行驶；

⑤ 在高速公路停车上下乘客；

⑥ 驾驶时聊天、使用手持电话等妨碍安全驾驶的行为；

⑦ 带不良情绪驾驶车辆。

5. 行驶位置和路线选择★★★

应按照以下要求选择合适的行驶路线，并操控车辆保持正确的行驶位置。

（1）在同方向施画有两条以上机动车道的路段行驶时，靠右侧的慢速车道行驶，不得长时间占用左侧的快速车道行驶。

（2）在有中心线的路段行驶时，靠道路中间偏右位置行驶。

（3）在交叉路口右转弯时，按照以下要求进行操作：

① 通过后视镜观察右侧后轮的行驶轨迹，为右侧后轮与路肩之间预留足够的转弯空间，同时观察两侧盲区内的交通情况，确认安全后，缓慢向右侧转向；

② 在施画两条以上右转弯车道的交叉路口时，选择靠左侧的右转弯车道转弯。

（4）在交叉路口左转弯时，按照以下要求进行操作：

① 靠路口中心点的左侧转向；

② 在施画两条以上左转弯车道的交叉路口时，选择靠右侧的左转弯车道转弯。

（5）在交叉路口转弯需要借用对向车道时，做好让车准备，为对向驶来的车辆预留足够的转弯空间。

6. 夜间行驶★★★

夜间驾驶时，应按照以下要求正确使用车辆灯光：

（1）开启示廓灯，在路侧紧急停车时同时开启危险报警闪光灯，放置危险警告标志。

（2）在有路灯、照明良好的道路上行驶时，开启近光灯。

（3）在没有路灯、照明不良的道路上行驶，速度超过 30 km/h 时，开启远光灯；遇以下情况时改用近光灯：

① 与同车道前车的距离小于 50 m 时；

② 与相对方向来车的距离小于 150 m 时；

③ 在窄路、窄桥与非机动车会车时。

（4）通过急弯、坡路、拱桥、人行横道或没有交通信号灯控制的路口时，交替使用远、近光灯示意。

（5）夜间驾驶时，应按照要求适当降低车速，加大跟车距离；客车夜间 22 时至凌晨 6 时行驶速度不应超过该路段限速的 80%。

7. 恶劣气象条件下的行驶★★★

在雾、雨、雪、沙尘、冰雹等低能见度气象条件下行驶时，

（1）应按照以下要求正确使用车辆灯光：

① 开启近光灯、示廓灯；

② 能见度小于 200 m 时，同时开启雾灯和前后位灯；

③ 能见度小于 100 m 时，同时开启雾灯、前后位灯和危险报警闪光灯。

（2）按照要求适当降低行驶速度，加大跟车距离。

（3）雨天行车时，除满足（1）和（2）的操作要求外，还应按照以下要求操作：

① 根据雨量大小调节刮水器挡位，使用车内空调清除风窗玻璃和车门玻璃上的水雾；

② 遇暴雨时，及时选择空旷、安全区域停车，待雨量变小或雨停后再继续行驶；

③ 遇大风时，握稳转向盘，保持低速行驶，在避让障碍物或转弯时缓转转向盘，轻踩制动踏板；若感觉车辆行驶方向受大风影响时，立即选择空旷、安全区域停车；

④ 遇连续下雨或久旱暴雨时，不应靠近路侧行驶；

⑤ 遇积水路段，先观察和判断积水的深度、流速等情况，确认安全后，低速平稳通过；通过积水路段后，轻踩制动踏板；遇路段积水严重时，选择其他安全路线行驶。

（4）雾天行车时，除满足（1）和（2）的操作要求外，还应按照以下要求操作：

① 开启车窗，适当鸣喇叭提醒；

② 发现后侧来车的跟车距离过近时，在保持与前车足够的跟车距离的情况下，适当用制动减速提醒后车。

（5）冰雪天行车时，除满足（1）和（2）的操作要求外，还应按照以下要求操作：

① 加速时，轻踩加速踏板；减速时，轻踩制动踏板或利用低速挡减速，不应紧急

制动；

② 转向时，缓转转向盘，不应急转向；

③ 遇路面被冰雪覆盖时，循车辙行驶，并利用道路两侧的树木、电杆、交通标志等判断行驶路线。

（6）高温天行车时，按照以下要求操作：

① 不定时查看水温表，当冷却液温度超过 95 ℃时，应及时选择阴凉、安全区域停车降温；

② 宜每隔 2 h 或每行驶 150 km 停车检查轮胎压力、温度，发现胎温、胎压过高时，选择阴凉、安全区域停车降温，不可采取放气或泼冷水方式降压、降温；

③ 连续频繁使用行车制动器时，宜每行驶 3～4 km 选择阴凉、安全区域停车，检查行车制动器状况，采取自然降温方式降低行车制动器温度。

8. 行车中检查★

（1）出现以下情况时，应立即选择安全区域停车检查：

① 仪表报警灯亮起时；

② 操纵困难、车身跳动或颤抖、机件有异响或有异常气味、冷却液温度异常时；

③ 发动机动力突然下降时；

④ 转向盘的操纵变得沉重并偏向一侧时；

⑤ 制动不良时；

⑥ 车辆灯光出现故障时。

（2）中途停车时，应逆时针绕车辆一周，检查车辆仪表、轮胎、悬架系统、螺栓等重点安全部件是否齐全，技术状况是否正常，车辆有无油液泄漏，尾气颜色是否正常，并如实填写车辆日常检查表。

（3）中途在服务区休息时，在车辆重新起步前，客车驾驶员应清点乘客人数，确认无漏员情况。

9. 运输动态监控★★★

客运企业应当建立具有行驶记录功能的卫星定位装置（以下简称卫星定位装置）安装、使用及维护制度，按照相关规定为其客运车辆安装符合标准的卫星定位装置，并有效接入符合标准的道路运输车辆动态监控平台及全国重点营运车辆联网联控系统。

客运企业应当建立道路运输车辆动态监控平台建设、维护及管理制度，配备专职道路运输车辆动态监控人员，建立动态监控人员管理制度。专职监控人员配置原则上按照监控平台每接入 100 辆车设置 1 人的标准配备，最低不少于 2 人。

营运车辆运行相关监控数据应建档保存，在规定时限内不得丢失损坏，重要数据应及时备份。对违法驾驶信息及处理情况要留存在案，其中监控数据应当至少保存 1 个月，违法驾驶信息及处理情况应当至少保存 3 年。当发生道路交通事故后，安全管理人员应及时查询相关数据并进行分析；重大以上（含）事故应向企业领导提供有翔实数据记录的分析材料，重大以上事故的车辆监控信息应至少保存 3 年；一般事故数据，至少保存 1 年；日常数据至少保存 1 个月。

将多次存在违法、违规行为的驾驶员作为重点监控和安全培训教育的重点对象。客运车辆动态监控数据应当至少保存 6 个月，违法驾驶信息及处理情况应当至少保存 36 个月。

10. 道路旅客运输安全绩效管理

安全生产绩效目标应当包括：道路交通责任事故起数、死亡人数、受伤人数、百万车公里事故起数、百万车公里伤亡人数、安全行车公里数等。

建立安全生产内部评价机制，每年至少进行 1 次安全生产内部评价。评价内容应当包括：安全生产目标、安全生产责任制、安全投入、安全教育培训、从业人员管理、客运车辆管理、生产安全监督检查、应急响应与救援、事故处理与统计报告等安全生产制度的适宜性、充分性及有效性等。

11. 客运安全生产操作规程★

1）客运车辆日常检查和日常维护操作规程

操作规程的内容应当包括：轮胎、制动、转向、悬架、灯光与信号装置、卫星定位装置、视频监控装置、应急设施装置等安全部件检查要求和检查程序，以及不合格车辆返修及复检程序等。

造成重大道路交通事故的车辆技术故障主要包括制动系统故障、转向系统故障、轮胎缺陷（轮胎质量不符合要求、前轮使用翻新轮胎、轮胎异常磨损）等。

日常安全检查由专业技术人员或驾驶员在出车前进行，主要对车辆灯光、制动、转向、悬架、传动、轮胎、刮水器、油箱等重点部位和防滑链、三角木、应急锤、灭火器、卫星定位装置、应急门、应急窗等安全设施（或工具）及液化、压缩天然气安全装置等进行检查。

2）客运车辆动态监控操作规程

操作规程的内容应当包括：卫星定位装置、视频监控装置、动态监控平台设备的检修和维护要求，动态监控信息采集、分析、处理规范和流程，违法违规信息统计、报送及处理要求及程序，动态监控信息保存要求和程序等。

第三节　道路货物运输安全技术

一、道路货物运输安全生产基础★

1. 道路货物运输安全生产特点

（1）承运货物种类繁多，车型要求复杂多样。

道路货物运输承载货物的种类繁多，有小包装货物、大包装货物、大件货物、易碎货物、液体货物、鲜活易腐货物等。因货物尺寸和特性不一，对车辆类型、结构要求，以及货物的捆扎、固定和装卸操作等提出了针对性的要求。

（2）货运车辆数量庞大，事故发生频率高。

（3）事故原因多样，超载疲劳驾驶和车辆违规生产问题凸显。

2. 道路货物运输经营者的经营义务★

主要包括：

（1）安全运输义务；

（2）通知收货人收货义务；

（3）保证货物安全义务。

承运人对运输过程中货物的毁损、灭失承担损害赔偿责任，但承运人证明货物的毁损、灭失是因不可抗力、货物本身的自然性质或者合理损耗以及托运人、收货人的过错造成的，不承担损害赔偿责任。

3. 道路货物运输安全生产违法行为处罚★

道路运输具有机动性强、线路广泛等特点。

道路货物运输市场主体具有明显的数量大、规模小、分布散、集约化程度低等特点。

道路货物运输安全生产违法行为处罚见表 2–7。

表 2–7 道路货物运输安全生产违法行为处罚★

违法行为	处罚规定	来源
（1）未取得道路货物运输经营许可，擅自从事道路货物运输经营的； （2）使用失效、伪造、变造、被注销等无效的道路运输经营许可证件从事道路货物运输经营的； （3）超越许可的事项，从事道路货物运输经营的	由县级以上道路运输管理机构责令停止经营；有违法所得的，没收违法所得，处违法所得 2 倍以上 10 倍以下的罚款；没有违法所得或者违法所得不足 2 万元的，处 3 万元以上 10 万元以下的罚款；构成犯罪的，依法追究刑事责任	《中华人民共和国道路运输条例》第六十三条；《道路货物运输及站场管理规定》第五十六条
不符合货运经营驾驶人员从业条件的人员驾驶道路运输经营车辆的	由县级以上道路运输管理机构责令改正，处 200 元以上 2 000 元以下的罚款；构成犯罪的，依法追究刑事责任	《中华人民共和国道路运输条例》第六十四条
不按照规定携带车辆营运证的	由县级以上道路运输管理机构责令改正，处警告或者 20 元以上 200 元以下的罚款	《中华人民共和国道路运输条例》第六十八条；《道路货物运输及站场管理规定》第五十八条
（1）强行招揽货物的； （2）没有采取必要措施防止货物脱落、扬撒的	由县级以上道路运输管理机构责令改正，处 1 000 元以上 3 000 元以下的罚款；情节严重的，由原许可机关吊销道路运输经营许可证	《中华人民共和国道路运输条例》第六十九条；《道路货物运输及站场管理规定》第六十条
不按规定维护和检测运输车辆的	由县级以上道路运输管理机构责令改正，处 1 000 元以上 5 000 元以下的罚款	《中华人民共和国道路运输条例》第七十条
擅自改装已取得车辆营运证的车辆的	由县级以上道路运输管理机构责令改正，处 5 000 元以上 2 万元以下的罚款	《中华人民共和国道路运输条例》第七十条
非法转让、出租道路运输经营许可证件的	由县级以上道路运输管理机构责令停止违法行为，收缴有关证件，处 2 000 元以上 1 万元以下的罚款；有违法所得的，没收违法所得	《道路货物运输及站场管理规定》第五十八条

续表

违法行为	处罚规定	来源
取得道路货物运输经营许可的道路货物运输经营者使用无道路运输证的车辆参加货物运输的（4.5 t 级以下除外）	由县级以上道路运输管理机构责令改正，处 3 000 元以上 1 万元以下的罚款	《道路货物运输及站场管理规定》第五十九条
已不具备开业要求的有关安全条件、存在重大运输安全隐患的	由县级以上道路运输管理机构限期责令改正；在规定时间内不能按要求改正且情节严重的，由原许可机关吊销“道路运输经营许可证”或者吊销其相应的经营范围	《道路货物运输及站场管理规定》第六十条
（1）没有按照国家有关规定在货运车辆上安装符合标准的具有行驶记录功能的卫星定位装置的； （2）大型物件运输车辆不按规定悬挂、标明运输标志的； （3）发生公共突发性事件，不接受当地政府统一调度安排的； （4）因配载造成超限、超载的； （5）运输没有限运证明物资的； （6）未查验禁运、限运物资证明，配载禁运、限运物资的	由县级以上道路运输管理机构责令限期整改，整改不合格的，予以通报	《道路货物运输及站场管理规定》第六十五条

4. 安全生产管理机构设置要求★★★

根据《中华人民共和国安全生产法》第二十一条的要求，道路运输单位应当设置安全生产管理机构或者配备专职安全生产管理人员。

道路货物运输企业的主要负责人和安全生产管理人员必须具备与本单位所从事的生产经营活动相应的安全生产知识和管理能力，并经由主管的负有安全生产监督管理职责的部门对其安全生产知识和管理能力考核合格。当然，国家鼓励运输企业聘用获得注册安全工程师资格的人员从事安全生产管理工作。

其中，道路运输企业主要负责人指对本单位日常生产经营活动和安全生产工作全面负责、有生产经营决策权的人员，包括企业法定代表人、实际控制人，以及分支机构的法定代表人、实际控制人。道路运输企业安全生产管理人员指企业专（兼）职安全生产管理人员和分管安全生产的负责人。

根据交通运输部关于印发《道路运输企业主要负责人和安全生产管理人员安全考核管理办法》《道路运输企业主要负责人和安全生产管理人员安全考核大纲》的通知（交运规〔2019〕6 号）的要求，道路运输企业主要负责人和安全生产管理人员必须具备与本单位所从事的生产经营活动相应的安全生产知识和管理能力，并由交通运输主管部门对其安全考核合格。同时，该考核应当在其从事道路运输安全生产相关工作 6 个月内完成。在道路运输领域有效注册的注册安全工程师，向属地市级交通运输主管部门报备后，视同安全考核合格，相关信息应当及时录入安全考核管理平台（http://dlaqgl.jtzyzg.org.cn）。

道路运输企业主要负责人和安全生产管理人员安全考核合格证明有效期为 3 年，有效期到期前 3 个月内，道路运输企业主要负责人和安全生产管理人员应当通过安全考核管理平台向属地交通运输主管部门提出延期申请。属地交通运输主管部门应当在受理申请后 15 个工作日内，对相关人员依法履行安全生产管理职责情况进行核实。不存在未履行法定安全生产管理职责受到行政处罚或导致发生生产安全事故的，安全考核合格证明有效期应当予以延期 3 年。但倘若道路运输企业主要负责人和安全生产管理人员因存在未履行法定安全生产管理职责受到行政处罚或导致发生生产安全事故的，原考核合格证明作废。按照有关规定接受处理后，可继续从事企业安全生产管理工作的，应当重新进行安全考核。

对于未按照要求进行安全考核的、未取得安全考核合格证明的，属地交通运输主管部门应当责令限期改正；逾期未改正的，应当依据《中华人民共和国安全生产法》等相关法律法规责令停产停业整顿，并处罚款。

5. 企业主要负责人的安全管理职责★★★

（1）建立、健全本单位安全生产责任制；

（2）组织制定本单位安全生产规章制度和操作规程；

（3）组织制定并实施本单位安全生产教育和培训计划；

（4）保证本单位安全生产投入的有效实施；

（5）督促、检查本单位的安全生产工作，及时消除生产安全事故隐患；

（6）组织制定并实施本单位的生产安全事故应急救援预案，

（7）及时、如实报告生产安全事故。

6. 安全生产管理机构和安全生产管理人员的安全管理职责★

（1）组织或者参与拟订本单位安全生产规章制度、操作规程和生产安全事故应急救援预案；

（2）组织或者参与本单位安全生产教育和培训，如实记录安全生产教育和培训情况；

（3）督促落实本单位重大危险源的安全管理措施；

（4）组织或者参与本单位应急救援演练；

（5）检查本单位的安全生产状况，及时排查生产安全事故隐患，提出改进安全生产管理的建议；

（6）制止和纠正违章指挥、强令冒险作业、违反操作规程的行为；

（7）督促落实本单位安全生产整改措施。

7. 主要负责人和安全生产管理人员的培训要求★★★

1）企业主要负责人的教育培训内容

可根据实际情况进行培训内容的调整和增加，不局限于以下所列内容：

（1）国家安全生产方针、政策和有关安全生产的法律、法规、规章及标准；

（2）安全生产管理基本知识、安全生产技术、安全生产专业知识；

（3）重大危险源管理、重大事故防范、应急管理和救援组织以及事故调查处理的有关规定；

（4）职业危害及其预防措施；

（5）国内外先进的安全生产管理经验；

（6）典型事故和应急救援案例分析；

（7）其他需要培训的内容。

2）安全生产管理人员的教育培训

可根据实际情况进行培训内容的调整和增加，不局限于以下所列内容：

（1）国家安全生产方针、政策和有关安全生产的法律、法规、规章及标准；

（2）安全生产管理、安全生产技术、职业卫生等知识；

（3）伤亡事故统计、报告及职业危害的调查处理方法；

（4）应急管理、应急预案编制以及应急处置的内容和要求；

（5）国内外先进的安全生产管理经验；

（6）典型事故和应急救援案例分析；

（7）其他需要培训的内容。

8. 安全投入★★★

普通货物运输企业应当保障安全生产投入，并按照其上一年度实际营业收入的1%来逐月提取。

计提的安全生产费用主要用于以下几个方面：

（1）完善改造和维护安全防护设施设备支出（不含“三同时”要求初期投入的安全设施），包括道路运输设施设备和装卸工具安全状况检测及维护系统、运输设施设备和装卸工具附属安全设备等支出；

（2）购置、安装和使用具有行驶记录功能的车辆卫星定位装置、船舶通信导航定位和自动识别系统、电子海图等支出；

（3）配备、维护、保养应急救援器材、设备支出和应急演练支出；

（4）开展重大危险源和事故隐患评估、监控和整改支出；

（5）安全生产检查、评价（不包括新建、改建、扩建项目安全评价）、咨询及标准化建设支出；

（6）配备和更新现场作业人员安全防护用品支出；

（7）安全生产宣传、教育、培训支出；

（8）安全生产适用的新技术、新标准、新工艺、新装备的推广应用支出；

（9）安全设施及特种设备检测检验支出；

（10）其他与安全生产直接相关的支出。

除了上述使用范围外，安全生产奖励和评优费用（需要注意比例，不能过高）、承运人责任险、应急预案编制及修订、应急队伍建设、日常应急管理、应急宣传以及应急处置措施等可以纳入安全生产费用；但是更换车辆轮胎、车辆维修费等常态成本费用不应归类为安全生产费用。

二、道路货物运输驾驶员安全管理★

1. 道路货物运输驾驶员的从业资格★

根据《中华人民共和国道路运输条例》（国务院令 2019 年第 709 号）规定，从事道路货物运输经营的驾驶人员，应当符合下列条件：

（1）取得相应的机动车驾驶证；

（2）年龄不超过 60 周岁；

（3）经设区的市级负责道路运输管理工作的机构对有关货运法律法规、机动车维修和货物装载保管基本知识考试合格（使用总质量 4 500 kg 及以下普通货运车辆的驾驶人员除外，下同）。

其中，参加道路运输管理机构组织的从业资格考试是其获得道路货物运输从业资格的必要条件。

2. 经营性道路货物运输驾驶员从业资格考试★★★

经营性道路货物运输驾驶员从业资格考试由设区的市级负责道路运输管理工作的机构组织实施，每月组织一次考试。申请参加经营性道路货物运输驾驶员从业资格考试的人员，应当向其户籍地或者暂住地设区的市级负责道路运输管理工作的机构提出申请，填写“经营性道路客货运输驾驶员从业资格考试申请表”，并提供下列材料：

（1）身份证明及复印件；

（2）机动车驾驶证及复印件；

（3）申请参加道路旅客运输驾驶员从业资格考试的，还应当提供道路交通安全主管部门出具的 3 年内无重大以上交通责任事故记录证明。

道路运输驾驶员申请从业资格考试时，如申请人驾龄不满 3 年，“3 年内无重大以上交通责任事故记录证明”即申请人初次申领驾驶证日期起无重大以上交通责任事故记录证明。

自 2019 年 1 月 1 日起，各地交通运输管理部门不再为总质量 4.5 t 及以下普通货运车辆配发道路运输证。

总质量 4.5 t 以上的普通货车以及危险品运输车等特种车辆，未来仍然需要办理道路运输证和从业资格证。

在申请人提交从业资格考试申请材料后，负责道路运输管理工作的机构对符合申请条件的申请人应当安排考试，在考试结束 10 日内公布考试成绩。对考试合格人员，应当自公布考试成绩之日起 10 日内颁发“中华人民共和国道路运输从业人员从业资格证”。通常，经营性道路货物运输驾驶员从业资格证件由设区的市级负责道路运输管理工作的机构发放和管理。道路运输从业人员从业资格证件由交通运输部统一印制并编号，且全国通用。道路运输从业人员从业资格考试成绩有效期为 1 年，考试成绩逾期作废。

3. 从业资格证件使用管理★★★

根据《道路运输从业人员管理规定》，道路货物运输驾驶员有下列情形之一时，由发证机关注销其从业资格证件：

（1）持证人死亡的；

（2）持证人申请注销的；

（3）年龄超过 60 周岁的；

（4）机动车驾驶证被注销或者被吊销的；

（5）超过从业资格证件有效期 180 日未申请换证的。

有下列情形之一的，由发证机关撤销其从业资格证件：

（1）从业资格申请材料弄虚作假；

（2）连续 3 个考核周期诚信考核等级均为 B 级；

（3）在一个考核周期内累计计分有 3 次以上达到 20 分。

有下列不具备安全条件情形之一的，由发证机关吊销从业资格证件：

（1）身体健康状况不符合有关机动车驾驶和相关从业要求且没有主动申请注销的；

（2）发生重大以上交通事故且负有主要责任的；

（3）发生重大事故隐患，不立即采取消除措施继续作业的。

从业资格证件被撤销或者吊销的，在处罚执行完毕之日起 2 年内不能申请相应范围的从业资格。被注销、撤销或吊销的从业资格证件，由发证机关收回，公告作废并登记归档；无法收回的，从业资格证件自行作废。倘若从业资格证因超过有效期 180 日而被注销的，在原证件超过有效期 2 年内（含 2 年），可在完成 24 学时的继续教育后，申请参加相应类别从业资格考试大纲规定的理论科目考试。考试合格的，恢复其原有从业资格，初始领证日期以原证件为准，原证件作为考试报名申请材料之一存入档案。

4. 驾驶员应承担的基本义务★

包括以下内容：

（1）遵守企业的安全生产规章和安全行车规程。

（2）正确使用安全设施。

（3）接受道路运输安全培训，掌握安全驾驶技能。

（4）发现事故隐患及时汇报或处理。

从业人员发现事故隐患或者其他不安全因素，应当立即向现场安全生产管理人员或者本单位负责人报告；接到报告的人员应当及时予以处理。此外，《生产安全事故报告和调查处理条例》第九条规定：事故发生后，事故现场有关人员应当立即向本单位负责人报告；情况紧急时，事故现场有关人员可以直接向事故发生地县级以上人民政府安全生产监督管理部门和负有安全生产监督管理职责的有关部门报告。

5. 驾驶员的权利★

（1）获得安全生产保障的权利。

（2）获得符合标准的劳动防护用品的权利。

生产经营单位必须为从业人员提供符合国家标准或者行业标准的劳动防护用品，并监督、教育从业人员按照使用规则佩戴、使用。

（3）劳动合同保障权。

生产经营单位与从业人员订立的劳动合同，应当载明有关保障从业人员劳动安全、防止职业危害的事项，以及依法为从业人员办理工伤保险的事项。不得以任何形式与从业人员订立协议，免除或者减轻其对从业人员因生产安全事故伤亡依法应承担的责任。

（4）危险、有害因素的知情权、建议权。

《中华人民共和国安全生产法》第五十条规定：从业人员有权了解其作业场所和工作岗位存在的危险因素、防范措施及事故应急措施，有权对本单位的安全生产工作提出建议。

（5）批评、检举、控告权，违章指挥、强令冒险运营的拒绝权。

《中华人民共和国安全生产法》第五十一条规定：从业人员有权对本单位安全生产工作中存在的问题提出批评、检举、控告；有权拒绝违章指挥和强令冒险作业（比如强令违法操作、超载、超员等行为）。生产经营单位不得因从业人员对本单位安全生产工作提出批评、检举、控告或者拒绝违章指挥、强令冒险作业而降低其工资、福利等待遇或者解除与其订立的劳动合同。

（6）紧急情况下停止运营的紧急避险权。

《中华人民共和国安全生产法》第五十二条规定：从业人员发现直接危及人身安全的紧急情况时，有权停止作业或者在采取可能的应急措施后撤离作业场所。生产经营单位不得因从业人员在该紧急情况下停止作业或者采取紧急撤离措施而降低其工资、福利等待遇或者解除与其订立的劳动合同。

（7）事故人身伤害赔偿权。

《中华人民共和国安全生产法》第五十三条规定：因生产安全事故受到损害的从业人员，除依法享有工伤保险外，依照有关民事法律尚有获得赔偿的权利的，有权向本单位提出赔偿要求。

6. 货物运输驾驶员的岗前培训★

培训内容包括：

（1）有关安全法律、法规、规章及标准；

（2）职业道德教育；

（3）企业常运货物的基本特点及其对运输操作的要求；

（4）本企业运输生产特点、企业安全生产管理制度以及安全生产基本知识；

（5）防御性驾驶技术等安全行车知识；

（6）交通事故法律责任规定；

（7）安全设备设施、劳动防护用品（器具）及消防器材的类型、使用、维护保养方法；

（8）典型事故案例的警示教育；

（9）事故预防和职业危害防护的主要措施及应注意的安全事项；

（10）应急处置知识和应急设施与设备操作使用常识；

（11）岗位主要危险因素、岗位责任制、岗位安全操作规程等。

7. 驾驶员的日常培训★

（1）安全生产的方针、政策、法律、法规以及安全生产规章制度的教育和培训；

（2）安全操作技能的教育和培训；

（3）安全技术知识教育和培训，包括一般性安全技术知识，如单位生产过程中不安全因素及其规律、预防事故的基本知识、个人防护用品和用具的正确使用、发生生产安全事故时的急救措施和事故的报告程序等，以及专业性的安全技术知识，如防火、防爆、防毒等知识；

（4）对特种作业人员的安全生产教育和培训。

对于道路货物运输企业驾驶员的日常培训教育，主要可以包括以下几项内容（企业可根据实际情况进行培训内容的调整和增加，不局限于以下所列内容）：

（1）安全思想和安全技术、遵章守纪教育；

（2）企业安全生产管理制度和劳动纪律宣贯；

（3）相关法律、法规、规章以及安全生产文件通报与学习等；

（4）安全设施设备、劳动防护用品（器具）等的正确操作和维护学习；

（5）有关安全管理、安全技术、职业健康知识的教育和学习；

（6）安全检查及事故隐患排查整治分析及对策措施；

（7）运输事故案例分析和预防措施；

（8）岗位安全职责和运输操作要求；

（9）安全生产讲评，先进安全管理经验、安全操作经验学习；

（10）异常情况紧急处置、事故应急预案、演练要求及经验总结；.

（11）安全生产先进集体（个人）的评选奖励，违规违纪人员的查处；

（12）事故上报及处理基本要求，以及安全事故“四不放过”；

（13）其他安全教育内容。

8. 驾驶员继续教育★

1）继续教育周期和基本要求

继续教育需满足下列基本要求：

（1）继续教育周期为 2 年，在每个周期内接受继续教育的时间累计应不少于 24 学时。

（2）未在岗从业的驾驶员，因从业资格证有效期届满申请换证的，应补充完成一个继续教育周期 24 学时的继续教育。

（3）取得两种及以上从业资格的驾驶员，按照其在岗的从业类别参加继续教育。变更从业类别或服务单位时，当前继续教育周期内已完成的继续教育学时予以认可。

（4）在其从业资格证件有效期内，未按规定完成继续教育的，应当补充完成继续教育后办理换证手续。

驾驶员在考核周期内累计计分达到20分的，应当在计满20分之日起15日内，到档案所在地有培训资格的机构，接受不少于18个学时的道路运输法规、职业道德和安全知识的继续教育。

2）继续教育的基本内容

道路货物运输驾驶员继续教育的内容包括：

（1）道路运输相关政策法规；

（2）社会责任与职业道德；

（3）职业心理和生理健康；

（4）道路货物运输车辆知识；

（5）行车危险源辨识；

（6）防御性驾驶方法和不安全驾驶习惯纠正；

（7）紧急情况及应急处置；

（8）道路货物运输知识；

（9）节能减排相关知识等。

3）继续教育的形式

驾驶员可以参加以下任何一种形式的继续教育，完成继续教育后，应经相应负责道路运输管理工作的机构确认：

（1）具有一定规模的道路运输企业组织的继续教育；

（2）经许可的驾驶员从业资格培训机构组织的继续教育；

（3）交通运输部或省级交通运输主管部门备案的网络远程继续教育；

（4）经省级负责道路运输管理工作的机构认定的其他继续教育形式。

三、道路货物运输车辆安全技术管理★

1. 道路货物运输车辆技术管理

道路运输经营者是运输车辆技术管理的责任主体，负责对运输车辆实行择优选配、正确使用、周期维护、视情修理、定期检测和适时更新，保证投入运输经营的车辆符合技术要求。

2. 车辆技术管理机构及人员配置要求★

根据《道路运输企业车辆技术管理规范》（JT/T 1045—2016）的要求，拥有30辆（含）以上营运车辆的普通货物运输企业应设置专门的车辆技术管理机构，配备技术负责人和车辆技术管理人员。拥有30辆以下营运车辆的普通货物运输企业应配备车辆技术管理人员，数量则按照每100辆车配备1人的要求，不足100辆的应至少配1人。其中，关于车辆数量计算，运输普通货物的挂车按照普通货车单计。

车辆技术管理的主要职责包括：

（1）贯彻执行国家及地方道路运输有关法律法规、方针政策和标准规范；

（2）制定本单位的车辆技术管理规章制度、标准规范和操作规程；

（3）建立车辆技术管理岗位责任制，明确车辆技术管理人员的职责和权限；

（4）建立车辆技术管理考核体系，制定各类定额标准和技术质量指标；

（5）制定车辆技术管理计划（包括人员培训计划、车辆维护计划等），并定期组织实施；

（6）建立车辆技术管理档案，实时更新档案信息和数据记录；

（7）制作管理台账、原始记录和统计报表，定期统计分析车辆技术管理状况；

（8）推广应用信息化技术以及新产品、新材料、新技术和新工艺；

（9）组织开展各种技术协作、技术交流、技术培训、技能竞赛等活动；

（10）做好运输生产和技术管理的衔接，解决生产过程中出现的车辆技术问题。

3. 车辆技术档案★

车辆技术档案是指车辆从新车购置到报废整个过程中，记载车辆基本情况、主要性能、运行使用和主要部件更换情况、检测和维修记录，以及事故处理等有关车辆资料的历史档案。因此，通过完整的车辆技术档案可以全方面地了解车辆性能、技术状况，掌握车辆使用、维修规律，为车辆维修和使用等提供依据。

车辆技术档案的内容一般包括：车辆基本信息、车辆技术等级评定、客车类型等级评定或者年度类型等级评定复核、车辆维护和修理（含“机动车维修竣工出厂合格证”）、车辆主要零部件更换、车辆变更、行驶里程、对车辆造成损伤的交通事故等记录。

道路运输经营者应该为其所属的车辆建立车辆技术档案制度，且确保一车一档，由专人负责，妥善保存，并且档案的内容记载应准确、详实。车辆所有权转移、转籍时，技术档案应当随车移交。对于一些规模较大的道路运输经营者则可以综合运用多种信息化技术手段来做好道路运输车辆技术档案管理工作。

4. 道路货物运输车辆维护★

维护可以分为日常维护、一级维护和二级维护，此外要进行其他维护，如季节性维护、走合期维护、封存期维护等，并督促驾驶员做好车辆日常检查与维护工作。

1）日常维护

日常维护是由驾驶员在每日出车前、行车中和收车后负责执行的车辆的维护作业。其作业中心内容是清洁、补给和安全检视。

由驾驶员完成的日常性的维护工作，主要内容包括：

（1）坚持“三检””，即在出车前、行车中和收车后，检查车辆的安全机构及各部件连接、紧固的情况；

（2）保持“六洁”，即保持发动机、润滑油、空气滤清器、燃油滤清器、蓄电池和储气筒的清洁；

（3）防止“四漏”，即防止漏水、漏油、漏气和漏电；

（4）保持车容整洁。

具体如表 2–8 所示。

表 2–8　车辆日常维护作业项目及技术要求

序号	作业项目	作业内容	技术要求	维护周期
1	车辆外观及附属设施	检查、清洁车身	车身外观及客车车厢内部整洁，车窗玻璃齐全、完好	出车前或收车后
		检查后视镜，调整后视镜角度	后视镜完好、无损毁，视野良好	出车前
		检查灭火器、客车安全锤	灭火器配备数量及放置符合规定，且在有效期内。客车安全锤配备数量及放置位置符合规定	出车前或收车后
		检查安全带	安全带固定可靠、功能有效	出车前或收车后
		检查风窗玻璃刮水器	刮水器各挡位工作正常	出车前
2	发动机	检查发动机润滑油、冷却液液面高度，视情补给	油（液）面高度符合规定	出车前
3	制动	制动系统自检	自检正常，无制动报警灯闪亮	出车前
		检查制动液液面高度，视情补给	液面高度符合规定	出车前
		检查行车制动、驻车制动	行车制动、驻车制动功能正常	出车前
4	车轮及轮胎	检查轮胎外观、气压	轮胎表面无裂痕、凸起、异物刺入及异常磨损，轮胎气压符合规定	出车前、行车中
		检查车轮螺栓、螺母	齐全完好，无松动	
5	照明、信号指示装置及仪表	检查前照灯	前照灯完好、有效、表面清洁，远近光变换正常	出车前
		检查信号指示装置	转向灯、制动灯、示廓灯、危险报警灯、雾灯、喇叭、标志灯及反射器等信号指示装置完好有效，表面清洁	
		检查仪表	工作正常	出车前、行车中

注：“符合规定”指符合车辆维修资料等有关技术文件的规定，以下同。

2）一级维护

一级维护除日常维护作业外，以润滑、紧固为作业中心内容，并检查有关制动、操纵等安全部件。

道路运输经营者应当依据《汽车维护、检测、诊断技术规范》（GB/T 18344—2016）、《压缩天然气汽车维护技术规范》（GB/T 27876—2011）、《液化石油气汽车维护技术规范》（GB/T 27877—2011）、《液化天然气汽车维护技术规范》（JT/T 1009—2015）等标准和车辆维修手册、使用说明书等技术文件，结合车辆类别、运行状况、行驶里程、道路条件、使用年限等因素，自行确定车辆维护周期（用维护间隔时间或间隔里程表示），确保车辆正常维护。道路运输车辆一级、二级维护推荐周期如表 2–9 所示。

表 2–9 道路运输车辆一级、二级维护推荐周期

适用车型		维护周期	
		一级维护行驶里程间隔上限值或行驶时间间隔上限值	二级维护行驶里程间隔上限值或行驶时间间隔上限值
货车	轻型货车（最大设计总质量≦3 500 kg）	10 000 km 或 30 日	40 000 km 或 120 日
	轻型以上货车（最大设计总质量>3 500 kg）	15 000 km 或 30 日	50 000 km 或 120 日
挂车		15 000 km 或 30 日	50 000 km 或 120 日

注：对于以山区、沙漠、炎热、寒冷等特殊运行环境为主的道路运输车辆，可适当缩短维护周期。

5. 道路货物运输车辆定期检测和等级评定★

普通货物运输车辆自首次经国家机动车辆注册登记主管部门登记注册的，每 12 个月进行 1 次检测和评定。

自 2018 年起，货车的综合性能检测、安全技术检验实行统一的检验检测周期，即“两检合一”的统一检验周期：普通货车 10 年以内每年检验一次，超过 10 年的，每 6 个月检验一次，具体以该车辆的安全技术检验周期时间为准。再者，根据上述文件的要求，允许普通货车在全省范围内异地办理检验检测，无须办理委托检验检测手续。同时，普通货车车辆营运证也可以实行异地年审。

根据交通运输部办公厅关于印发《加快推进道路运输车辆综合性能检测联网 实现普通货运车辆全国异地检测工作方案》的通知（交办运〔2018〕132 号）要求，通过道路运输车辆综合性能检测全国联网，构建开放共享、互联互通、统一规范、便民利民的车辆综合性能检测联网服务体系，实行检验检测结果互认，逐步实现普通货车全国异地检测，节省检验检测时间。

另根据交通运输部办公厅关于印发《道路普通货物运输车辆网上年度审验工作规范》的通知（交办运〔2019〕46 号），道路货物运输经营者可以通过全国互联网道路运输便民政务服务系统办理全国普通货运车辆（不含 4.5 t 及以下普通货运车辆）的网上年审业务。审验内容包括：

（1）对于总质量 4.5 t（不含）以上、12 t（不含）以下普通货运车辆，审验内容为车辆技术等级评定情况、车辆结构及尺寸变动情况、车辆违章记录情况。

（2）对于总质量 12 t 及以上普通货运车辆、半挂牵引车，审验内容为车辆技术等级评定情况、车辆结构及尺寸变动情况、按规定使用符合标准的具有行驶记录功能的卫星定位装置并接入全国道路货运车辆公共监管与服务平台情况、车辆违章记录情况。

（3）对于挂车，审验内容为行驶证是否在有效期内。

其中，全国互联网道路运输便民政务服务系统（简称网上便民运政系统，网址：

http://ysfw.mot.gov.cn）于 2019 年 12 月 31 日正式上线试运行，可以实现道路运政高频事项“一窗式受理、一站式服务”。

6. 货运车辆的轮胎★

应符合下列基本要求：

（1）类型：根据车型、行驶条件等选择不同结构的轮胎。

（2）花纹：根据道路条件、行车速度等选取不同花纹的轮胎。

（3）承载能力：总质量大于 3 500 kg 的货车和挂车（封闭式货车、旅居挂车等特殊用途的挂车除外）装用轮胎的总承载能力应小于或等于总质量的 1.4 倍。

（4）翻新轮胎：普通货车车轮的转向轮不得装用翻新轮胎，其余车轮使用翻新轮胎则应符合《载重汽车翻新轮胎》（GB 7037—2007）等标准和法规的规定。符合标准的翻新胎具有胎面磨耗标志，具备“RETREAD”或“翻新”等字样，标注翻新次数、翻新批号或胎号，具有出厂检验印记等特征。

（5）轮胎速度级别：轮胎的速度级别不应低于该车最大设计车速的要求。

（6）合理搭配轮胎：同一轴的轮胎规格和花纹应相同，轮胎规格应符合整车制造厂的规定。换装新胎时，应尽量做到整车或同轴同换。

（7）轮胎磨损控制要求：挂车轮胎胎冠花纹深度应大于或等于 1.6 mm，其他机动车转向轮的胎冠花纹深度应大于或等于 3.2 mm，其他轮胎胎冠花纹深度应大于或等于 1.6 mm。如图 2-3 所示。

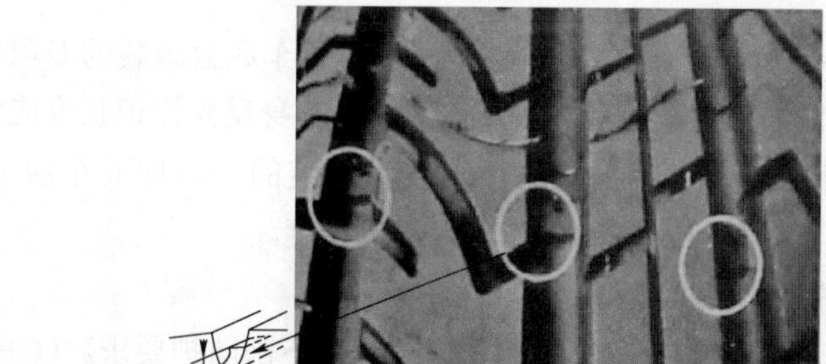

图 2-3　胎面花纹深度要求

除了花纹深度有要求外，轮胎的胎面不应有局部磨损而暴露出轮胎帘布层。轮胎不应有影响使用的缺损、异常磨损和变形。同时，轮胎胎面和胎壁上不应有长度超过 25 mm 或深度足以暴露出轮胎帘布层的破裂和割伤。

7. 货车制动系统★★★

（1）制动器：汽车（三轮汽车除外）、挂车（总质量不大于 750 kg 的挂车除外）的所有车轮应装备制动器。

（2）制动间隙自动调整装置：制动器应有磨损补偿装置；总质量大于 3 500 kg 的货车、总质量大于 3 500 kg 的半挂车的所有行车制动器应装备制动间隙自动调整装置。

（3）ABS 和 EBS：所有汽车（三轮汽车、五轴及五轴以上专项作业车除外）及总质量大于 3 500 kg 的挂车应装备符合规定的防抱死装置。

（4）缓速器或其他辅助制动装备：总质量大于或等于 12 000 kg 的货车应装备缓速器或其他辅助制动装备。

8. 车辆尾部标志板和车身反光标识★

（1）车辆尾部标志板。

总质量大于或等于 12 000 kg 的货车（半挂牵引车除外）、车长大于 8.0 m 的挂车及所有最大设计车速大于或等于 40 km/h 的汽车和挂车，应安装车辆尾部标志板。

（2）车身反光标识。

车身反光标识在白天以其鲜艳的色彩起到明显的警示作用；在夜间或光线不足的情况下，其明亮反光效果可以有效地增强人的识别能力，帮助人们看清目标，引起警觉，从而避免事故发生。

半挂牵引车应在驾驶室后部上方设置能体现驾驶室宽度和高度的车身反光标识，其他货车（多用途货车除外）、货车底盘改装的专项作业车和挂车（设置有符合规定的车辆尾部标志板的专项作业车和挂车，以及旅居挂车除外）应在后部设置车身反光标识。后部的车身反光标识应能体现机动车后部的高度和宽度，对厢式货车和挂车应能体现货厢轮廓。

所有货车（半挂牵引车、多用途货车除外）、货车底盘改装的专项作业车和挂车（旅居挂车除外）应在侧面设置车身反光标识。侧面的车身反光标识长度应大于或等于车长的 50%，对侧面车身结构无连续平面的货车底盘改装的专项作业车应大于或等于车长的 30%，对货厢长度不足车长 50%的货车应为货厢长度。

9. 前下部防护、侧面防护和后下部防护★

总质量大于 7 500 kg 的货车，应按《商用车前下部防护要求》（GB 26511—2011）的规定提供对平行于车辆纵轴方向的作用力具有足够阻挡力的前下部防护。

总质量大于 3 500 kg 的货车（半挂牵引车除外）、挂车应按照《汽车及挂车侧面和后下部防护要求》（GB 11567—2017）的规定提供防止人员卷入的侧面防护。货车列车的货车和挂车之间也应提供防止人员卷入的侧面防护。

总质量大于 3 500 kg 的货车和挂车（长货挂车除外）的后下部，应提供符合 GB 11567—2017 规定的后下部防护，以防止追尾碰撞时发生钻入碰撞。

10. 照明和信号装置的数量、位置、光色和最小几何可见度★

总质量大于或等于 4 500 kg 的货车、专项作业车和挂车的每一个后位灯、后转向信号灯和制动灯，透光面面积应大于或等于一个 80 mm 直径圆的面积；如果是非圆形的，透光面的形状还应能将一个 40 mm 直径的圆包含在内。

11. 车辆报废

见道路客运车辆安全技术管理部分。

四、道路货物运输组织安全要求及操作规程★

1. 行车前安全操作要求★

货物运输前，应熟悉行车路线和行车计划；检查驾驶员生理、心理状况；检查车辆安全状况。

2. 行车中安全操作要求★

在运输途中，驾驶员应做到以下几点。

（1）按照要求规范操作车辆操纵装置；车辆行驶方向、速度等变化时，提前观察内、外后视镜，视线不应持续离开行驶方向超过 2 s。

（2）应根据道路条件、道路环境、天气条件、车辆技术性能、车辆装载质量等，合理控制行驶速度和跟车距离。

（3）行车中应遵守道路交通安全法律、法规的规定，不应有以下不安全驾驶行为：

① 车门或车厢未关闭锁止时行车；

② 下陡坡时熄火或空挡滑行；

③ 占用应急车道行驶；

④ 长时间骑轧车道分界线行驶；

⑤ 驾驶时聊天、使用手持电话等妨碍安全驾驶的行为；

⑥ 带不良情绪驾驶车辆。

（4）行车中检查。

应不定时查看车上各种仪表，查听发动机及底盘声音，辨识车辆是否出现异常状况。当出现以下情况时，应立即选择安全区域停车检查：

① 仪表报警灯亮起时；

② 操纵困难、车身跳动或颤抖、机件有异响或有异常气味、冷却液温度异常时；

③ 发动机动力突然下降时；

④ 转向盘的操纵变得沉重并偏向一侧时；

⑤ 制动不良时；

⑥ 车辆灯光出现故障时。

中途停车时，应逆时针绕车辆一周，按要求检查车辆仪表、轮胎、悬架系统、螺栓等重点安全部件是否齐全、技术状况是否正常，车辆有无油液泄漏，尾气颜色是否正常，并如实填写车辆日常检查表。

货车驾驶员应随时通过后视镜观察货物的捆绑、覆盖情况；中途停车时，应检查货物捆绑、固定是否牢固，覆盖是否严实，货厢栏板锁止机构有无松动。

3. 收车后安全操作要求★

（1）检查车辆轮胎、转向系统、制动系统、悬架系统、灯光、螺栓、座椅安全带等重点安全部件是否齐全、技术状况是否正常，车辆有无漏油、漏水、漏气现象，并如实填写车辆日常检查表。

（2）应对当天车辆运行中出现的异常情况填写报修单，交由专业维修人员开展维修作业。

4. 货物装载基本要求★

（1）选择合适的运输车辆。车辆的选择应适合所运货物的种类、特性、外形尺寸、货运量以及运输距离等，满足安全、高效的要求。

（2）确保货物质量分布均衡。

（3）合理安排货物装载顺序。

（4）科学进行货物拼装配载。货物拼装配载时，应注意下列安全事项：

① 液体不与固体拼装；

② 有不良气味的货物，不与茶叶、香烟、大米等食品拼装；

③ 普通货物不与危险货物拼装，毒性物质不与食物拼装；

④ 易碎物品、易磨损的袋装货物，不与包装不规则的贵重物品拼装；

⑤ 车厢潮湿、防雨设备不良，不装粮食、绸布、纸张等怕湿物品。

（5）进行必要的填充。

5. 常见货物固定方法★

通常来说，货物的系固和捆扎方法主要包括锁定、阻挡、直接或摩擦性捆绑等方式。

具体使用何种或者哪几种系固捆绑方法，应根据路途中可能遇到的气候条件（温度、湿度等）以及货物自身特点和道路环境等因素确定。

（1）直接或摩擦性捆绑加固。

① 顶部捆绑；② 环形捆绑；③ 对角捆绑；④ 绕圈捆绑；⑤ 直接捆绑；⑥ 结合其他货物系固方法。

（2）阻挡加固。

（3）上锁。

6. 超限运输的认定标准★★★

有下列情形之一的公路货物运输车辆，属于超限运输车辆：

（1）车货总高度从地面算起超过 4 m；

（2）车货总宽度超过 2.55 m；

（3）车货总长度超过 18.1 m；

（4）车货总质量超过限值。

7. 超限运输申请流程★

载运不可解体物品的超限运输（以下称大件运输）车辆，应当依法办理有关许可手续，采取有效措施后，按照指定的时间、路线、速度行驶公路。未经许可，不得擅自行驶公路。大件运输的托运人应委托具有大型对象运输经营资质的道路运输经营者承运，并在运单上如实填写托运货物的名称、规格、重量等相关信息。

大件运输车辆行驶公路前，承运人应当按下列规定向公路管理机构申请公路超限运输许可。申请流程如下：

（1）跨省、自治区、直辖市进行运输的，向起运地省级公路管理机构递交申请书，申请机关需要列明超限运输途经公路沿线各省级公路管理机构，由起运地省级公路管理机构统一受理并组织协调沿线各省级公路管理机构联合审批，必要时可由交通运输部统一组织协调处理；

（2）在省、自治区范围内跨设区的市进行运输，或者在直辖市范围内跨区、县进行运输的，向该省级公路管理机构提出申请，由其受理并审批；

（3）在设区的市范围内跨区、县进行运输的，向该市级公路管理机构提出申请，由其受理并审批；

（4）在区、县范围内进行运输的，向该县级公路管理机构提出申请，由其受理并审批。

8. 超限运输申请材料★

申请公路超限运输许可的，承运人应当提交下列材料：

（1）公路超限运输申请表，主要内容包括货物的名称、外廓尺寸和质量，车辆的厂牌型号、整备质量、轴数、轴距和轮胎数，载货时车货总体的外廓尺寸、总质量、各车轴轴荷，拟运输的起讫点、通行路线和行驶时间；

（2）承运人的道路运输经营许可证、经办人的身份证件和授权委托书；

（3）车辆行驶证或者临时行驶车号牌。

车货总高度从地面算起超过 4.5 m，或者总宽度超过 3.75 m，或者总长度超过 28 m，或者总质量超过 100 000 kg，以及其他可能严重影响公路完好、安全、畅通情形的，还应当提交记录载货时车货总体外廓尺寸信息的轮廓图和护送方案。护送方案应当包含护送车辆配置方案、护送人员配备方案、护送路线情况说明、护送操作细则、异常情况处理等相关内容。

9. 超限运输行驶要求★★★

（1）采取有效措施固定货物，按照有关要求在车辆上悬挂明显标志，保证运输安全。

（2）按照指定的时间、路线和速度行驶。

（3）车货总质量超限的车辆通行公路桥梁，应当匀速居中行驶，避免在桥上制动、变速或者停驶。

（4）需要在公路上临时停车的，除遵守有关道路交通安全规定外，还应当在车辆周边设置警告标志，并采取相应的安全防范措施；需要较长时间停车或者遇有恶劣天气的，应当驶离公路，就近选择安全区域停靠。

（5）通行采取加固、改造措施的公路设施，承运人应当提前通知该公路设施的养护管理单位，由其加强现场管理和指导。

（6）因自然灾害或者其他不可预见因素而出现公路通行状况异常致使大件运输车辆无法继续行驶的，承运人应当服从现场管理并及时告知作出行政许可决定的公路管理机构，由其协调当地公路管理机构采取相关措施后继续行驶。

10. 甩挂运输

甩挂运输是指牵引车按照预定的运行计划，在货物装卸作业点甩下所拖的挂车，换上其他挂车继续运行的运输组织方式。

甩挂运输的特点：

（1）有利于减少装卸等待时间，加速始发即可牵引车周转，提高单车利用率，提高车辆运输生产效率。

（2）完成同等运输量，可以减少牵引车和驾驶员的配置数量，降低牵引车的购置费用和运行费用，同时有利于节省货物仓储设施，节约物流运营成本。

（3）有利于组织汽车运输与水路混装运输、铁路驮背运输等多式联运，充分发挥各种运输方式的技术经济优势。

（4）有利于减少车辆空驶和无法运输的情况，降低燃料消耗，减少汽车尾气排放。

甩挂运输主要有以下三种组织形式。

（1）一线两点，只在一端甩挂；

（2）一线两点，两端都会甩挂；

（3）多点装卸货，循环甩挂运输。

五、道路货物运输新技术与安全管理

1. 新能源汽车的类型

新能源汽车包括四大类型：混合动力汽车（HEV）、纯电动汽车（BEV，包括太阳能汽车）、燃料电池电动汽车（FCEV）、其他新能源（如超级电容器、飞轮等高效储能器）汽车等。非常规的车用燃料指除汽油、柴油、天然气（NG）、液化石油气（LPG）、乙醇汽油（EG）、甲醇、二甲醚之外的燃料。

目前在我国，新能源汽车主要是指纯电动汽车、增程式电动汽车、插电式混合动力汽车和燃料电池电动汽车，常规混合动力汽车被划分为节能汽车。

2. 新能源汽车的隐患★

动力电池是新能源汽车起火事故或安全事故的主要原因，包括整车非电动车平台改装造成电池的承载隐患、动力电池系统的缺陷（含电化学反应问题）、电池材料不过关、电池使用不当等因素。比如电池系统管理不完善而不能够提前监控、故障报警，从而将导致电池过充、短路、漏液，最终引发过热失控、自燃、起火等，都是导致新能源汽车出现安全事故的原因。

第四节 道路危险货物运输安全技术

一、危险货物分类及危险特性★★★

1. 危险货物定义★★★

危险货物是指列入《危险货物道路运输规则》（JT/T 617—2018），具有爆炸、易燃、毒害、感染、腐蚀、放射性等危险特性的物质或物品。

危险货物根据危险性分为 9 类。

（1）第 1 类：爆炸品。

第 1.1 项：有整体爆炸危险的物质和物品；

第 1.2 项：有迸射危险，但无整体爆炸的物质和物品；

第 1.3 项：有燃烧危险并有局部爆炸危险或局部迸射危险或这两种危险都有，但无整体爆炸危险的物质和物品；

第 1.4 项：不呈现重大危险的物质和物品；

第 1.5 项：有整体爆炸危险的非常不敏感物质；

第 1.6 项：无整体爆炸危险的极端不敏感物品。

（2）第 2 类：气体。

第 2.1 项：易燃气体；

第 2.2 项：非易燃无毒气体；

第 2.3 项：毒性气体。

（3）第 3 类：易燃液体。

（4）第 4 类：易燃固体、易于自燃的物质、遇水放出易燃气体的物质。

第 4.1 项：易燃固体；

第 4.2 项：易于自燃的物质；

第 4.3 项：遇水放出易燃气体的物质。

（5）第 5 类：氧化性物质和有机过氧化物。

第 5.1 项：氧化性物质；

第 5.2 项：有机过氧化物。

（6）第 6 类：毒性物质和感染性物质。

第 6.1 项：毒性物质；

第 6.2 项：感染性物质。

（7）第 7 类：放射性物质。

（8）第 8 类：腐蚀性物质。

（9）第 9 类：杂项危险物质和物品。

2. 包装类别的划分★★★

根据《危险货物分类和品名编号》（GB 6944—2012），除第1类、第2类（不含气溶胶）、第7类、5.2项、6.2项以及易燃固体项自反应物质和某些物品以外的危险货物，根据其危险程度划分为3个包装类别，具体如下：

（1）Ⅰ类包装：具有高度危险性的物质；

（2）Ⅱ类包装：具有中等危险性的物质；

（3）Ⅲ类包装：具有轻度危险性的物质。

此外，第6.1项物质（包括农药），按其毒性程度划入三个包装类别：

（1）Ⅰ类包装：具有非常剧烈毒性危险的物质及制剂；

（2）Ⅱ类包装：具有严重毒性危险的物质和制剂；

（3）Ⅲ类包装：具有较低毒性危险的物质和制剂。

根据第8类腐蚀性物质的危险程度划定三个包装类别：

（1）Ⅰ类包装：非常危险的物质和制剂；

（2）Ⅱ类包装：显示中等危险性的物质和制剂；

（3）Ⅲ类包装：显示轻度危险性的物质和制剂。

3. 危险货物包装标志★★★

1）标记

危险货物标记主要包括以下各类。

（1）危害环境物质和物品标记。

该标记的符号树为黑色，鱼为白色，底色为白底或其他反差鲜明的颜色，具体如图2-4所示。

（2）方向标记。

该标记符号为两个黑色或红色箭头，底色为白色或其他反差鲜明的颜色，可选择在方向箭头的外围加上长方形边框，方向标记图例见图2-5。当容器装有液态危险货物的组合包装、配有通风口的单一包装或者拟装运冷冻液化气体的开口低温贮器时，需要粘贴方向标记。方向标记应粘贴在包件相对的两个垂直面上，箭头显示正确的朝上方向。

图2-4　危害环境物质和物品

图2-5　方向标记图例

（3）高温物质标记。

该标记为等边三角形。标记颜色为红色，每边长不应小于 250 mm，见附录图 A–1。运输装置在运输或提交运输时，若装有温度不低于 100 ℃的液态物质或者温度不低于 240 ℃的固态物质时，应在车辆的两外侧壁和尾部，集装箱、罐式集装箱、可移动罐柜的两侧壁和前后两端粘贴高温物质标记。

2）标签

（1）爆炸品。

爆炸品的包装标志包括四个标签，见附录图 A–2。

（2）气体。

第 2.1 项易燃气体的标签有两种，主体颜色为红色；

第 2.2 项非易燃无毒气体的标签同样有两种，主体颜色为绿色；

第 2.3 项毒性气体的标签有一种，符号为黑色，底色为白色。

具体见附录图 A–3～A–5。

（3）易燃液体。

第 3 类易燃液体的包装标签有两种，第一种符号为黑色，底色为正红色；第二种符号为白色，底色为正红色，见附录图 A–6。

（4）易燃固体。

第 4.1 项易燃固体的包装标签符号为黑色，底色为白色红条，见附录图 A–7。第 4.2 项易于自燃的物质的包装标签符号为黑色，底色为上白下红，见附录图 A–8。第 4.3 项遇水放出易燃气体的物质的包装标签有两种，主体为蓝色，见附录图 A–9。

（5）氧化性物质和有机过氧化物。

第 5.1 项氧化性物质的包装标签符号为黑色，底色为柠檬黄色。第 5.2 项有机过氧化物的包装标签有两种，第一种符号为黑色，底色为红色和柠檬黄色；第二种符号为白色，底色为红色和柠檬黄色。具体见附录图 A–10。

（6）毒性物质和感染性物质。

第 6.1 项毒性物质的包装标签符号为黑色，底色为白色；第 6.2 项感染性物质的包装标签符号为黑色，底色为白色。具体见附录图 A–11。

（7）放射性物质。

放射性物质的包装标签分为四种，具体见附录图 A–12。

第一个为一级放射性物质的标签，在标签下半部分写上“放射性”“内装物”“放射性强度”，在“放射性”字样之后应有一条红竖条。

第二个为二级放射性物质的标签，在标签下半部分写上“放射性”“内装物”“放射性强度”，在一个黑边框格内写上“运输指数”，在“放射性”字样之后应有两条红竖条。

第三个为三级放射性物质的标签，在标签下半部分写上“放射性”“内装物”“放射性强度”，在一个黑边框格内写上“运输指数”，在“放射性”字样之后应有三条红竖条。

第四个为裂变性物质，在标签上半部分写上“易裂变”，在标签下半部分的一个黑边框格内写上“临界安全指数”。

（8）腐蚀性物质。

腐蚀性物质的包装标签有一种，符号为黑色，底色为上白下黑，见附录图 A–13。

（9）杂项危险物质和物品。

杂项危险物质和物品的包装标签有一种，符号为黑色，底色为白色，见附录图 A–14。

4. 爆炸品的配装要求★

爆炸品配装原则是“如果两种或两种以上物质或物品在一起能安全积载运输，而不会明显增加事故概率，或在一定数量情况下不会明显提高事故危害程度的，可视其为同一配装组”。

属于同一配装组的爆炸品可以放在一起运输，属于不同配装组的爆炸品原则上不能放在一起运输。

5. 中毒的主要途径★★★

人畜中毒的途径是呼吸道、皮肤和消化道。在运输中，毒性物质主要经呼吸道和皮肤进入人体，经消化道进入的较少。

6. 毒性指标★

常见的毒性指标见表 2–10。

表 2–10 常见的毒性指标

符号	指标	含 义
LD_{50}	口服毒性半数致死量	指可使青年白鼠口服后，在 14 天内 50%死亡的物质剂量
	皮肤接触毒性半数致死量	指使白兔的裸露皮肤持续接触 24 小时，最可能引起这些试验动物在 14 天内 50%死亡的物质剂量，试验结果以 mg/kg 体重表示
LC_{50}	吸入毒性半数致死浓度	指使雌雄青年白鼠连续吸入 1 小时，最可能引起这些试验动物在 14 天内死亡一半的蒸气、烟雾或粉尘的浓度
TLV	最高允许浓度	又称极限阈值。健康成人长期经受而不致造成急性或慢性危害的最高浓度
TD_{100}	绝对致死量	指能引起实验动物全部死亡的最低剂量
TDL_0	最小中毒量	能引起染毒动物出现中毒症状的最小用量
TCL_0	最小中毒浓度	能引起染毒动物出现中毒症状的最小浓度

在《危险货物道路运输规则　第 2 部分：分类》（JT/T 617.2—2018）中，主要按照口服毒性半数致死量、皮肤接触毒性半数致死量和吸入毒性半数致死浓度三个指标来判断是否归类为危险货物以及几类包装类别，如表 2–11 所示。

表 2–11 毒性程度评估表

包装类别	口服毒性 LD_{50}（mg/kg）	皮肤接触毒性 LD_{50}（mg/kg）	吸入粉尘和烟雾毒性 LD_{50}（mg/L）
Ⅰ	$LD_{50} \leq 5$	$LD_{50} \leq 50$	$LD_{50} \leq 0.2$
Ⅱ	$5 < LD_{50} \leq 50$	$50 < LD_{50} \leq 200$	$0.2 < LD_{50} \leq 2$
Ⅲ[a]	$50 < LD_{50} \leq 300$	$200 < LD_{50} \leq 1\,000$	$2 < LD_{50} \leq 4$

[a] 催泪性气体物质，即使其毒性数据相当于包装类别Ⅲ的数值，也应划在包装类别Ⅱ中。

7. 剧烈急性毒性判定界限

急性毒性类别 1，即满足下列条件之一：大鼠试验，经口 $LD_{50} \leq 5$ mg/kg，经皮 $LD_{50} \leq 50$ mg/kg，吸入（4 小时）$LC_{50} \leq 100$ mL/m^3（气体）或 0.5 mg/L（蒸气）或 0.05 mg/L（尘、雾）。经皮 LD_{50} 的试验数据，也可使用兔试验数据。

8. 危险废物★

具有下列情形之一的固体废物和液态废物：

（1）具有腐蚀性、毒性、易燃性、反应性或者感染性等一种或者几种危险特性的；

（2）不排除具有危险特性，可能对环境或者人体健康造成有害影响，需要按照危险废物进行管理的。

运输危险废物，必须采取防止污染环境的措施，并遵守国家有关危险货物运输管理的规定。

二、道路危险货物运输安全管理基本内容★

1. 安全生产责任制要求★

根据《危险货物道路运输企业安全生产责任制编写要求》（JT/T 913—2014）的要求，危险货物道路运输企业的安全生产责任制应该包括以下几个方面。

1）安全生产决策机构安全职责

安全生产决策机构安全职责应至少包括：

（1）负责领导本企业的安全生产工作；

（2）研究决策本企业安全生产的重大问题；

（3）贯彻执行国家和行业有关安全生产法律、法规、规章和标准的要求；

（4）研究、审议和批准安全生产规划、目标、管理体系、安全管理机构设置、安全投入、安全评价等安全管理的重大事项。

2）安全生产管理部门安全职责

安全生产管理部门安全职责应至少包括：

（1）贯彻落实安全生产决策机构有关安全生产决定和管理措施；

（2）组织制定（修订）和执行安全生产管理制度、操作规程、安全生产工作计划、安全生产费用预算、应急预案等；

（3）组织召开安全会议，开展安全生产活动，提出安全生产管理建议；

（4）负责安全生产工作的监督、检查、考核、通报；

（5）负责安全设施、设备、防护用品管理与发放；

（6）负责车辆的维护；

（7）危险货物受理、审核及相应营运手续办理；

（8）制定运输组织方案及车辆人员调度；

（9）专职安全管理人员、从业人员的审核、聘用、奖惩、解聘、劳动安全、职业健康等；

（10）负责运输事故现场协调、配合、调查与报告；

（11）安全生产管理档案建立、信息统计等。

3）主要负责人安全职责

企业主要负责人是企业安全生产工作第一责任人，安全职责应至少包括：

（1）贯彻执行国家安全生产方针、政策和有关安全生产法律、法规、规章及技术标准等；

（2）建立、健全本单位安全生产责任制；

（3）组织制定本单位安全生产规章制度和操作规程；

（4）组织制定并实施本单位安全生产教育和培训计划；

（5）保证本单位安全生产投入的有效实施；

（6）督促、检查本单位的安全生产工作，及时消除生产安全事故隐患；

（7）组织制定并实施本单位的生产安全事故应急救援预案；

（8）及时、如实报告生产安全事故。

4）安全管理部门负责人安全职责

安全管理部门负责人安全职责应至少包括：

（1）贯彻落实企业有关安全生产决定和管理措施；

（2）制定和执行安全生产管理规章制度、操作规程、应急预案、安全生产工作计划、安全生产费用预算；

（3）开展安全生产工作监督、检查、考核、隐患排查和整改的落实、安全文化建设和事故应急救援演练等；

（4）组织召开安全工作例会，提出安全生产管理建议；

（5）对运输事故现场协调处置、调查、报告及提出处理建议；

（6）安全生产统计与安全生产管理档案建立。

5）专职安全管理人员安全职责

专职安全管理人员安全职责应至少包括：

（1）组织或者参与拟订本单位安全生产规章制度、操作规程和生产安全事故应急救援预案；

（2）组织或参与本单位安全生产教育和培训，如实记录安全生产教育和培训情况；

（3）督促落实本单位重大危险源的安全管理措施；

（4）组织或者参与本单位应急救援演练；

（5）检查本单位的安全生产状况，及时排查生产安全事故隐患，提出改进安全生产管理的建议；

（6）制止和纠正违章指挥、强令冒险作业、违反操作规程的行为；

（7）督促落实本单位安全生产整改措施。

2. 安全生产管理机构和安全生产管理人员配置要求★★★

首先，根据《中华人民共和国安全生产法》的要求，道路危险货物运输企业应当设置安全生产管理机构或者配备专职安全生产管理人员。其次，根据《道路危险货物运输管理规定》的要求，道路危险货物运输经营企业应配备专职安全管理人员。也就是说，道路危险货物运输经营企业必须设置安全生产管理机构和配备专职安全生产管理人员。

3. 安全投入要求★

危险品等特殊货运业务的安全投入应按照其上一年度实际营业收入的 1.5%来逐月提取。

4. 安全生产管理制度的基本内容★

根据《道路危险货物运输管理规定》的要求，危险货物道路运输企业安全生产管理制度至少应包括下列内容：

（1）企业主要负责人、安全管理部门负责人、专职安全管理人员安全生产责任制度；

（2）从业人员安全生产责任制度；

（3）安全生产监督检查制度；

（4）安全生产教育培训制度；

（5）从业人员、专用车辆、设备及停车场地安全管理制度；

（6）应急救援预案制度；

（7）安全生产作业规程；

（8）安全生产考核与奖惩制度；

（9）安全事故报告、统计与处理制度。

此外，道路运输企业应当建立健全动态监控管理相关制度，规范动态监控工作。

5. 应急预案制定★

除了上述安全生产管理制度外，依据《生产安全事故应急条例》（国务院令第 708 号）、《生产安全应急预案管理办法》（应急管理部 2019 年第 2 号令）、《交通运输突发事件应急管理规定》（交通运输部令 2011 年第 9 号）和《危险货物道路运输企业运输事故应急预案编制要求》（JT/T 911—2014）的要求，危险货物道路运输企业还需要制定本单位的应急预案。

6. 车辆管理★★★

根据《道路运输企业车辆技术管理规范》(JT/T 1045—2016)的要求，危险货物运输企业应设置专门的车辆技术管理机构，配备技术负责人和车辆技术管理人员。数量则按照每50辆车配备1人的要求，不足50辆的应至少配1备人。若企业同时经营道路旅客运输、普通货物运输、危险货物运输中的两种或两种以上业务，配备标准应分别计算。对于车辆数量计算，运输危险货物的挂车按照危险货车单计。

7. 托运人★

托运人，是指本人或者委托他人以本人名义或者委托他人为本人与承运人订立货物运输合同的人。托运人可能是危险化学品（或其他类别危险货物）生产、使用、经营企业，或者危货运输企业（业务分包），或者货代等第三方企业，甚至可能是自然人。

8. 托运人的义务★

托运人在托运危险货物进行道路运输时，需要履行下列职责，具体包括：

危险货物托运人应当委托具有相应危险货物道路运输资质的企业承运危险货物。托运民用爆炸物品、烟花爆竹的，应当委托具有第一类爆炸品或者第一类爆炸品中相应项别运输资质的企业承运。对于由公安部门管理的民用爆炸物品和烟花爆竹，必须委托具有第一类爆炸品或者第一类爆炸品中相应项别运输资质的企业承运。

托运人应当按照《危险货物道路运输规则》(JT/T 617—2018)确定危险货物的类别、项别、品名、编号，遵守相关特殊规定要求。需要添加抑制剂或者稳定剂的，托运人应当按照规定添加，并将有关情况告知承运人。

托运人不得在托运的普通货物中违规夹带危险货物，或者将危险货物匿报、谎报为普通货物托运。任何单位和个人不得交寄危险化学品或者在邮件、快件内夹带危险化学品，不得将危险化学品匿报或者谎报为普通物品交寄。

托运人应当按照《危险货物道路运输规则》(JT/T 617—2018)妥善包装危险货物，并在外包装设置相应的危险货物标志。

托运人在托运危险货物时，应当向承运人提交电子或者纸质形式的危险货物托运清单。托运人应当妥善保存危险货物托运清单，保存期限不得少于12个月。

托运人托运例外数量危险货物的，应当向承运人书面声明危险货物符合《危险货物道路运输规则》(JT/T 617—2018)包装要求。承运人应当要求驾驶人随车携带书面声明，并在托运清单中注明例外数量危险货物以及包件的数量。托运人托运有限数量危险货物的，应当向承运人提供包装性能测试报告或者书面声明危险货物符合《危险货物道路运输规则》(JT/T 617—2018)包装要求。承运人应当要求驾驶人随车携带测试报告或者书面声明，并在托运清单中注明有限数量危险货物以及包件的数量、总质量（含包装）。

托运人应当在危险货物运输期间保持应急联系电话畅通。在整个危险货物道路运输过程中，托运人必须提供应急支援，当出现运输事故时可以通过拨打公司或其授权的第三方的应急联系电话，以便及时获取有关货物的理化特性和应急处置建议等信息。

托运人托运剧毒化学品、民用爆炸物品、烟花爆竹或者放射性物品的，应当向承运人相应提供公安机关核发的剧毒化学品道路运输通行证、民用爆炸物品运输许可证、烟花爆竹道路运输许可证、放射性物品道路运输许可证明或者文件。托运人托运第一类放射性物品的，应当向承运人提供国务院核安全监管部门批准的放射性物品运输核与辐射安全分析报告。托运人托运危险废物（包括医疗废物）的，应当向承运人提供生态环境主管部门发放的电子或者纸质形式的危险废物转移联单。

危险货物托运人托运危险化学品的，还应当提交与托运的危险化学品完全一致的安全技术说明书和安全标签。安全技术说明书或者危险货物运输条件鉴定书是识别货物是否属于危险货物的重要依据，这是由托运人提供的，即表明对危险货物作出正确的分类是托运人的责任。

危险货物托运人应当对托运的危险货物种类、数量和承运人等相关信息予以记录，记录的保存期限不得少于 1 年。

托运人应协助及时收货。收货人应当及时收货，不能无正当理由拒绝收货。考虑到运输合同的产生，是因为托运人与收货人之间的货物运送需要而产生，所以托运人在收货环节也应承担积极联系收货人收货等责任。

9. 托运清单信息★

根据《道路危险货物运输管理规定》的要求：托运人托运货物时，应提交与托运的危险化学品完全一致的安全技术说明书和安全标签；托运人在托运危险货物时，还应向承运人提交危险货物托运清单。危险货物托运清单至少应包含以下信息：

（1）托运人的名称和地址；

（2）收货人的名称和地址；

（3）装货单位名称；

（4）实际发货/装货地址；

（5）实际收货/卸货地址；

（6）运输企业名称；

（7）所托运危险货物的 UN 编号（含大写“UN”字母）；

（8）危险货物正式运输名称；

（9）危险货物类别及项别；

（10）危险货物包装类别及规格；

（11）危险货物运输数量；

（12）24 小时应急联系电话；

（13）必要的危险货物安全信息，作为托运清单附录，主要包括操作、装卸、堆码、储存安全注意事项以及特殊应急处理措施等。

10. 承运人的基本职责要求★

在道路运输危险货物过程中，承运人的主要职责包括：

（1）承运人应当按照交通运输主管部门许可的经营范围承运危险货物。

（2）承运人应当使用安全技术条件符合国家标准要求且与承运危险货物性质、重量相匹配的车辆、设备进行运输。使用常压液体危险货物罐式车辆运输危险货物的，应当在罐式车辆罐体的适装介质列表范围内承运；使用移动式压力容器运输危险货物的，应当按照移动式压力容器使用登记证上限定的介质承运。同时，还要确认罐体检验日期是否在有效期内。

这里包括两方面的意思。

第一是车辆的安全技术条件必须符合国家标准要求。此外，我国对进入营运市场的车辆实行达标车辆核查制度。根据《道路运输达标车辆核查工作规范（试行）》的要求，从事危险货物道路运输的车辆，其《道路运输达标车辆核查记录表（货车）》的核查结论须为“符合”。

第二是必须与承运危险货物性质、重量相匹配。另外，罐式车辆应符合相应的标准要求，且容积与承运危险货物种类相对应。同时，用于运输危险货物的罐体以及其他容器应当封口严密，罐体及其他容器的溢流和泄压装置等安全附件设施应当设置准确、开闭灵活。此外，不得使用罐式专用车辆或者运输有毒、感染性、腐蚀性危险货物的专用车辆运输普通货物。其他专用车辆可以从事食品、生活用品、药品、医疗器具以外的普通货物运输，但应当由运输企业对专用车辆进行消除危害处理，确保不对普通货物造成污染、损害。

（3）按照运输车辆的核定载质量装载危险货物，不得超载。

（4）确认托运人已提供了与所承运危险货物相关的所有信息，并据此编写运单。

承运人应核实所装运危险货物的收发货地点、时间以及托运人提供的相关单证或凭证文件是否符合规定，并核实货物的品名、编号、规格、数量、件重、包装、标志、安全技术说明书和应急措施以及运输要求等相关必要性文件。然后根据托运人提交的托运清单和相关资料，编制运单或者电子运单，并交由驾驶人随车携带。危险货物运单应当妥善保存，保存期限不得少于 12 个月。危险货物运单格式由国务院交通运输主管部门统一制定。危险货物运单可以是电子或者纸质形式。运输危险废物的企业还应当填写并随车携带电子或者纸质形式的危险废物转移联单。

这里需要说明的是，承运人的主要业务范围是确保危险货物运输过程的安全。托运人提交的托运清单及相关凭证运输的文件，承运人的核实范围也仅限于检查托运人向承运人提交的文件清单是否齐全，托运清单的内容是否填写完整。但对托运清单中已填写的内容是否正确是托运人的职责范围，不属于承运人核实的职责范围。

（5）承运人派发危险货物道路运输运单开展运输作业之前应做好车辆、人员的检查工作，检查内容应至少包括：

① 车辆卫星定位装置是否正常运行；

② 上次运输任务期间（或上周）车辆运行轨迹是否正常（是否在线，或运行轨迹是否一致）；

③ 车辆道路运输证经营范围是否与承运货物相符，车辆是否按期年审等；

④ 驾驶员、押运员是否具备有效危险货物道路运输从业资格证。

（6）承运人在运输前，应当对运输车辆、罐式车辆罐体、可移动罐柜、罐式集装箱（以下简称罐箱）及相关设备的技术状况，以及卫星定位装置进行检查并做好记录，对驾驶人、押运人员进行运输安全告知。

（7）驾驶人、押运人员在起运前，应当对承运危险货物的运输车辆、罐式车辆罐体、可移动罐柜、罐箱进行外观检查，确保没有影响运输安全的缺陷。

（8）驾驶人、押运人员在起运前，应当检查确认危险货物运输车辆按照要求安装、悬挂标志。运输爆炸品和剧毒化学品的，还应当检查确认车辆安装、粘贴符合《道路运输爆炸品和剧毒化学品车辆安全技术条件》（GB 20300—2018）要求的安全标示牌。

（9）确认货物外观无明显的缺陷、泄漏、遗撒、破碎等情况。危险货物装运前，承运人应认真检查包装的完好情况，当发现破损、撒漏，托运人应重新包装或修理加固，否则承运人应拒绝运输。承运人应拒绝运输已有水渍、雨淋痕迹的遇湿易燃物品。同时，承运人有权拒绝运输不符合国家有关规定的危险货物。这里需要强调的是，托运人应确保其所托运递交货物的性能、包装、标志等各种情况与托运清单的说明完全一致，托运人要对此负法律责任。承运人应对所受理的危险货物包装和标志进行审核，但不可能也不必对包装内容物的性能、成分作审核。在包装完好无损、火漆封志或铅封完整的情况下，承运人不对包装内容物负责。但受理人员保留必要的审核权，在受理人员认为必要时，可要求托运人启封开箱检查。但这不能理解成若受理人员不行使保留审核权即是对包装内容物的默认，而应理解为相信托运人的陈述，由托运人对自己陈述的诚实性、准确性负责，这在法律上称为诚信法则。

（10）确认车辆随车携带与所载运的危险货物相适应的应急处理器材和安全防护设备。

（11）在危险货物道路运输过程中，除驾驶人外，还应当在专用车辆上配备必要的押运人员，确保危险货物处于押运人员监管之下。

（12）按照《中华人民共和国反恐怖主义法》和《道路运输车辆动态监督管理办法》要求，在车辆运行期间通过定位系统对车辆和驾驶人进行监控管理。

（13）确保车辆遵循限速、限行等要求。危险货物运输车辆在高速公路上行驶速度不得超过 80 km/h，在其他道路上行驶速度不得超过 60 km/h。道路限速标志、标线标明的速度低于上述规定速度的，车辆行驶速度不得高于限速标志、标线标明的速度。运输民用爆炸物品、烟花爆竹和剧毒、放射性等危险物品时，应当按照公安机关批准的路线、时间行驶。

11. 承运人在装卸时的基本要求★

从装卸对象来分，装卸工作分为托运人装卸、承运人装卸和站场装卸及经营人装卸，即货物装卸有的是由货主来完成的，有的是由承运人负责装卸的，或者由承运人或者托运人委托的第三方，如站场、装卸经营人进行装卸作业的。不管是托运人、承运人还是第三方，只要其从事装卸作业行为，其就是装货人，需要履行《危险货物道路运输安全管理办法》和《危险货物道路运输规则　第 1 部分：通则》（JT/T 617.1—2018）中有关装货人、充装人和卸货人等参与方的职责。

承运人在装卸作业过程中的职责主要包括以下要求：

充装货物前，承运人要配合装货人查验充装货物与车辆设备匹配性是否符合《危险货物道路运输安全管理办法》第二十三条要求，不符合要求的，应更换车辆设备；运输《危险货物道路运输安全管理办法》第十五条所述危险物品的，还要配合装货人查验是否具备相关凭证运输文件，不符合要求的，应拒绝装货人充装。

装货人交付运输后、收货人收货前，危险货物道路运输企业不得擅自充装危险货物，为保障运输安全确需充装的，应当严格执行充装查验、核准、记录制度并在托运人的指导下作业。

承运人应遵守港口危险货物装卸车作业安全规程，严禁违章作业。

12. 承运人的具体职责★

（1）核实托运清单和相关托运文件，然后据此编制运单。

核实托运清单中已填写的内容是否正确是托运人的职责范围，不属于承运人核实的职责范围。

（2）对货物包装情况进行外观检查。

承运人应拒绝运输已有水渍、雨淋痕迹的遇湿易燃物品。同时，承运人有权拒绝运输不符合国家有关规定的危险货物。承运人应对所受理的危险货物包装和标志进行审核，但不可能也不必对包装内容物的性能、成分做审核。在包装完好无损、火漆封志或铅封完整的情况下，承运人不对包装内容物负责。但受理人员保留必要的审核权，在受理人员认为必要时，可要求托运人启封开箱检查。

（3）选用合适的车辆，并确认车辆技术状况良好。

13. 危险货物托运车辆要求★★★

根据托运人的要求，选用合适的车辆进行运输是承运人的责任，具体包括：

（1）车辆的技术条件符合国家标准的相关要求，且按照要求定期检验，同时，车辆类型适合拟承运危险货物的特性。

（2）承运人根据危险货物的特性采取相应的安全防护措施，并配备必要的防护用品和应急救援器材，悬挂或喷涂符合国家标准要求的警示标志（包括标志牌、安全标示牌等）。

（3）罐式车辆应符合相应的标准要求，且容积与承运危险货物种类相对应。

（4）用于运输危险货物的罐体以及其他容器应当封口严密，罐体及其他容器的溢流和泄压装置等安全附件设施应当设置准确、开闭灵活。

（5）不得使用罐式专用车辆或者运输有毒、感染性、腐蚀性危险货物的专用车辆运输普通货物。其他专用车辆可以从事食品、生活用品、药品、医疗器具以外的普通货物运输，但应当由运输企业对专用车辆进行消除危害处理，确保不对普通货物造成污染、损害。

14. 承运人事故报告的基本责任★

在运输过程中，承运人是危险货物的主要责任人，一旦遇到事故或特殊情况，承运人应实施积极、正确的应急处理，并做到以下几点：

（1）运输途中因住宿或者发生影响正常运输的情况，需要较长时间停车的，驾驶人员、押运人员应当采取相应的安全防范措施；运输剧毒化学品或者易制爆危险化学品的，还应当向当地公安机关报告。

（2）剧毒化学品、易制爆危险化学品在道路运输途中丢失、被盗、被抢或者出现流散、泄漏等情况的，驾驶人员、押运人员应当立即采取相应的警示措施和安全措施，并向当地公安机关报告。

（3）危险货物运达卸货地点后，因故不能及时卸货的，应及时与托运人联系妥善处理；不能及时处理的，承运人应立即报告当地公安部门。

（4）事故报告。

15. 事故报告内容★★★

根据《生产安全事故报告和调查处理条例》第十二条的规定，报告事故应当包括下列内容：

（1）事故发生单位概况；

（2）事故发生的时间、地点以及事故现场情况；

（3）事故的简要经过；

（4）事故已经造成或者可能造成的伤亡人数（包括下落不明的人数）和初步估计的直接经济损失；

（5）已经采取的措施；

（6）其他应当报告的情况。

16. 运单

运单是由承运人签发的，证明货物运输合同和货物由承运人接管或装车，以及承运人保证将货物交给指定的收货人的一种不可流通的单证。运单具有合同证明和货物收据的作用。危险货物运单是管理部门进行安全监管的重要载体，对约束承托双方遵守危险货物道路运输有关法律法规及强制性标准具有重要作用。危险货物道路运输运单可以是电子或纸质形式。

危险货物道路运输运单应至少包含以下信息，具体如图 2–6 所示。企业设计运单时，内容、顺序在与下述运单格式一致的情况下，版式可有所差别。

<table>
<tr><th colspan="7">危险货物道路运输运单</th></tr>
<tr><td colspan="5">运单编号：（1）</td><td></td><td></td></tr>
<tr><td rowspan="2">托运人</td><td>名称</td><td>（2）</td><td rowspan="2">收货人</td><td>名称</td><td colspan="2">（6）</td></tr>
<tr><td>联系电话</td><td>（3）</td><td>联系电话</td><td colspan="2">（7）</td></tr>
<tr><td rowspan="2">装货人</td><td>名称</td><td>（4）</td><td>起运日期</td><td colspan="3">（8）</td></tr>
<tr><td>联系电话</td><td>（5）</td><td>起运地</td><td colspan="3">（9）</td></tr>
<tr><td>目的地</td><td colspan="4">（10）</td><td>☐ 城市配送</td><td>（11）</td></tr>
<tr><td rowspan="8">承运人</td><td>单位名称</td><td>（12）</td><td>联系电话</td><td colspan="3">（14）</td></tr>
<tr><td>许可证号</td><td colspan="5">（13）</td></tr>
<tr><td rowspan="2">车辆信息</td><td>车牌号码（颜色）</td><td>（15）</td><td rowspan="2">挂车信息</td><td>车牌号码</td><td>（17）</td></tr>
<tr><td>道路运输证号</td><td>（16）</td><td>道路运输证号</td><td>（18）</td></tr>
<tr><td>罐体信息</td><td>罐体编号</td><td>（19）</td><td>罐体容积</td><td colspan="2">（20）</td></tr>
<tr><td rowspan="3">驾驶员</td><td>姓名</td><td>（21）</td><td rowspan="3">押运员</td><td>姓名</td><td>（24）</td></tr>
<tr><td>从业资格证</td><td>（22）</td><td>从业资格证</td><td>（25）</td></tr>
<tr><td>联系电话</td><td>（23）</td><td>联系电话</td><td>（26）</td></tr>
<tr><td>货物信息</td><td colspan="6">包括序号，UN开头的联合国编号，危险货物运输名称，类别及项别，包装类别，包装规格，单位，数量等内容，每项内容用逗号隔开
（27）</td></tr>
<tr><td>备注</td><td colspan="3">（28）</td><td colspan="3">（29）</td></tr>
<tr><td colspan="3">调度人：（30）</td><td colspan="4">调度日期：（31）</td></tr>
</table>

图 2–6　危险货物道路运输运单示例

17. 危险货物作业前的检查★

承运人派发危险货物道路运输运单开展运输作业之前应做好车辆、人员的检查工作，检查内容应至少包括：

（1）车辆卫星定位装置是否正常运行；

（2）上次运输任务期间（或上周）车辆运行轨迹是否正常（是否在线、或运行轨迹是否一致）；

（3）车辆道路运输证经营范围是否与承运货物相符，车辆是否按期年审等；

（4）驾驶员、押运员是否具备有效危险货物道路运输从业资格证。

承运人可通过计算机、手机 App 等方式，在线或离线填写电子运单信息。在运单派发完成后、出车之前，承运人应将运单上传到行业管理部门，并打印纸质单据或以 App 形式随车携带。电子运单须顺序编号，并至少保存 1 年以上。

18. 道路危险货物运输安全卡★

“道路危险货物运输安全卡”是道路危险货物运输的重要文件。在道路危险货物运输过程中，随车携带“道路危险货物运输安全卡”是法律法规及标准赋予的要求。安全卡由四部分内容组成：第一部分规定了事故发生后，车组人员需采取的基本应急救援措施；第二部分规定了不同类别、项别危险货物发生危险事故时可能造成的后果，以及车组人员应采取的防护措施；第三部分规定了危害环境物质和高温物质发生事故时可能造成的后果，以及车组人员应采取的防护措施；第四部分规定了运输过程中应随车携带的基本安全应急设备。

19. 剧毒化学品公路运输通行证★

根据《剧毒化学品购买和公路运输许可证件管理办法》的要求，通过公路运输剧毒化学品的，托运人应当向运输目的地县级人民政府公安机关交通管理部门申领“剧毒化学品公路运输通行证”，并由承运人随车携带。“剧毒化学品公路运输通行证”主要载明运输车辆、驾驶员、押运人员、装载数量、有效期限、指定的路线、时间、运输速度，以及禁止超载、超速行驶等信息。

20. 易制毒化学品运输许可证★

根据《易制毒化学品管理条例》（国务院令第 703 号）的要求，跨设区的市级行政区域（直辖市为跨市界）或者在国务院公安部门确定的禁毒形势严峻的重点地区跨县级行政区域运输第一类易制毒化学品的，由运出地的设区的市级人民政府公安机关审批；运输第二类易制毒化学品的，由运出地的县级人民政府公安机关审批。经审批取得易制毒化学品运输许可证后，方可运输。运输第三类易制毒化学品的，应当在运输前向运出地的县级人民政府公安机关备案。公安机关应当于收到备案材料的当日发给备案证明。

对许可运输第一类易制毒化学品的，发给一次有效的运输许可证。对许可运输第二类易制毒化学品的，发给 3 个月有效的运输许可证；6 个月内运输安全状况良好的，发给 12 个月有效的运输许可证。易制毒化学品运输许可证应当载明拟运输的易制毒化学品的品种、数量、运入地、货主及收货人、承运人情况以及运输许可证种类。

21. 危险货物道路运输豁免★

危险货物道路运输豁免包括特殊规定豁免、有限数量和例外数量豁免，以及小量运输豁免三种。

（1）特殊规定豁免。

在道路运输环节，可以按照普通货物运输要求运输“动物纤维或植物纤维，烧过的、湿的或潮的”。

比如，新冠疫情中普遍使用的浓度为 75%的酒精和双氧水，其中 75%的酒精的 UN

编号为 1170，其正式运输名称为乙醇或乙醇溶液，属第 3 类易燃液体，查询 JT/T 617.3—2018 可知其特殊规定有 144 和 601 两个代码。代码 144 表示按体积酒精含量不超过 24% 的水溶液不受 JT/T 617—2018 的限制，代码 601 则表示加工及包装成用于零售及批发给个人或家庭消费的医疗产品（如药物、内服药）不受 JT/T 617—2018 的限制，即表明满足上述豁免条件，则在道路运输环节可以当成普通货物运输。

此外，还有一些是通过规范性文件明确规定了豁免货物种类，比如，2010 年 11 月，交通运输部下发了《关于同意将潮湿棉花等危险货物豁免按普通货物运输的通知》（交运发字〔2010〕141 号），明确豁免了 UN 1365 潮湿棉花、UN1362 活性炭等 10 种物质。该《通知》主要依据是“危险货物品名表”的特殊规定的要求，是对列表中所有危险货物进行全部豁免的主要依据。但需要强调的是，危险货物豁免仅适用道路货物运输环节，生产、包装、经营、储存、使用及其他方式运输等，仍应严格遵守《危险化学品安全管理条例》有关规定执行。

（2）有限数量和例外数量豁免。

危险货物运输量在满足例外数量或有限数量时，且达到包装、包件测试、单证、标记等要求的前提下，可以豁免部分或者全部危险货物道路运输要求。

托运人托运例外数量危险货物的，应当向承运人书面声明危险货物符合《危险货物道路运输规则》（JT/T 617—2018）包装要求。承运人应当要求驾驶人随车携带书面声明。托运人应当在托运清单中注明例外数量危险货物以及包件的数量。

托运人托运有限数量危险货物的，应当向承运人提供包装性能测试报告或者书面声明危险货物符合《危险货物道路运输规则》（JT/T 617—2018）包装要求。承运人应当要求驾驶人随车携带测试报告或者书面声明。托运人应当在托运清单中注明有限数量危险货物以及包件的数量、总质量（含包装）。

例外数量、有限数量危险货物包件可以与其他危险货物、普通货物混合装载，但有限数量危险货物包件不得与爆炸品混合装载。

运输车辆载运例外数量危险货物包件数不超过 1 000 个或者有限数量危险货物总质量（含包装）不超过 8 000 kg 的，可以按照普通货物运输。

（3）小量运输豁免。

三、道路危险货物运输车辆及设备★

1. 危险货物运输车辆主要的类型及适装范围★★★

（1）钢瓶装气体、包装类易燃液体、易燃固体、自燃物品、无机氧化剂、毒害品（低毒）、固体腐蚀品可选用栏板式货车/半挂车运输。

（2）爆炸物品、遇湿易燃物品、固体剧毒化学品、感染性物质、有机过氧化物可选用厢式货车/半挂车运输。

（3）压缩气体和液化气体（含受压、低温）应选用压力容器罐式货车/半挂车、长管拖车、管束式集装箱等运输。钢瓶装气体应按气瓶直立道路运输的要求，使用集装格、集装篮、散装等方式直立运输；集装格、集装篮运输可采用厢式车辆、栏板式车辆、平板车辆或专用车辆等运输；散装气瓶可采用厢式车辆、栏板式车辆或专用车辆运输。

（4）易燃液体、液体剧毒品可选用罐式货车/半挂车或罐式集装箱运输。

（5）液体腐蚀性物质可选用耐腐蚀的罐式货车/半挂车或罐式集装箱运输。

（6）有机过氧化物、感染性物品可根据温度控制要求选用控温车型。

2. 从事危险货物道路运输的车辆技术要求★

（1）车辆的外廓尺寸、轴荷和最大允许总质量、技术性能、车型的燃料消耗量限值、安全技术条件应当符合要求。

（2）危货运输车技术等级应当达到一级。

（3）移动式压力容器应符合《移动式压力容器安全技术监察规程》（TSG R 0005—2011）及其修改单的要求，且取得市场监管部门核发的“特种设备使用登记证”。

（4）液化气体运输汽车罐车应符合《液化气体汽车罐车》（GB/T 19905—2017）的要求。非气体类可移动罐柜应符合《危险货物便携式罐体检验安全规范》（GB 19454—2009）的要求，并经具有专业资质的检验机构检测取得检验合格证书，取得相应的安全合格标志。

（5）液体危险货物常压罐式车辆罐体应符合要求，并经具有专业资质的检验机构检测取得检验合格证书。检验合格证书包括罐体载质量、罐体容积、罐体编号、适装介质列表、下次检验日期和紧急切断装置安装情况等内容。

（6）车辆安装、悬挂符合《道路运输危险货物车辆标志》（GB 13392—2005）要求的警示标志。运输爆炸品和剧毒化学品的车辆还应安装、粘贴符合《道路运输爆炸品和剧毒化学品车辆安全技术条件》（GB 20300—2018）要求的安全标示牌，货厢内底板应铺设厚度不小于 5 mm 的阻燃导静电胶板。

（7）配备符合标准要求的应急处理器材、安全防护设施设备。专门用于运送易燃和易爆物品的危险货物运输车辆还应安装符合规定的机动车排气火花熄灭器，机动车尾部应安装接地端导体截面积大于或等于 100 mm^2 的导静电橡胶拖地带，且拖地带接地端无论空载、满载应始终接地。

（8）车辆的达标核查符合规定，且核查结论为符合。

3. 危险货物运输车辆管理要求★

1）数量及所有权的要求

自有专用车辆（挂车除外）5 辆以上。运输剧毒化学品、爆炸品的，自有专用车辆（挂车除外）10 辆以上。若为非经营性危险货物道路运输企业，自有专用车辆（挂车除外）的数量可少于 5 辆。

2）通信定位要求

配备有效的通信工具，且安装具有行驶记录功能的卫星定位装置。

3）安全防护要求

配备与运输的危险货物性质相适应的安全防护、环境保护和消防设施设备。

4）车型要求

运输剧毒化学品、爆炸品、易制爆危险化学品的，应当配备罐式、厢式专用车辆或者压力容器等专用容器。

5）罐体容积或车辆载质量要求★★★

罐式专用车辆的罐体应当经质量检验部门检验合格，且罐体载货后总质量与专用车辆核定载质量相匹配；使用牵引车运输货物时，挂车载货后的总质量应当与牵引车的准牵引总质量相匹配。具体计算方法：罐体容积×充装介质密度×装载系数＜该车核定载质量。此外，考虑到爆炸品、剧毒化学品和强腐蚀物质具有较强的危险特性，为此从“分类管理”角度严格限制上述危险货物运输车辆的容积或者载质量，即要求运输爆炸品、强腐蚀性危险货物的罐式专用车辆的罐体容积不得超过20 m^3，运输剧毒化学品的罐式专用车辆的罐体容积不得超过10 m^3，但符合国家有关标准的罐式集装箱除外。运输剧毒化学品、爆炸品、强腐蚀性危险货物的非罐式专用车辆，核定载质量不得超过10 t，但符合国家有关标准的集装箱运输专用车辆除外。

4. 危险货物运输车型★★★

（1）禁止使用报废的、擅自改装的、检测不合格的、车辆技术等级达不到一级的和其他不符合国家规定的车辆从事道路危险货物运输。

（2）除铰接列车、具有特殊装置的大型对象运输专用车辆外，严禁使用货车列车从事危险货物运输。

（3）倾卸式车辆只能运输散装硫黄、萘饼、粗蒽、煤焦沥青等危险货物。

（4）禁止使用移动罐体（罐式集装箱除外）从事危险货物运输。

5. 危险货物使用及装载限制★★★

（1）严格禁止危险货物专用车辆违反国家有关规定超限超载运输。

（2）不得使用运输有毒、感染性或者腐蚀性危险货物的罐式专用车辆运输普通货物，但集装箱运输车（包括牵引车、挂车）、甩挂运输的牵引车除外。

（3）除运输有毒、感染性或者腐蚀性危险货物的罐式专用车辆外，其他专用车辆可以从事食品、生活用品、药品、医疗器具以外的普通货物运输，但应当由运输企业对专用车辆进行消除危害处理，确保不对普通货物造成污染和损害。

（4）不得运输法律、行政法规禁止运输的货物。法律、行政法规规定的限运、凭证运输货物，道路危险货物运输企业或者单位应当按照有关规定办理相关运输手续。

6. 车辆标志灯的分类及安装要求★

危险货物车辆的标志灯按照安装方法分为三种类型：A型为磁吸式，B型为顶檐支撑式，C型为金属托架式。其中B型、C型标志灯又按车辆载质量各分为三种型号。

一辆载质量为8 t的运输危险货物专用车辆，应该选择安装BⅡ型号标志灯，具体见

表 2–12。

表 2–12 标志灯的安装方式及适用车辆★

类型	安装方式	代号	适用车辆
A 型	磁吸式	A	载质量 1 t（含）以下，用于城市配送车辆
B 型	顶檐支撑式	BⅠ	载质量 2 t 以下
		BⅡ	载质量 2～15 t（含）
		BⅢ	载质量 15 t（含）以上
C 型	金属托架式	CⅠ	带导流罩，载质量 2 t（含）以下
		CⅡ	带导流罩，载质量 2～15 t（含）
		CⅢ	带导流罩，载质量 15 t（含）以上

7. 车辆菱形标志牌的类型及其使用要求★

1）标志牌类型

标志牌的主要功用是在行车时对后面驶近的超车车辆起警示作用，在驻车和车辆遇险时对周围人群起警示作用、对专业救援人员起指示作用。

2）使用要求

（1）标志牌一般悬挂在车辆后厢板或罐体后面的几何中心部位附近，避开放大号的车牌；对于低栏板车辆可视情况选择适当悬挂位置。

（2）运输爆炸、剧毒危险货物的车辆，应在车辆两侧面厢板几何中心部位附近的适当位置各增加一块悬挂标志牌。

（3）对于罐式车辆，可选择按规定位置悬挂标志牌或用反光材料在罐体上喷绘标志。

8. 爆炸品、剧毒化学品运输车辆的安全标志牌使用要求★

运输爆炸品和剧毒化学品的罐式车辆和厢式车辆应该在车辆后部和两侧各设置一块安全标志牌（如图 2–7 和图 2–8 所示），且避开车辆放大号，具体如图 2–9 和图 2–10 所示。安全标志牌为白底黑字，字迹应清晰完整。

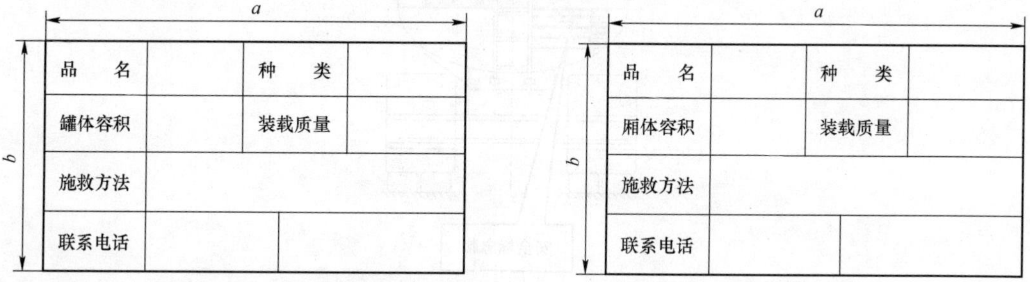

a
b
品 名
种 类
罐体容积
装载质量
施救方法
联系电话
a
b
品 名
种 类
厢体容积
装载质量
施救方法
联系电话

(a) 罐式车辆（横版）　　(b) 厢式车辆（横版）

图 2–7 爆炸品和剧毒化学品运输车辆安全标志牌（横版）

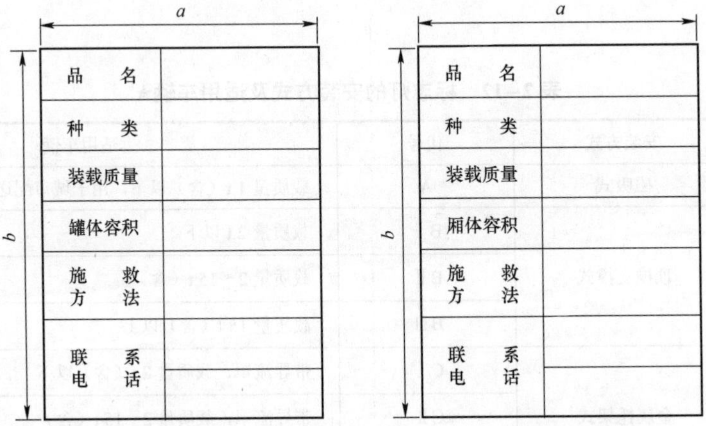

(a) 罐式车辆（竖版）　　(b) 厢式车辆（竖版）

图 2–8　爆炸品和剧毒化学品运输车辆安全标志牌（竖版）

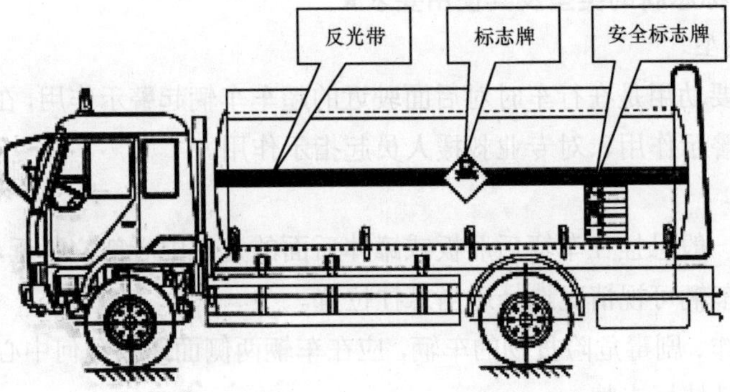

图 2–9　罐式车辆两侧安全标志牌悬挂示意图

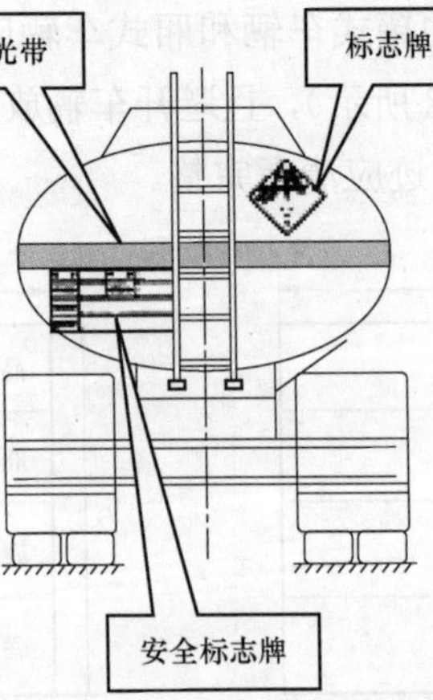

图 2–10　罐式车辆后部安全标志牌悬挂示意图

9. 危险货物运输常压罐体车辆的安全泄放装置★★★

安全泄放装置包括安全阀、爆破片装置、安全阀与爆破片串联组合装置、紧急泄放装置和呼吸阀等。

（1）设置安全泄放装置的车辆应与装运介质相容，装置设置与装运介质相匹配，真空绝热低温罐体至少应设置两个相互独立的安全泄放装置；装运毒性程度为剧毒、高度危害类介质或强腐蚀性介质的罐体应设置安全阀与爆破片串联组合装置，爆破片在爆破时不得产生碎片脱落或者火花，并且安全阀与爆破片之间的腔体应当设置排气阀、压力表或者其他合适的报警指示器，同时还应当满足在非泄放状态下先与介质接触的应当是爆破片；装运腐蚀性介质或者液化石油气类有硫化氢应力腐蚀倾向介质的罐体所用弹簧安全阀的弹性组件应当与罐体内介质隔离；真空绝热低温罐体真空绝热夹层的外壳应当设置外壳爆破装置。

（2）安全泄放装置应设置在罐体顶部，在设计上应能防止任何异物的进入，且能承受罐体内的压力、可能出现的危险超压及包括液体流动力在内的动态载荷。除设计图样有特殊要求的外，一般不应单独使用爆破片装置。

（3）安全泄放装置的排放能力应符合下列规定：

① 安全泄放装置的排放能力应保证在发生火灾或罐内压力出现异常等情况时，能迅速排放；

② 当罐体完全处于火灾环境时，各个安全泄放装置的组合排放能力足以将罐体内的压力（包括积累的压力）限制在不大于罐体的试验压力范围内；

③ 多个安全泄放装置的排放能力可认为是各个安全泄放装置排放能力之和。

10. 紧急切断装置★★★

紧急切断装置一般由紧急切断阀、控制系统及易熔断自动切断装置组成，应动作灵活，性能可靠，便于检修。其中，紧急切断阀是核心功能部件。按照控制类型分类，紧急切断装置一般有气动式和机械式两种类型。

1）紧急切断阀

紧急切断阀又叫底阀或海底阀，通常安装在罐体底部或封头下部，用于连通或隔绝罐体和外部管路，非装卸时应处于关闭状态。目前国内液体危险货物常压金属罐式车辆的紧急切断阀主要有铝合金和不锈钢两类，铝合金类多用于汽、柴油等轻质燃油运输罐车，不锈钢类主要用于具有一定腐蚀性的液体危险货物运输罐车。对于具有多独立仓的罐体，每个单独仓都要加装紧急切断阀及相应的控制装置。

紧急切断阀需要满足下列条件。

（1）紧急切断阀阀体不得采用铸铁或非金属材料制造。

（2）紧急切断阀不应兼作他用，安装紧急切断阀的法兰应直接焊接在筒体或封头上。

（3）紧急切断阀应符合《道路运输液体危险货物罐式车辆紧急切断阀》（QC/T 932—2018）或相关标准的规定。

（4）在非装卸时，紧急切断阀应处于闭合状态，能防止任何因冲击或意外动作所致的打开。

（5）为防止在外部配件（管路、阀门等）损坏的情况下储体内液体泄漏，阀体应设计成剪式结构，剪断槽应紧靠阀体与罐体的连接处。

（6）油压式或气压式紧急切断阀应保证在工作压力下全开，并持续放置 48 h 不致引起自然闭止。

（7）紧急切断阀自始闭起，应在 5 s 内闭止。

（8）紧急切断阀的工作压力应不低于储体的液压试验压力。

（9）紧急切断阀的气密性试验压力应不低于储体的设计压力。

2）控制系统

用于打开或关闭紧急切断阀的控制系统是由人工操作的，故应装在人员易于到达的位置。控制系统主要有气动式、机械式和液压式三种。操作装置至少有两组，一组靠近装卸操作箱，包括总控制开关和各独立舱紧急切断阀控制开关；另一组设在车身尾部或驾驶室，为远程控制开关。两组控制装置为串联，任何一组都能打开或关闭紧急切断阀。

3）易熔断自动切断装置

易熔断自动切断装置主要功能部件为易熔塞。当紧急切断阀处于开启状态，由于火灾等原因使环境温度升高至设定温度（一般为 75 ℃±5 ℃）时，易熔塞的熔融组件融化，切断气压管路或促使机械式控制系统动作，阀体内弹簧复位，从而自动关闭紧急切断阀。

11. 危险货物运输车辆定期检测★

1）综合性能检测和技术等级评定

危险货物运输车辆自首次经国家机动车辆注册登记主管部门登记注册不满 60 个月的，每 12 个月进行 1 次检测和评定；超过 60 个月的，每 6 个月进行 1 次检测和评定。

2）压力容器罐体检验

检验周期要求如下：

（1）年度检验每年至少一次；

（2）首次全面检验应于投用后 1 年内进行；

（3）下次全面检验周期，由检验机构根据其安全状况等级，按照罐体安全状况等级和充装介质确定。

对于长管拖车、管束式集装箱等，充装天然气（煤层气）、氢气的车辆，首次定期检验为 3 年，以后定期检验周期为 5 年；充装氮气、氦气、氩气、氖气和空气的车辆，首次定期检验为 3 年，以后定期检验周期为 6 年。

12. 行车导静电装置★

危险货物运输车辆尾部应安装接地端导体截面积大于或等于 100 mm^2 的导静电橡胶拖地带（如图 2–11 所示），且拖地带接地端无论空、满载应始终接地，以避免需要排除静电时没有接地而造成意外。当拖地胶带使用一段时间而被磨短时，可将车架后端的固定螺栓松开，将拖地胶带拉出一段。如果拖地胶带使用到不能再延长时，应及时更换。严禁使用接地铁链。

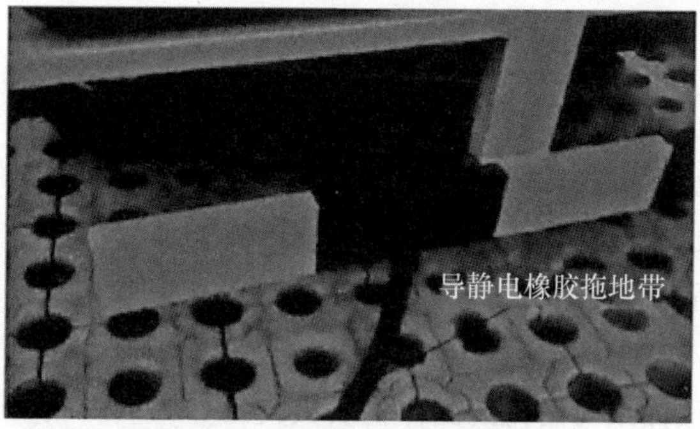

图 2-11 导静电橡胶拖地带

常压罐式车辆的导静电装置，除了安装导静电橡胶拖地带外，还可以选择导静电轮胎，轮胎的导静电性能应符合相应标准的规定。

13. 驻车导静电装置★★

驻车导静电装置能够将罐车内产生的静电导出，避免与外界物质发生跳火；使罐车和整个装卸设备保持等电位，防止出现电位差；同时，对物料中电荷有加快泄漏的作用。对于充装易燃介质的罐车，除了行车导静电装置外，还应有驻车导静电装置。驻车导静电装置应至少选择以下一种。

（1）罐车带有接地片（柱），接地片（柱）与车架之间的电阻值应小于或等于 5 Ω。

（2）罐车带有接地卷盘，卷盘的接地线应柔软，展开、收回灵活，末端应装设弹性鳄鱼夹，接地线与车架之间的电阻值应小于或等于 5 Ω。鳄鱼夹在连接静电导线时一定要选择无锈蚀且裸露的金属部位，不能将其连接在锈蚀严重或有油漆的地方。只有整个静电接地系统电阻小于 5 Ω 时，才能达到良好的导静电性能。

14. 火灾类型★★★

火灾类型一般有以下几类。

A 类火灾：指固体物质火灾。这种物质往往具有有机物质性质，一般在燃烧时产生灼热的余烬。如木材、煤、棉、毛、麻、纸张等火灾。

B 类火灾：指液体火灾和可熔化的固体物质火灾。如汽油、煤油、柴油、原油、甲醇、乙醇、沥青、石蜡等火灾。

C 类火灾：指气体火灾。如煤气、天然气、甲烷、乙烷、丙烷、氢气等火灾。

D 类火灾：指金属火灾。如钾、钠、镁、铝镁合金等火灾。

E 类火灾：指带电物体和精密仪器等物质的火灾。

F 类火灾：烹饪器具内的烹饪物（如动植物油脂）火灾。

15. 灭火器的种类及其适用范围★★★

1）按充装的灭火剂分类

手提式灭火器可分为：

（1）水基型灭火器（包括清洁水或带添加剂的水，如湿润剂、增稠剂、阻燃剂或发泡剂等）；

（2）干粉灭火器；

（3）二氧化碳灭火器；

（4）洁净气体灭火器。

2）灭火器适用火灾类型

（1）A 类火灾（固体物质火灾）。

水基型（水雾、泡沫）灭火器、ABC 干粉灭火器，都能用于有效扑救 A 类火灾。

（2）B 类火灾（液体或可熔化的固体物质火灾）。

可使用水基型（水雾、泡沫）灭火器、BC 类或 ABC 类干粉灭火器、洁净气体灭火器进行扑救。

（3）C 类火灾（气体火灾）。

可使用干粉灭火器、水基型（水雾）灭火器、洁净气体灭火器、二氧化碳灭火器进行扑救。

（4）D 类火灾（金属火灾）。

这类火灾发生时可用 7150 灭火剂（俗称液态三甲基硼氧六环，这类灭火器我国目前没有现成的产品，此种特种灭火剂，适用于扑救 D 类火灾，其主要化学成分为偏硼酸三甲酯），也可用干沙、土或铸铁屑粉末代替进行灭火。在扑救此类火灾的过程中要注意，必须有专业人员指导，以避免在灭火过程中不合理地使用灭火剂，而适得其反。

（5）E 类火灾（带电火灾）。

可使用二氧化碳灭火器或洁净气体灭火器进行扑救，如果没有，也可以使用干粉、水基型（水雾）灭火器扑救。应注意的是，当使用二氧化碳灭火器扑救电气火灾时，为了防止短路或触电，不得选用装有金属喇叭喷筒的二氧化碳灭火器；如果电压超过 600 V，应先断电后灭火（600 V 以上电压可能会击穿二氧化碳，使其导电，危害人身安全）。

（6）F 类火灾（烹饪器具内的烹饪物火灾）。

F 类火灾通常发生在家庭或饭店。当烹饪器具内的烹饪物（如动植物油脂）发生火灾时，由于二氧化碳灭火器对 F 类火灾只能暂时扑灭，容易复燃，因此一般可选用 BC 类干粉灭火器（试验表明，ABC 类干粉灭火器对 F 类火灾灭火效果不佳）、水基型（水雾、泡沫）灭火器进行扑救。

四、道路危险货物运输从业人员基本要求★

1. 道路危险货物运输驾驶员从业条件★

（1）取得相应的机动车驾驶证；

（2）年龄不超过 60 周岁；

（3）3 年内无重大以上交通责任事故；

（4）取得经营性道路旅客运输或者货物运输驾驶员从业资格 2 年以上或者接受全日制驾驶职业教育的；

（5）接受相关法规、安全知识、专业技术、职业卫生防护和应急救援知识的培训，了解危险货物性质、危害特征、包装容器的使用特性和发生意外时的应急措施；

（6）经考试合格，取得相应的从业资格证件。

从事道路危险货物运输的驾驶人员应当经所在地设区的市级人民政府交通运输主管部门考试合格，并取得相应的从业资格证；从事剧毒化学品、爆炸品道路运输的驾驶人员，应当经考试合格，取得注明为“剧毒化学品运输”或者“爆炸品运输”类别的从业资格证。

2. 道路危险货物运输押运员从业条件★★★

道路危险货物运输押运员应当符合下列条件：

（1）年龄不超过 60 周岁；

（2）具有初中以上学历；

（3）接受相关法规、安全知识、专业技术、职业卫生防护和应急救援知识的培训，了解危险货物性质、危害特征、包装容器的使用特性和发生意外时的应急措施；

（4）经考试合格，取得相应的从业资格证件。

根据《道路危险货物运输管理规定》的要求，从事道路危险货物运输的押运员应当经所在地设区的市级人民政府交通运输主管部门考试合格，并取得相应的从业资格证；从事剧毒化学品、爆炸品道路运输的押运员，应当经考试合格，取得注明为“剧毒化学品运输”或者“爆炸品运输”类别的从业资格证。

3. 道路危险货物运输从业人员从业申请★

申请参加道路危险货物运输驾驶员从业资格考试的，应当向其户籍地或者暂住地设区的市级交通运输主管部门提出申请，填写“道路危险货物运输从业人员从业资格考试申请表”，并提供下列材料：

（1）身份证明及复印件；

（2）机动车驾驶证及复印件；

（3）道路旅客运输驾驶员从业资格证件，或者道路货物运输驾驶员从业资格证件及复印件，或者全日制驾驶职业教育学籍证明；

（4）相关培训证明及复印件；

（5）道路交通安全主管部门出具的 3 年内无重大以上交通责任事故记录证明。

申请参加道路危险货物运输押运人员从业资格考试的，应当向其户籍地或者暂住地设区的市级交通运输主管部门提出申请，填写“道路危险货物运输从业人员从业资格考试申请表”，并提供下列材料：

（1）身份证明及复印件；

（2）学历证明及复印件；

（3）相关培训证明及复印件。

4. 道路危险货物运输从业人员的岗前培训★★★

道路危险货物运输驾驶员和押运员的岗前培训可以从理论培训和实际驾驶（押运）操作两方面来开展。其中，理论培训主要包括如下的培训内容：

（1）国家危险货物道路运输有关安全法律、法规、规章及标准；

（2）职业道德教育；

（3）常运危险货物理化特性及其他基本常识；

（4）本企业运输生产特点，企业安全生产管理制度及安全生产基本知识；

（5）防御性驾驶等安全行车知识；

（6）交通事故法律责任规定；

（7）安全设备设施、劳动防护用品（器具）及消防器材的类型、使用、维护保养方法；

（8）典型事故案例的警示教育；

（9）事故预防和职业危害防护的主要措施及应注意的安全事项；

（10）应急处置知识和应急设施与设备操作使用常识；

（11）岗位主要危险因素、岗位责任制、岗位安全操作规程等。

实际驾驶培训以熟悉车辆性能、罐体性能、车辆日常检查维护、驾驶操作及服务要求等为主要内容，包括车辆构造常识、操纵装置及其操作方法、主要安全装置及其操作方法、应急安全装置及其操作方法等。

5. 道路危险货物运输从业人员的日常培训★

企业安全教育培训的内容，主要包括以下几个方面：

（1）企业安全生产管理制度和劳动纪律宣贯；

（2）安全思想和安全技术遵章守纪教育；

（3）道路运输危险货物的相关法律、法规、规章及安全生产文件通报与学习等；

（4）危险货物的基本理化特性及运输常识；

（5）安全设施设备、劳动防护用品（器具）等的正确操作和维护学习；

（6）有关安全管理、安全技术、职业健康知识的教育和学习；

（7）安全检查及事故隐患排查整治分析及对策措施；

（8）危险货物运输事故案例分析和预防措施；

（9）岗位安全职责和运输操作要求；

（10）安全生产讲评，先进安全管理经验、安全操作经验学习；

（11）异常情况紧急处置、事故应急预案、演练要求及经验总结；

（12）安全生产先进集体（个人）的评选奖励，违规违纪人员的查处；

（13）事故上报及处理基本要求，以及安全事故“四不放过”；

（14）其他安全教育内容。

另外，还有从业人员的诚信考核和继续教育。

五、道路危险货物运输作业规程及个人防护★

1. 运输前基本作业要求★

（1）熟悉行车路线和行车计划；

（2）驾驶员、押运人员的生理、心理状况检查；

（3）运单、随车物品和车辆安全状况检查。

2. 运输中基本作业要求★

（1）安全驾驶；

（2）按照指定线路行驶；

（3）不随意停车；

（4）按时检查休息；

（5）押运监管；

（6）异常情况处理；

（7）事故处理。

3. 装卸过程中的基本作业要求★

禁止在装卸作业区内维修车辆，装车后进行安全检查。

六、道路危险货物运输安全生产风险和安全生产隐患★

安全生产隐患：

（1）人的不安全行为；

（2）车辆和设备的不安全状态；

（3）环境的不安全因素；

（4）危险货物自身特性及其包装的不安全因素。

第五节　道路运输站场安全生产技术

一、汽车客运站安全生产要求及工作规范★

1. 汽车客运站的分类★

1）按站场级别分类

汽车客运站按站场级别可划分为一级车站、二级车站、三级车站、便捷车站和招呼站。城市内部主要以一级车站、二级车站为主，其他级别的车站主要分布在乡镇和农村。

2）按车站位置和特点分类

（1）枢纽站：可为两种及以上交通方式提供旅客运输服务，且旅客在站内能实现自由换乘的车站。

（2）国际站：位于边境口岸城镇、具有国际道路旅客运输业务的车站。

（3）旅游站：以运送旅游观光旅客为目的、设有旅游集散中心的车站。

（4）便捷站：以停车场为依托，具有集散旅客、停发客运车辆功能的车站。

（5）招呼站：在公路与城市道路沿线为客运车辆设立的旅客上落点。

3）按服务对象分类

按照服务对象的不同，汽车客运站可以分为公用型汽车客运站和自用型客运站。

2. 汽车客运站的基本功能

（1）运输服务。

（2）运输组织：① 运输生产组织；② 客流组织；③ 运力组织；④ 运行组织。

（3）中转换乘。

（4）通信信息服务。

（5）装卸储运。

（6）延伸功能。

（7）辅助服务。

3. 汽车客运站安全生产特点★

（1）人员密集，易引发安全问题。

（2）早晚客流高峰期，易发生安全问题。

（3）是道路客运安全生产的源头。

（4）易发生交通事故及治安、公共安全等安全问题。

4. 汽车客运站人员配备★

汽车客运站经营者应当不断完善安全生产管理体系，健全安全生产管理机构，保障安全生产投入，落实各部门的安全生产管理职责，规范各岗位的工作程序。汽车客运站应当依法设置安全生产管理机构或者配备专职安全生产管理人员，并保持专职安全生产管理人员的相对稳定。

汽车客运站主要负责人和安全生产管理人员应当具备与本单位所从事的生产经营活动相应的安全生产知识和管理能力，并应当经交通运输主管部门对其安全生产知识和管理能力考核合格。

5. 安全生产委员会职责★

（1）制订安全生产工作计划和目标的方案，部署、督促相关部门按要求组织制订，并对具体的计划和目标进行审议、确定。

（2）组织制订安全生产资金投入计划和安全技术措施计划，部署并督促相关部门落实。

（3）组织制定或者修订安全生产制度、安全操作规程，并对执行情况进行监督检查。

（4）检查本公司生产、作业的安全条件，以及生产安全事故隐患的排查及整改效果。

（5）按规定监督、检查劳动防护用品的采购、发放、使用和管理工作。

（6）部署职业病防治措施。

（7）制订安全生产宣传教育培训计划，督促相关部门组织落实，组织相关部门总结推广安全生产先进经验。

（8）配合生产安全事故的调查和处理。

（9）每季度至少召开一次安全生产工作会议，研究解决安全生产中的重大问题，安排部署阶段性安全生产工作；每月至少召开一次安全生产例会，通报和布置落实各项安全生产工作，分析查找安全生产管理制度的缺陷和安全生产管理的薄弱环节。安全生产工作会议可与安全生产例会一并召开。发生重、特大道路客运生产安全事故、本单位发生站内人员伤亡事故或者在本单位发出的营运客车发生生产安全事故后，汽车客运站经营者应当及时召开安全生产工作会议或者安全生产例会进行分析通报，并提出针对性的事故预防措施。安全生产工作会议和安全生产例会应当有会议记录并建档保存，保存期限不少于36个月。

（10）每次会议要跟踪上次会议工作要求的落实情况，并制定新的工作要求。

（11）负责部署、指导、监督、检查安全管理部门的工作。

（12）制定安全生产大检查、专业检查和季节性检查工作方案，组织、部署相关部门实施；发现的安全隐患要及时制定措施，督促相关部门予以处理和解决。

（13）对重大事故及重大未遂事故组织调查与分析；按照“四不放过”原则从生产、技术、设备、管理等方面查找事故发生的原因、责任，并制定措施，对责任者做出处理决定。

（14）根据安全生产责任进行考核和奖惩，定期公布考核和奖惩情况。

6. 汽车客运站主要负责人的职责★

（1）严格执行安全生产的法律、行政法规、规章、政策和标准，组织落实管理部门的工作部署和要求；

（2）建立健全本单位安全生产责任制，组织制定本单位安全生产规章制度和操作规程；

（3）依法设置安全生产管理机构或者配备专职安全生产管理人员，确定分管安全生产的负责人；

（4）保证本单位安全生产投入的有效实施；

（5）督促、检查本单位安全生产工作，及时消除生产安全事故隐患；

（6）组织制定并实施本单位安全生产教育培训计划；

（7）组织制定并实施本单位的突发事件应急预案，开展应急演练；

（8）定期组织分析本单位安全生产形势，研究解决重大安全问题；及时采纳安全生产管理机构和安全生产管理人员提出的预防措施和改进建议，并及时组织落实和整改；

（9）及时、如实报告生产安全事故，落实生产安全事故处理的有关工作。

7. 汽车客运站安全生产管理人员的职责★

（1）严格执行安全生产的法律、行政法规、规章、政策和标准，参与本单位安全生产决策；

（2）拟订本单位安全生产管理制度、操作规程和应急预案，明确各部门、各岗位的安全生产职责，督促贯彻执行；

（3）组织或者参与本单位安全生产宣传、教育和培训，并如实记录；

（4）拟订本单位安全生产投入计划，组织实施或者监督相关部门实施；

（5）组织或者参与本单位应急救援演练；

（6）检查本单位的安全生产状况，及时排查生产安全事故隐患，提出改进安全生产管理的建议；

（7）制止和纠正违章指挥、强令冒险作业、违反操作规程的行为；

（8）督促落实本单位安全生产整改措施；

（9）及时、如实向主要负责人报告本单位生产安全事故；组织或者参与本单位生产安全事故的调查处理，承担生产安全事故统计和分析工作；

（10）其他安全生产管理工作。

8. 安全管理制度体系★

汽车客运站安全生产管理规章制度体系，包括综合安全管理制度、人员安全管理制度、设施设备安全管理制度及环境安全管理制度。

（1）综合安全管理制度包括：①安全生产目标管理制度；②安全生产责任制；③安全会议制度；④安全费用管理制度；⑤安全例检制度；⑥档案管理制度；⑦相关方安全管理制度；⑧危险品查堵制度；⑨出站安全检查制度；⑩危险源管理制度；⑪隐患排查与治理制度；⑫事故报告调查处理制度；⑬应急救援管理制度。

（2）人员安全管理制度包括：①安全教育培训制度；②劳动防护用品使用管理制度；③安全考核与奖惩制度；④进站人员安全管理制度。

（3）设施设备安全管理制度包括：①设备管理制度；②安全设施管理制度；③站内设施安全管理制度；④特种设备安全管理制度；⑤进站车辆安全管理制度。

（4）环境安全管理制度包括：①安全警示标志管理制度；②职业健康管理制度。

9. 安全生产投入★★★

汽车客运站经营者应当保障安全生产经费投入。安全生产经费投入应按照不低于上年度实际营业收入1.5%的比例提取，设立安全生产专项资金，建立独立的台账，专款专用，专项用于安全生产支出，主要包括：安全生产设施设备购置和维护、安全生产检查和评价、安全教育培训、应急救援演练、事故的抢险救灾和善后处理工作等。

安全生产经费年度结余可以转入下年度使用，当年安全生产经费不足的，超出部分按照正常成本费用渠道列支。

10. 安全教育培训★★★

汽车客运站经营者应当制定对所属从业人员特别是安全生产管理人员年度及长期的继续教育培训计划，明确培训内容和年度培训时间，确保相关人员具备必要的安全生产知识和管理能力。

汽车客运站主要负责人和安全生产管理人员初次安全生产教育培训时间不少于 24 学时，每年再培训时间不少于 12 学时。

汽车客运站接收实习学生的，应当将实习学生纳入本单位从业人员统一进行安全生产教育培训。汽车客运站采用新技术、新设备，应当对从业人员进行专门的安全生产教育培训。

危险品查堵岗位工作人员上岗前，应当参加常见危险品识别与处置、安全检查设备使用等相关知识和技能的培训，并经汽车客运站经营者考核合格；在岗期间，应当严格遵守岗位工作要求，不得开展与工作无关的活动。

汽车客运站经营者可自主开展从业人员的安全生产教育培训，也可委托对外开展安全生产教育培训业务的机构或者其他汽车客运站开展。安全生产教育培训应当有记录并建档保存，保存期限不少于 36 个月。

11. 汽车客运站旅客流线组织★

1）流线的组织原则

（1）站内不同流线不能交叉，各行其道。

（2）车站的进出口不宜设在靠近十字路口一侧，车站进出口须距离十字路口至少 70 m。

（3）车站的进出口应在城市主干道车流顺畅的方向分别设置，车辆入口位于出口上游以减少车辆交叉。

（4）应站在使用者的角度合理组织各种流线。

（5）各种流线应简捷、通畅、不迂回，尽量使各种流线最短。

2）流线的组织方法

（1）增加客车运能。

（2）增加售、检票能力。

（3）采取临时疏导措施。

3）流线疏解的基本方式

（1）将旅客进站与出站两股客流分开。

（2）将客流与车流分开。

（3）将客流与行包流分开。

（4）将行包流线中的发送与到达分开。

（5）将进站车流与出站车流分开。可使汽车单向流动，设置两个大门，进出分开，固定使用。

（6）客运站各组成部分设置应紧凑。尽量使客运站的各组成部分设置紧凑，缩短流线长度，尤其是售票厅、候车厅、行包托运厅和提取厅，主要服务设施部分的布局要合理，努力避免因旅客往返穿插办理手续而造成的迂回流动和交叉。

12.“三不进站”★

危险品不进站、无关人员不进站（发车区）、无关车辆不进站。

13.“六不出站”★

超载营运客车不出站、安全例行检查不合格营运客车不出站、旅客未系安全带不出站、驾驶员资格不符合要求不出站、营运客车证件不齐全不出站、“出站登记表”未经审核签字不出站。

14. 车辆安全例行检查★

不拆卸零件，借助简单工具进行人工检视。对车辆外观、安全装置（如转向装置、制动装置、传动装置、照明及信号装置、风窗玻璃刮水器、轮胎、悬架及随车安全设施等）进行检查，不能漏检（因车辆结构原因需拆卸检查的除外）。安检不合格的车辆禁止出站经营。

15. 车辆安全例行检查设施应具备条件★

（1）车辆安全例行检查场所应满足实施安全例行检查、承检车型和发车频次的需要。

（2）车辆安全例行检查场所应设有车辆检验地沟或举升装置。检验地沟的结构尺寸、举升装置的规格应与承检车型相适应。检验地沟推荐尺寸：长度不小于承检车辆最大长度的 1.1 倍，宽度不小于 0.65 m，深度不小于 1.3 m。车辆安全例行检查场所及地沟应安装照明设施，地沟内的照明设施应采用安全电源。

（3）三级以上汽车客运站车辆安全例行检查应采用计算机管理系统，具有车辆信息登录检查数据存储、检查信息查询、检查报告生成、人工录入等功能。

（4）车辆安全例行检查场所应配备无线扩音设备，具备车辆安全例行检查人员间、车辆安全例行检查人员与驾驶人员间的语音联络功能。

（5）车辆安全例行检查场所应配备灭火器等消防设备（3 具，5 kg/具），地沟内灭火器的放置数量应不少于 1 具。

（6）车辆安全例行检查场所应具有醒目的文字标志和限速标志（5 km/h）。

（7）配备必要的车辆安全例行检查工具及设备。

16. 客运站车辆安全例检人员及设施配置推荐表★

具体见表 2–13。

表 2–13　客运站车辆安全例检人员及设施配置推荐表

日检车辆数/辆	例检人员数/人	检验地沟数/条或举升装置数/台
600 以上	12	3
400～600	9	2

续表

日检车辆数/辆	例检人员数/人	检验地沟数/条或举升装置数/台
200～400	6	2
100～200	4	1
100 以下	2	1

17. 营运客车安全例行检查要求★★★

（1）客运站应与进入该站的营运客车所属客运经营者签订营运客车进站协议，明确双方关于安全例检的责任和权利，并严格履行协议。

（2）客运班线单程营运里程小于 800 km 的客运班车和往返营运时间不超过 24 h 的营运班车，实行每日检查一次；客运班线单程营运里程在 800 km（含）以上的客运班车和往返营运时间在 24 h（含）以上的营运班车，实行每个单程检查一次。未经安全例检或安全例检不合格的营运客车，客运站不得排班发车，驾驶人不得用其运送旅客。

（3）客运站应设立安全例检机构，负责安全例检的组织实施。例检机构应建立健全岗位职责、工作程序和监督机制等，保障安全例检工作正常有效运行。

（4）配备专门的安全例检人员。安全例检人员应当熟悉客车结构、检验方法，熟悉客运管理相关政策法规和技术规范，参加客车安全例行检查岗前专项培训并经考核合格，持有机动车维修质量检验员（安全例检）从业资格证。

（5）严格填写车辆安全例行检查表。对符合要求的客车，安全例检人员应当填写“营运客车安全例行检查报告单”，加盖汽车客运站安全例行检查印章，并经签字后出具“营运客车安全例检合格通知单”。

（6）“营运客车安全例检合格通知单”24 h 内有效。汽车客运站调度部门在调度客车发班时应当对其“营运客车安全例检合格通知单”进行检查，确认完备有效后才准予报班。

18. 旅客及其行李物品安全管理★

防止易燃、易爆和易腐蚀等危险品（俗称“三品”）进站上车。

旅客安全检查方法：

（1）X 射线安检机，主要用于检查旅客的行李物品。

（2）探测检查门，用于检查旅客的身体，主要检查旅客是否携带禁带物品。

（3）磁性探测器，也叫手提式探测器，主要用于对旅客进行近身检查。

（4）人工检查，由安检工作人员对旅客行李手工翻查和由男女检查员分别进行搜身检查等。

19. 客运站主要防火措施★★★

（1）客运站装修装饰均应采用不燃材料，站内设施、设备、办公生活用具应尽量采用不燃和难燃材料，并严格限制塑胶制品的使用。

（2）在客运站的各安全出入口、通道的交叉口，设置事故照明和疏散标志，禁止在以上各处堆放物品，以免妨碍疏散通道的畅通。

（3）禁止在站内存储易燃易爆物品，定期清除可燃废弃物，站内禁止吸烟，严禁携带易燃易爆等物品进站乘车。

（4）严格用火、用电安全制度，限制站内使用电器的数量。

（5）建立义务消防组织和预案，使组织做到训练有素、常备不懈。

20. 设施设备的保养和维护★

设施设备的保养和维护普遍实行“三级保养制”，即日常保养、一级保养和二级保养。

（1）日常保养是由操作人员每天对设备进行的保养。其主要内容有：班前班后检查、擦拭、润滑设施设备的各个部位，使设施设备保持清洁润滑；操作过程中认真检查设施设备运转情况，及时排除细小故障，并认真做好交接班记录。

（2）一级保养是以操作人员为主，维修人员为辅，对设备有关部位进行局部和重点拆卸检查、清洗，疏通油路，调整各部位配合间隙，紧固各部位等。

（3）二级保养是以维修人员为主，操作人员参加，对设备进行部分解体检查和修理，更换或修复磨损件，对润滑系统进行清洗、换油，对电气系统进行检查、修理，局部恢复精度。

21. 设施设备的检查与修理★

主要包含日常检查、定期检查、修前检查。

按照设施设备性能恢复的程度、修理范围的大小、修理间隔期的长短及修理费用的多少等，设施设备修理可以分为大、中、小三类修理。

二、道路货运场站安全生产要求及工作规范★

1. 货运场站的分类

以货运场站承担的主要业务功能作为分类依据，将货运场站分为综合型货运场站、运输型货运场站、仓储型货运场站和信息型货运场站四类。

2. 货运场站的动力设施★

1）货运场站主要生产设备

货运场站主要生产设备包括运输车辆、装卸机械、计量设备、管理系统、维修设备、安检设备、消防设备等。

2）装卸特种设备及装卸辅助装备

（1）装卸特种设备：① 叉车；② 巷道堆垛机；③ 集装箱龙门吊；④ 集装箱正面吊。

（2）装卸辅助设备：① 带式输送机；② 监控、传送、分拣设备。

3. 货运场站的供水供热设施

（1）供水设施，就是供水设备，如：无负压供水设备、变频供水设备、气压供水设备、消防供水设备、落地膨胀水箱等供水设备。

（2）供热设施。

4. 货运场站主要功能

（1）运输组织功能。

（2）中转和装卸储运功能。

（3）联运和中介代理功能。

（4）综合物流服务功能。

（5）通信信息功能。

（6）辅助服务功能。

5. 安检设备★

（1）货运场站应结合实际业务情况配备金属探测仪、安检仪等安检设备。

（2）货运场站应在业务操作场所安装视频监视设备，监控资料应保存不少于 90 天。

6. 警示标识和设置高度★★★

（1）除警示线外，警示标识设置的高度，应尽量与人眼的视线高度相一致，悬挂式和柱式的环境信息警示标识的下缘距地面的高度不宜小于 2 m。

（2）警示标识（不包括警示线）的平面与视线夹角应接近 90°，观察者位于最大观察距离时，最小夹角不可低于 75°。

（3）警示标识（不包括警示线）的固定方式分附着式、悬挂式和柱式三种。

第六节　道路运输信息化安全技术

一、道路运输信息化基础知识★

1. 车辆卫星定位监控系统★

道路运输行业使用的车辆卫星定位监控系统主要由车载终端、通信网络、监控中心三部分构成。

2. 地理信息系统★

常见的地理信息系统有 ArcGIS、MapInfo、GeoStar、SuperMap、MapGIS 等。

3. 视频监控技术★

车载视频终端是指安装在车辆上负责采集车辆环境的音频和视频信息，并具备卫星定位功能的车载终端，要求装有主存储器和灾备存储装置。主存储器在开启设备实际支持的全部摄像机及一路拾音器记录的情况下，应具备记录至少 150 h 录像的能力。灾备存储装置应当具备防火、防水及抗震的防护功能，应具备记录至少 2 h 录像的能力。终端录像的调取应支持断点续传功能，调取到监控中心的录像文件格式应为 AVI 或 MP4。

4. 乘客计数装置应实现的功能★

（1）通过视频分析技术，区分统计上车人数和下车人数；

（2）在乘客排队上车的情况下，单次计数准确度大于或等于95%；

（3）10次及以上乘客计数，人数总数的计数准确度大于或等于90%；

（4）根据车辆核载人数参数设置，实现客车超员报警功能。

5. 驾驶人驾驶行为分析装置应实现的功能★

（1）通过视频分析技术，判断驾驶人是否生理疲劳，准确度大于或等于90%；

（2）通过视频分析技术，判断车辆是否按规定车道行驶，准确度大于或等于90%；

（3）根据异常驾驶行为参数设置，实现异常驾驶行为报警功能。

6. 视频平台数据存储的要求★

（1）音视频数据存储时间不少于15天；

（2）特殊报警音视频数据保存不少于183天。

7. 报警要求★

视频平台在收到终端产生的报警信息后，应根据用户配置的报警联动表进行联动处理，主要操作包括特殊报警时应启动实时音视频监控、图片抓拍等，同时需要将报警信息传送到正在对该车辆进行监控操作的客户端处，并且传送给指定的专用报警客户端处。视频平台应具备对终端产生的视频报警进行处置的功能，具体要求如下。

（1）视频信号丢失报警：收到报警后，应进行记录并提醒相关人员对设备进行检修。

（2）设备故障报警：收到主存储器、灾备存储装置和其他视频设备故障报警后，应进行记录并提醒相关人员对设备进行检修，同时应具备定期对设备完好情况统计的功能。

（3）客车超员报警：收到报警后，应由人工确认报警并记录到后台数据库的日志系统，并提醒相关人员进行报警处置。

（4）异常驾驶行为报警：收到报警后，应由人工确认报警并记录到后台数据库的日志系统，并提醒相关人员进行报警处置。通信网络分为平台间通信网络、车载视频终端与企业视频监控平台的通信网络。其中，政府视频监管平台之间通过专线网络或互联网VPN方式进行连接，企业视频监控平台与政府视频监管平台可以通过互联网或专线网络方式进行连接；车载视频终端与企业视频监控平台之间，通过无线通信网络连接，提供管理本地音视频设备和访问资源等功能。

二、道路运输车辆动态监督★

1. 监督管理车辆类型及范围★

道路旅客运输企业、道路危险货物运输企业和拥有50辆及以上重型载货汽车或者牵引车的道路货物运输企业，应当按照标准建设道路运输车辆动态监控平台，或者使用符合条件的社会化卫星定位系统监控平台（以下统称监控平台），对所属道路运输车辆和驾驶员运行过程进行实时监控和管理。

道路运输车辆动态监督管理的公路营运车辆类型主要有：

（1）载客汽车；

（2）危险货物运输车辆；

（3）半挂牵引车；

（4）重型载货汽车（总质量为 12 t 及以上的普通货运车辆）。

2. 车辆选购要求★

旅游客车、包车客车、三类以上班线客车和危险货物运输车辆在出厂前应当安装符合标准的卫星定位装置。重型载货汽车和半挂牵引车在出厂前应当安装符合标准的卫星定位装置，并接入全国道路货运车辆公共监管与服务平台（以下简称道路货运车辆公共平台）。

3. 监督检查

公安机关交通管理部门可以将道路运输车辆动态监控系统记录的交通违法信息作为执法依据，依法查处。安全监管部门应当按照有关规定认真开展事故调查工作，严肃查处违反相关规定的责任单位和人员。

4. 法律责任★

负责道路运输管理工作的机构对未按照要求安装卫星定位装置，或者已安装卫星定位装置但未能在联网联控系统（重型载货汽车和半挂牵引车未能在道路货运车辆公共平台）正常显示的车辆，不予发放或者审验道路运输证。

道路运输经营者使用卫星定位装置出现故障而不能保持在线的运输车辆从事经营活动的，由县级以上负责道路运输管理工作的机构责令改正。拒不改正的，处 800 元罚款。道路运输企业有下列情形之一的，由县级以上负责道路运输管理工作的机构责令改正，拒不改正的，处 3 000 元以上 8 000 元以下罚款：

（1）道路运输企业未使用符合标准的监控平台，监控平台未接入联网联控系统，未按规定上传道路运输车辆动态信息的；

（2）未建立或者未有效执行交通违法动态信息处理制度，对驾驶员交通违法处理率低于 90%的；

（3）未按规定配备专职监控人员的。

有下列情形之一的，由县级以上负责道路运输管理工作的机构责令改正，处 2 000 元以上 5 000 元以下罚款：

（1）破坏卫星定位装置及恶意人为干扰、屏蔽卫星定位装置信号的；

（2）伪造、篡改、删除车辆动态监控数据的。

5. 联网联控系统考核

考核周期分为月度、年度，月度考核按自然月进行，年度考核周期为每年 1 月 1 日至 12 月 31 日，全年月度考核的平均值为年度考核评分。考核采取系统自动统计分析为主、现场情况勘察为辅的形式。

考核实行计分制，满分 100 分，60 分为合格。

道路运输企业、服务商有下列情形之一的，年度考核记为不合格：

（1）使用不符合标准规范要求的监控平台或车载终端的；

（2）伪造、篡改、删除车辆动态监控数据的；

（3）设置技术壁垒，阻碍车辆正常转网的；

（4）一年内累计三个月及以上考核不合格的；

（5）其他严重违反动态监控规章制度的。

第七节 道路运输事故应急处置与救援

一、道路运输企业应急预案管理★★★

1. 应急预案编制基本要求★

道路运输企业应急预案的编制应当符合下列基本要求：

（1）有关法律法规、规章和标准的规定。

（2）本企业的安全生产实际情况。

（3）本企业的危险性分析情况。

（4）应急组织和人员的职责分工明确，并有具体的落实措施。

（5）有明确、具体的应急程序和处置措施，并与其应急能力相适应。

（6）有明确的应急保障措施，满足本企业的应急工作需要。

（7）应急预案基本要素齐全、完整，应急预案附件提供的信息准确。

（8）应急预案内容与相关应急预案相互衔接。

2. 应急预案编制步骤★★★

应急预案编制一般包括以下几个步骤。

1）成立应急预案编制工作组

结合本企业部门职能和分工，成立以企业主要负责人为组长，单位相关部门人员参加的应急预案编制工作组，明确工作职责和任务分工，制订工作计划，组织开展应急预案编制工作。可按实际情况邀请相关企业、单位或社区代表加入应急预案编制工作组。

2）资料收集

应急预案编制工作组应收集与预案编制工作相关的法律法规、技术标准、应急预案、国内外同行业企业事故资料，同时收集本企业安全生产相关技术资料、历史事故与隐患、运输企业车辆经常途经线路的地质气象水文、周边环境影响、应急资源及应急人员能力素质等有关资料。

3）事故风险评估

开展生产安全事故风险评估，撰写评估报告，主要包括以下内容。

（1）分析本企业存在的危险因素，确定可能发生的生产安全事故类型。

（2）旅客运输、货物运输（包括危险货物运输）等，应结合企业实际，分析各种事故类型发生的可能性和后果，确定事故具体类别及级别。

（3）评估现有事故风险控制措施及应急措施存在的差距，提出应急资源的需求分析。

4）应急资源调查

全面调查本企业应急队伍、装备、物资、场所等应急资源状况，以及周边单位和政府部门可请求援助的应急资源状况，分析应急资源性能可能受事故影响的情况，并根据风险评估得出的应急资源需求，提出补充应急资源、完善应急保障的措施。

5）应急预案编制

6）推演论证

按照应急预案明确的职责分工和应急响应程序，相关部门及其人员可采取桌面推演的形式，模拟道路运输、车辆维修作业等生产安全事故应对过程，逐步分析讨论，检验应急预案的可行性，并进一步完善应急预案。

7）应急预案评审

应急预案编制完成后，企业应组织评审或论证。易燃易爆物品、危险化学品的道路运输企业应当对本单位编制的应急预案进行评审。参加应急预案评审的人员应当包括有关安全生产及应急管理方面的专家。应急预案论证可通过推演的方式开展。

基于风险评估和应急资源调查的结果，从应急预案体系设计的针对性、应急组织体系的合理性、应急响应程序和措施的科学性、应急保障措施的可行性、应急预案的衔接性等方面进行评审。

8）批准实施

通过评审的应急预案，由道路运输、车辆维修企业等生产经营单位主要负责人签发实施，向本单位从业人员公布，并及时发放到本单位有关部门、岗位和相关应急救援队伍。事故风险可能影响周边其他单位、人员的，生产经营单位应当将有关事故风险的性质、影响范围和应急防范措施告知周边的其他单位和人员。

3. 应急预案体系★★★

应急预案分为综合应急预案、专项应急预案和现场处置方案。企业风险种类多、可能发生多种类型事故的，应当组织编制综合应急预案。对于某一种或者多种类型的事故风险，企业可以编制相应的专项应急预案，或将专项应急预案并入综合应急预案。对于危险性较大的场所、装置或者设施，企业应当编制现场处置方案。事故风险单一、危险性小的企业，可以只编制现场处置方案。企业应当在编制应急预案的基础上，针对工作场所、岗位的特点，编制简明、实用、有效的应急处置卡。

综合应急预案是为应对各种生产安全事故而制订的综合性工作方案，是本企业应对生产安全事故的总体工作程序、措施和应急预案体系的总纲。

专项应急预案是为应对某一种或者多种类型生产安全事故，或者针对重要生产设施、重大危险源、重大活动，防止生产安全事故而制订的专项性工作方案。根据可能的事故类别和特点，明确相应的专业指挥机构、响应程序及针对性的处置措施。当专项应急预案与综合应急预案中的应急组织机构、应急响应程序相近时，可不编写专项应急预案，相应的应急处置措施并入综合应急预案。

现场处置方案是根据不同生产安全事故类型，如道路运输交通事故、车辆维修企业事故等，针对具体场所、装置或者设施所制订的应急处置措施，重点规范基层的先期处置，应体现自救互救、信息报告和先期处置特点。

应急处置卡旨在规定重点岗位、人员的应急处置程序和措施，以及相关联络人员和联系方式，便于从业人员携带。

4. 综合应急预案主要内容★★★

1）应急预案体系

简述本运输企业、车辆维修企业等应急预案体系构成分级情况，明确与地方政府等其他相关应急预案的衔接关系（可用图来表示）。

2）应急组织机构及职责

明确企业的应急组织形式及组成单位（部门）或人员（可用图来表示），明确构成单位（部门）的应急处置职责。根据事故类型和应急处置工作需要，应急组织机构可设置相应的工作小组，各小组具体构成及职责任务建议作为附件。

3）预警信息报告

明确预警分级条件、预警信息发布、预警行动及预警级别调整和解除的程序及内容。按照有关规定，明确事故及事故险情信息报告程序，主要包括以下内容。

（1）信息接收与通报。应明确 24 h 应急值守电话、事故信息接收、通报程序和责任人。

（2）信息上报。应明确事故发生后向相关处置部门及上级主管部门、上级单位报告事故信息的流程、内容、时限和责任人。

（3）信息传递。明确事故发生后向本单位以外的有关部门或单位通报事故信息的方法、程序和责任人。

4）应急响应

（1）响应分级。

① Ⅰ级：事故需要调动大部分或所有部门介入方可处置。

② Ⅱ级：事故后果超出基层单位处置能力，需要本单位两个以上基层部门采取应急响应行动方可处置。

③ Ⅲ级：事故后果仅限于本单位的局部区域，一个基层部门采取应急响应行动即可处置。

（2）响应程序。

① 应急响应启动。明确应急响应启动的程序和方式。可由有关领导作出应急响应启动的决策并宣布，或者依据事故信息是否达到应急响应启动的条件自动触发。若未达到应急响应启动条件，应做好应急响应准备，实时跟踪事态发展。

② 应急响应内容。明确应急响应启动后的程序性工作，包括紧急会商、信息上报、应急资源协调、后勤保障、信息公开等工作。

（3）应急处置。明确事故现场的警戒疏散、医疗救治、现场监测、技术支持、工程抢险环境保护及人员防护等工作要求。

（4）扩大应急。明确当事态无法控制的情况下，向外部力量请求支持的程序及要求。

（5）响应终止。明确应急响应结束的基本条件和要求。

5）后期处置

明确污染物处理、生产秩序恢复、医疗救治、人员安置、应急处置评估等内容。

6）应急保障

（1）通信与信息保障。明确可为本单位提供应急保障的相关单位及人员通信联系方式和方法，以及备用方案。同时，制订信息通信系统及维护方案，确保应急期间信息通畅。

（2）应急队伍保障。明确相关的应急人力资源，包括应急专家、专业应急队伍、兼职应急队伍等。

（3）物资装备保障。明确本单位的应急物资和装备的类型、数量、性能、存放位置、运输及使用条件、更新及补充时限、管理责任人及其联系方式等内容，并建立档案。

（4）其他保障。根据应急工作需求而确定的其他相关保障措施（如经费保障、交通运输保障、治安保障、技术保障、医疗保障、后勤保障等）。

7）预案管理

主要明确以下内容。

（1）明确应急预案宣传培训的计划、方式和要求。

（2）明确应急预案演练的计划、类型和频次等要求。

（3）明确应急预案评估的期限、修订的程序。

（4）明确应急预案的报备部门。

5. 专项应急预案主要内容★★★

1）适用范围

说明专项应急预案适用的范围，以及与综合应急预案的关系。

2）应急组织机构及职责

根据事故类型，明确应急组织机构及各成员单位或人员的具体职责。应急指挥机构可以设置相应的应急工作小组，明确各小组的工作任务及主要负责人职责。

3）处置措施

针对可能发生的事故风险、危害程度和影响范围，明确应急处置指导原则，制订相应的应急处置措施。

6. 现场处置方案主要内容★★★

1）事故风险描述

主要包括以下几个方面。

（1）事故类型。

（2）事故发生的区域、地点或装置的名称。

（3）事故发生的可能时间、危害程度及其影响范围。

（4）事故发生前可能出现的征兆。

（5）可能引发的次生、衍生事故。

2）应急工作职责

针对具体场所、装置或者设施，明确应急组织分工和职责。

3）应急处置

（1）事故应急响应程序。结合现场实际，明确事故报警、自救互救、初期处置、警戒疏散、人员引导、扩大应急等程序。

（2）现场初期处置措施。针对可能的事故风险，制订人员救助、工艺操作、事故控制、消防等方面的初期处置措施，以及现场恢复、现场证据保护等方面的工作方案。基层单位可依据初期处置措施，针对事故现场处置工作需要，灵活制订现场工作方案。

4）注意事项

主要包括以下几个方面。

（1）个人防护方面的注意事项。

（2）现场先期处置方面的注意事项。

（3）自救和互救方面的注意事项。

（4）其他需要特别警示的事项。

7. 应急处置卡主要内容★★★

1）岗位名称

明确应急组织机构功能组的名称（含组成）或重点岗位的名称。

2）行动程序及内容

明确应急组织机构功能组或重点岗位人员预警及信息报告、应急响应、后期处置中所采取的行动步骤及措施。

3）联系电话

列出应急工作中主要联系的部门、机构或人员的联系方式。

4）其他事项

其他需要注意的事项。

8. 应急预案演练及目的★★★

制订本企业的应急预案演练计划，根据本企业的事故风险特点，每年至少组织一次综合应急预案演练或者专项应急预案演练，每半年至少组织一次现场处置方案演练。易燃易爆物品、危险化学品等危险物品的道路运输企业，应当至少每半年组织一次生产安全事故应急预案演练。应急预案演练结束后，应急预案演练组织单位应当对应急预案演练效果进行评估，撰写应急预案演练评估报告，分析存在的问题，并对应急预案提出修订意见。

演练目的：

（1）检验预案。发现应急预案中存在的问题，提高应急预案的科学性、实用性和可操作性。

（2）锻炼队伍。熟悉应急预案，提高应急人员在紧急情况下妥善处置事故的能力。

（3）磨合机制。完善应急管理相关部门、单位和人员的工作职责，提高协调配合能力。

（4）宣传教育。普及应急管理知识，提高参演和观摩人员风险防范意识和自救互救能力。

（5）完善准备。完善应急管理和应急处置技术，补充应急装备和物资，提高其适用性和可靠性。

9. 应急预案演练原则★

（1）符合相关规定。

（2）切合企业实际。

（3）注重能力提高。

（4）确保安全有序。

10. 应急预案演练类型★★★

1）按演练内容划分

可分为综合演练和单项演练。

（1）综合演练：针对应急预案中多项或全部应急响应功能开展的演练活动。

（2）单项演练：针对应急预案中某项应急响应功能开展的演练活动。

2）按演练形式划分

可分为现场演练和桌面演练。

（1）现场演练：选择（或模拟）道路运输、车辆维修等生产经营活动中的车辆、设备设施、装置或道路等场所，设定事故情景，依据应急预案而模拟开展的演练活动。

（2）桌面演练：针对事故情景，利用图纸、沙盘、流程图、计算机、视频等辅助手段，依据应急预案而进行交互式讨论或模拟应急状态下应急行动的演练活动。

3）按演练目的划分

（1）检验性演练。

（2）演示性演练。

（3）研究性演练。

不同类型的演练可相互组合。

11. 应急预案演练内容★

（1）预警与报告。

根据事故情景，向相关部门或人员发出预警信息，并向有关部门和人员报告事故信息。

（2）指挥与协调。

根据事故情景，成立应急指挥部，调集应急救援队伍等相关资源，开展应急救援行动。

（3）应急通信。

根据事故情景，在应急救援相关部门或人员之间进行音频、视频信号或数据信息互通。

（4）事故监测。

根据事故情景，对事故现场进行观察、分析或测定，确定事故严重程度、影响范围和变化趋势等。

（5）警戒与管制。

根据事故情景，建立应急处置现场警戒区域，实行交通管制，维护现场秩序。

（6）疏散与安置。

根据事故情景，对事故可能波及范围内的相关人员进行疏散、转移和安置。

（7）医疗卫生。

根据事故情景，调集医疗卫生专家和卫生应急队伍开展紧急医学救援，并开展卫生监测和防疫工作。

（8）现场处置。

根据事故情景，按照相关应急预案和现场指挥部要求对事故现场进行控制和处理。

（9）社会沟通。

根据事故情景，召开新闻发布会或事故情况通报会，通报事故有关情况。

（10）后期处置。

根据事故情景，应急处置结束后，开展事故损失评估、事故原因调查、事故现场清理和相关善后工作。

（11）其他内容。

根据相关行业（领域）安全生产特点所包含的其他应急功能。

12. 应急预案演练组织★★★

1）演练计划

演练计划应包括演练目的、类型（形式）、时间、地点，演练主要内容，参加单位和经费预算等。

2）演练准备

（1）成立演练组织机构。综合演练通常成立演练领导小组，下设策划组、执行组、保障组、评估组等专业工作组。根据演练规模大小，其组织机构可进行调整。

（2）编制演练文件。

① 演练工作方案。内容主要包括：

a. 应急演练目的及要求；

b. 应急演练事故情景设计；

c. 应急演练规模及时间；

d. 参演单位和人员主要任务及职责；

e. 应急演练筹备工作内容；

f. 应急演练主要步骤；

g. 应急演练技术支撑及保障条件；

h. 应急演练评估与总结。

② 演练脚本。根据需要，可编制演练脚本。演练脚本是应急演练工作方案具体操作实施的文件，帮助参演人员全面掌握演练进程和内容。演练脚本一般采用表格形式，主要内容包括：

a. 演练模拟事故情景；

b. 处置行动与执行人员；

c. 指令与对白、步骤及时间安排；

d. 视频背景与字幕；

e. 演练解说词等。

③ 演练评估方案。通常包括：

a. 演练信息——应急演练目的和目标、情景描述，应急行动与应对措施简介等；

b. 评估内容——应急演练准备、应急演练组织与实施、应急演练效果等；

c. 评估标准——应急演练各环节应达到的目标评判标准；

d. 评估程序——应急演练评估工作主要步骤及任务分工；

e. 附件——应急演练评估所需要用到的相关表格等。

④ 演练保障方案。针对应急演练活动可能发生的意外情况，应制订演练保障方案或应急预案，并进行演练，做到相关人员应知应会，熟练掌握。演练保障方案应包括应急演练可能发生的意外情况、应急处置措施及责任部门、应急演练意外情况中止条件与程序等。

⑤ 演练观摩手册。根据演练规模和观摩需要，可编制演练观摩手册。演练观摩手册通常包括应急演练时间、地点、情景描述、主要环节及演练内容、安全注意事项等。

（3）演练工作保障。

① 人员保障。按照演练方案和有关要求，组织策划、执行、保障、评估、参演等人员参加演练活动，必要时设置替补人员。

② 经费保障。根据演练工作需要，明确演练工作经费及承担单位。

③ 物资和器材保障。根据演练工作需要，明确各参演单位所准备的演练物资和器材等。

④ 场地保障。根据演练方式和内容，选择合适的演练场地。演练场地应满足演练活

动需要，避免影响企业和公众正常生产、生活。

⑤ 安全保障。根据演练工作需要，采取必要的安全防护措施，确保参演、观摩等人员以及参演车辆等生产运行系统安全。

⑥ 通信保障。根据演练工作需要，采用多种公用或专用通信系统，保证演练通信信息通畅。

⑦ 其他保障。根据演练工作需要，提供其他保障措施。

13. 应急预案演练实施★

（1）熟悉演练任务和角色；

（2）组织预演；

（3）安全检查；

（4）应急演练；

（5）演练记录；

（6）评估准备；

（7）演练结束。

14. 应急预案演练评估★

（1）现场点评；

（2）书面评估。

15. 应急预案演练总结★

演练总结报告的内容主要包括以下内容：

（1）演练基本概要；

（2）演练发现的问题，取得的经验和教训；

（3）应急管理工作建议。

二、常用应急处理器材及使用方法★

1. 场站应急处理器材、安全防护设施设备★

汽车客运站应配备安全消防设备，包括灭火器、消火栓给水系统、自动喷水灭火系统等。在客运站所属机动车辆、候车大厅、发车区、例检区、停车场、办公区、变电室和租赁摊点等安全消防管理范围内，相应配备必要的消防设施和消防器材。

货运场站应按《建筑灭火器配置设计规范》（GB 50140—2005）的规定，配备相应等级和危险类别的消防控制和火灾报警系统、消防给水系统、泡沫/干粉灭火系统等消防设施设备器材，并设置消防安全标志。

2. 客运车辆应急处理器材、安全防护设施设备★

（1）随车配备与车辆类型相适应的灭火器，灭火器应在有效期内，并安装可靠和便于取用。对于客车，仅有一个灭火器时，应设置在驾驶员附近。当有多个灭火器时，应在客厢内按前、中、后分布，其中一个应靠近驾驶员座椅。

（2）随车配备三角警告牌，并妥善放置。

（3）随车配备停车楔，数量不少于两个，并妥善放置。

（4）客运企业应主动排查并及时消除车辆安全隐患，每月检查车内安全带、应急锤、灭火器、三角警告牌，以及应急门、应急窗、安全顶窗的开启装置等是否齐全、有效，安全出口通道是否畅通，确保客运车辆应急装置和安全设施处于良好的技术状况。

3. 危险货物运输车辆应急处理器材、安全防护设施设备★

（1）根据本企业运输危险货物的种类、数量和危险货物运输事故可能造成的危害，配备必要的应急救援器材、设施设备。

（2）危险货物运输车辆应当配备符合有关国家标准及与所载运的危险货物相适应的应急处理器材和安全防护设施设备，如吸油毯、灭火器、黄沙桶、防护镜、橡胶手套等。

（3）运输易燃易爆危险货物车辆的排气管，应安装隔热和熄灭火星装置，并配置符合规定的导静电橡胶拖地带装置。排气管应装在罐体（箱体）前端面之前、不高于车辆纵梁上平面的区域。

（4）车辆应有切断总电源和隔离电火花装置，切断总电源装置应安装在驾驶室内。

（5）车辆车厢底板应平整完好，周围栏板应牢固；在装运易燃易爆危险货物时，应使用木质底板等防护衬垫。

（6）根据装运危险货物性质和包装形式的需要，应配备相应的捆扎、防水和防散失等用具。

（7）根据所运危险货物特性，应随车携带遮盖、捆扎、防潮、防火、防毒等工、属具和应急处理设备、劳动防护用品。

（8）载运危险货物时，应随车携带便携式灭火器。如果车辆已装备可用于扑灭发动机起火的固定式灭火器，则其所携带的便携式灭火器无须适用于扑灭发动机起火。

（9）除驾驶室内应配备 1 个干粉灭火器外，道路运输爆炸品、剧毒化学品车辆及其他危险货物运输车辆还应配备与装运介质性能相适应的灭火器或有效的灭火装置，运输爆炸品和剧毒化学品车辆灭火器的规格、放置位置及固定应符合《道路运输爆炸品和剧毒化学品车辆安全技术条件》（GB 20300—2018）等相关规定。具体见表 2–14。

表 2–14　运输单元应携带的便携式灭火器数量及容量要求

运输单元最大总质量 M/t	灭火器配置最小数量/个	适用于发动机或驾驶室的灭火器		额外灭火器	
		最小数量/个	最小容量/kg	最小数量/个	最小容量/kg
$M \leqslant 3.5$	2	1	1	1	2
$3.5 < M \leqslant 7.5$	2	1	1	1	4
$M > 7.5$	3	1	1	2	4

注：容量是指干粉灭火剂（或其他同等效用的适用灭火剂）的容量。

4. 危险货物运输个人防护用品配备★

1）运输车辆

运输车辆应配备的装备包括：

（1）与最大允许总质量和车轮尺寸相匹配的轮挡；

（2）一个三角警告牌；

（3）眼部冲洗液（第1类和第2类危险货物除外）。

2）车组人员

每名车组人员（驾驶人员和押运人员）应配备：

（1）反光背心；

（2）防爆的（非金属外表面，不产生火花）便携式照明设备；

（3）合适的防护性手套；

（4）眼部防护装备（如护目镜）。

3）特定类别危险货物

（1）对于危险货物分类中毒性气体项或毒性物质项的危险货物，需要为每名车组人员随车携带一个应急逃生面具，逃生面具的功能需要与所装载化学品相匹配（如具备气体或粉尘过滤功能）。

（2）对危险货物分类中第3类易燃液体、易燃固体项、遇水放出易燃气体的物质项、第8类腐蚀性物质和第9类杂项危险物质和物品的危险货物，至少还需要配备：一把铲子（对具有第3类易燃液体、易燃固体项、遇水放出易燃气体的物质项危险性的货物，铲子应防爆）和一个下水道口封堵器具，如堵漏垫、堵漏袋等。

5. 个人防护用品的使用方法★

配备的个人防护用品在使用前应仔细阅读使用说明书，按要求定期做好校验、养护、检查，并在有效期内使用。公用或备用个人防护用品应集中统一，由专人保管，正压式空气呼吸器、重型防化服、轻型防化服、防毒面具等适合应急备用、集中统一保管。

1）防静电工作服

防静电工作服是指为防止服装上的静电积累，用防静电织物面料缝制的工作服。

（1）凡是在正常情形下，爆炸性气体混杂物持续地、短时间频繁地涌现或长时间存在的场合，以及爆炸性气体混杂物有可能呈现的场合，应穿用防静电工作服。

（2）禁止在易燃易爆场合穿脱防电工作服。

（3）禁止在防静电工作服上附加或佩任何金属物品，以防打火。

（4）穿用防静电工作服时，还应与防静电鞋配套应用，同时地面也应是防静电地板并有接地系统。

（5）防静电工作服应保持干净，确保防静电性能，清洗时用软毛刷、软布蘸中性洗涤剂洗擦，或浸泡轻揉，不可破坏布料导电纤维，不可暴晒。

（6）普通防静电工作服可自行清洗，要求高的防静电工作服须由专业清洗机构清洗。

（7）防静电工作服须定期更换。

2）全密封防化服（重型防化服）

全密封防化服采用经阻燃增粘处理的锦丝绸布，双面涂覆阻燃防化面胶，制成遇火只产生炭化，不产生溶滴，又能保持良好强度的胶布作为主材，经贴合—缝制—贴条工艺制成服装主体和手套，并配以阻燃、防化、耐电压、抗刺穿靴。具体穿戴方法见图 2–12。

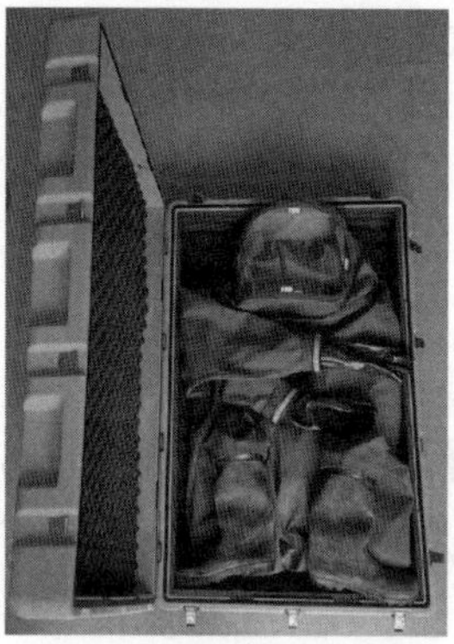

① 打开防化服保存箱，并检查完好

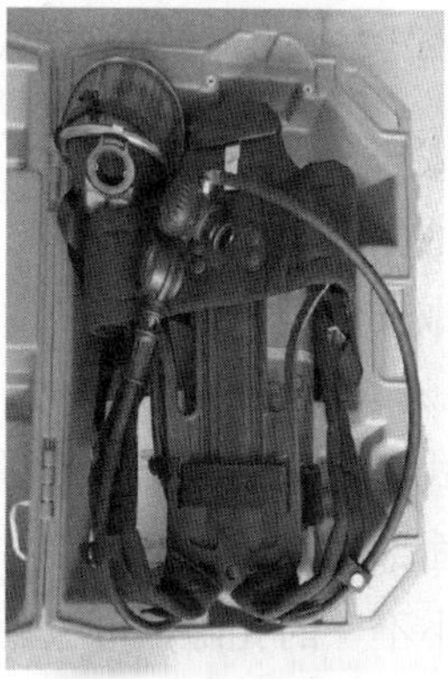

② 打开空气呼吸器保存箱，并检查完好

③ 穿戴好空气呼吸器

④ 展开防化服，先穿好右脚（他人协助）

图 2–12 全密封防化服穿戴方法

3）空气呼吸器

空气呼吸器穿戴步骤如下：

（1）打开瓶阀，按逆时针方向打开气瓶阀门（如图 2–13 所示），至少三圈以上，观察压力表，压力表压力应在 20 MPa 以上范围方可使用，报警压力为 5 MPa。

（2）背气瓶。采用“穿衣法”将呼吸器背上身，气瓶阀必须向下方，如图 2–14 所示。

（3）调整肩、腰带。

图 2-13 瓶阀打开方式和压力要求

图 2-14 背气瓶的要求（气瓶阀朝下）

（4）戴安全帽、挂帽罩带。

（5）戴面罩。

（6）戴安全帽。

4）过滤式防毒面具

过滤式防毒面具主要由面罩和滤毒件两部分组成。面罩起到密封并隔绝外部空气和保护口鼻面部的作用。滤毒件内部填充物的主要成分为活性炭，由于活性炭里有许多形状不同和大小不一的孔隙，可吸附粉尘，并在活性炭的孔隙表面，浸渍了铜、银、铬金属氧化物等化学药剂，以达到吸附毒气后与其反应，使毒气丧失毒性的作用。

6. 常用灭火器材使用方法★

（1）手提式灭火器材使用方法。

站在上风口，从灭火器箱内提出灭火器，找出保险销，用喷口或喇叭口对准着火点，按下手柄即可喷出灭火。应注意对准火焰根部喷射；由远及近水平扫射；火焰未灭，不轻易放松压把。手提式灭火器检查时，要确保压力在规定范围内，产品在有效期内，铅封完好，外观完好。

（2）消火栓使用方法。

按下消火栓箱门销，开启按钮打开箱门，取下水枪，将水枪卡凸部位插入消防水带接口回口处并旋转 30°，而后拉出消防水带，将另一端接口凹口处与消火栓接口凸部位相对接旋转 30°，顺时针旋转打开消火栓阀门，击碎箱内圆玻璃，即可从水枪口射出水流灭火（无安全措施下不可射向带电物）。对于部分危险货物，一定要注意其特性，先确认着火后是否能用水灭火，建议听从专家的意见。

三、道路运输应急处置及救援措施★

1. 道路运输企业事故应急处置★★★

（1）迅速控制危险源，组织抢救遇险人员。

（2）根据事故危害程度，组织现场人员撤离或者采取可能的应急措施后撤离。

（3）及时通知可能受到事故影响的单位和人员。

（4）采取必要措施，防止事故危害扩大和次生、衍生灾害发生。

（5）根据需要请求邻近的应急救援队伍参加救援，并向参加救援的应急救援队伍提供相关技术资料、信息和处置方法。

（6）维护事故现场秩序，保护事故现场和相关证据。

（7）法律法规规定的其他应急救援措施。

2. 事故报告应遵循以下要求★

（1）事故发生后，事故现场有关人员应当立即向本单位负责人报告；单位负责人接到报告后，应当于 1 h 内向事故发生地县级以上人民政府安全生产监督管理部门和负有安全生产监督管理职责的有关部门报告。情况紧急时，事故现场有关人员可以直接向事故发生地县级以上人民政府安全生产监督管理部门和负有安全生产监督管理职责的有关部门报告。

（2）对于在旅客运输过程中发生的生产安全事故，客运驾驶员和乘务员应当及时向事发地的公安部门及所属客运企业报告，并迅速按本企业应急处置程序规定进行现场处置。客运企业应当按规定的时间、程序、内容向事故发生地和企业所属地县级以上的应急管理、公安交通运输等相关部门报告事故情况，并启动生产安全事故应急处置预案。

3. 典型道路运输突发事件应急处置措施★

1）遇前方有障碍物

（1）握住转向盘，立即减速，同时迅速观察车辆前方和两侧的交通情况。

（2）待车速明显降低后，转动转向盘绕过障碍物，或操控车辆向道路情况简单或人员及障碍物较少的一侧避让；转动转向盘的幅度不应过大，转动速度不应过猛。

（3）车辆重心较高或车速较高时，不得采取紧急转向避让措施。

2）车辆转向失灵

（1）立即采取以下强制减速措施，保持车辆平稳减速，并尽快平稳停车。

① 踩踏制动踏板并注意制动强度不要过大，降低挡位。

② 装备有缓速器等辅助制动装置的车辆，同时开启辅助制动装置。

（2）全面观察周边的交通情况，通过开启危险报警闪光灯，交替变换远近光灯，鸣喇叭或打手势，向其他道路交通参与者发出警示信号。

3）车辆制动失效

（1）握住转向盘，控制车辆行驶方向。

（2）降低挡位至最低挡，逐渐拉紧驻车制动器，装备有缓速器等辅助制动装置的车辆，同时开启辅助制动装置，保持车辆平稳减速停车。

（3）观察周边的地形条件，利用紧急避险车道、坡道或用车辆侧面擦碰岩壁、安全护栏等方式减速停车。

（4）全面观察周边的交通情况，通过开启危险报警闪光灯，交替变换远近光灯，鸣喇叭或打手势，向其他道路交通参与者发出警示信号。

4）车辆轮胎爆破

（1）遇前轮胎爆破，立即握稳转向盘，尽量控制车辆直线滑行，不可踩踏制动踏板。若已有方向偏离，控制行驶方向时，不可过度矫正；待车速明显降低后，就近选择安全区域停车。

（2）遇后轮胎爆破，立即握稳转向盘，轻踩制动踏板，选择安全区域停车。

5）车辆侧滑

（1）发生整车侧滑时，按照以下要求操作。

① 迅速向侧滑的方向小幅转动转向盘，并及时回转转向盘进行调整。

② 若车辆配备防抱死制动装置，立即踩踏制动踏板到底；若车辆未配备防抱死制动装置，连续踩踏、放松制动踏板。

（2）发生前轮侧滑时，迅速向侧滑的相反方向小幅转动转向盘，并及时回转转向盘进行调整。

（3）发生后轮侧滑时，迅速向侧滑的方向小幅转动转向盘，并及时回转转向盘进行调整。

（4）路面湿滑时，除按（1）、（2）或（3）要求操作外，还可同时轻踩加速踏板。

6）车辆自燃

（1）立即选择安全区域停车，打开车门，关闭点火开关、电源总开关。

（2）按照以下要求组织现场人员安全疏散。

① 遇电气开关无法打开车门时，通过操纵设置在车门附近的应急阀手动开启车门或使用安全锤破窗，组织现场人员逃生。

② 将现场人员疏散到来车方向距事故发生地点 100 m 以外道路或护栏外侧的安全区域；有人员受伤时，及时采取自救和互救措施。

（3）拨打 119 报警电话，并向所属单位报告。

（4）起火初期，按照以下要求采取控制火势的措施。

① 灭火时，站在上风位置，将灭火器对准火焰根部喷射，由近及远，左右扫射，快速推进。

② 遇发动机舱内冒烟或出现火苗，尽量不要打开发动机罩，从车身通气孔、散热器或车底侧采取灭火措施。

③ 遇车厢内冒烟或出现火苗，对准起火部位采取灭火措施。

7）驾驶员突发疾病

（1）立即开启危险报警闪光灯，尽快选择安全区域停车。

（2）车辆停稳后，拉紧驻车制动器，打开车门并告知现场人员临时停车原因，请他人协助摆放危险警告标志和组织现场人员安全疏散。

（3）及时采取自救措施，若病情不明或病情较严重时，立即拨打 120 急救电话，同时向所属单位管理人员报告现场情况及车辆停靠位置，请求救援。

8）旅客突发疾病

（1）立即选择安全区域停车，开启危险报警闪光灯，放置危险警告标志。

（2）探查旅客病情，及时采取救助措施。

（3）若病情不明或病情较严重时，立即向车内寻求医务专业人员进行救助、拨打 120 急救电话或送往就近医院救治，同时向其他旅客做好解释工作。

9）车内发现可疑爆炸物品

（1）立即选择安全区域停车，尽量将车辆停靠在远离危险源和人流密集的地方。

（2）迅速组织现场人员安全疏散，关闭电源、燃油总开关，按规定摆放危险警告标志。

（3）拨打 110 报警电话，并向所属单位报告，不应触动可疑爆炸物品。

（4）取下车载灭火器，做好初期火情扑救准备。

10）收到爆炸威胁信息

收到爆炸威胁信息时，应按照以下要求进行应急处置。

（1）立即选择安全区域停车，尽量将车辆停靠在远离危险源和人流密集的地方。

（2）迅速组织现场人员安全疏散，关闭电源、燃油总开关，按规定摆放危险警告标志。

（3）拨打 110 报警电话，并向所属单位报告，等待警察抵达现场进行处置。

11）发生恐怖劫持

（1）选择安全区域停车，尽量与作案人员周旋，记清作案人员的体貌特征、衣着、口音、凶器等。

（2）设法用短信等方式报警或将险情传递出去，疏散现场人员，保护自身安全。

（3）作案人员逃离现场时，观察其逃跑方向，立即拨打 110 报警电话，并向所属单位报告。

（4）维护好现场秩序，保护现场，对伤员进行必要的救护，并视情拨打 120 急救电话。

（5）遇持枪射击拦截时，驾驶车辆加速冲过，远离拦截地，选择安全区域停车并拨打 110 报警电话。

4. 典型交通事故现场处置与救援★★★

1）采取安全防范措施

在事故现场应按照以下要求采取安全防范措施。

（1）及时正确摆放危险警告标志。

① 若在一般道路上，摆放在来车方向距事故车辆 50～100 m 以外的位置；若在城市快速路和高速公路上，摆放在来车方向距事故车辆 150 m 以外的位置；夜间摆放的距离应适当增加。

② 若在坡道、弯道、隧道等视线不良的路段，摆放在入坡道、入弯道、入隧道或能更早提醒来车注意的位置。

③ 当事故车辆占用对向车道或会影响对向来车正常通过时，在车辆前方和后方的合适位置同时摆放。

（2）若车辆的危险报警闪光灯仍有效，立即开启。

（3）在夜间或雨、雾等视线不良天气条件下，若车辆的示廓灯和前后位灯仍有效，立即同时开启。

2）组织现场人员疏散

应按照以下要求组织现场人员安全疏散。

（1）若在一般道路上，组织现场人员转移到道路以外的安全区域；若在高速公路上，转移到来车方向距车辆 100 m 以外的道路或护栏外侧的安全区域；不应让现场人员滞留在行车道上。

（2）若事故车辆出现起火或与道路危险货物运输车辆发生碰撞产生泄漏等情况时，立即隔离现场，组织现场人员转移至安全区域，采取降温、灭火等措施，必要时设法将车辆驶离现场。

（3）若隧道内事故车辆出现起火或与道路危险货物运输车辆发生碰撞产生泄漏等情况时，立即组织现场人员沿远离事故车辆或从距隧道出入口、安全通道较近的方向逃生。

3）报警

（1）拨打车辆保险电话和 122 道路交通事故报警电话，说明报警人姓名和联系方式、事故发生时间和地点、人员伤亡情况、车辆类型、车辆号牌、车辆保险、装载货物情况、是否产生泄漏或起火等信息，同时报告所属单位。

（2）报警时，可利用道路里程牌、道路指示牌、手机导航软件、即时通信软件、门牌号码、电线杆编号等信息，确认事故所在的位置。

4）参与伤员救助

参与事故现场伤员救助时，应按照以下要求操作。

（1）对伤员的处境和伤情进行全面检查和判断，确认受伤部位，选择正确的急救方法。

（2）从车体中移出伤员时，动作要轻柔，不应强行拉拽伤员肢体或随意拔出插入伤员体内的异物。

（3）正确搬运伤员，避免因搬运不当对伤员造成二次伤害。

（4）将伤情较轻的伤员疏散到救护车辆易于接近、夜间有照明的安全区域，对伤员进行伤口包扎、固定等处理。

（5）采用向过往车辆求助等方法，将伤情较重的伤员尽快送至医院抢救。

5）保护事故现场

应按照以下要求做好事故现场保护工作。

（1）因抢救受伤人员须变动现场时，标记伤员的原始位置。

（2）从车辆前方、侧面和后方的不同角度，对事故车辆的位置、受损部位及受损程度等做好拍摄记录。

（3）遇雨、雪、大风等不良天气条件可能会对事故现场重要痕迹、物证造成破坏时，对现场制动印痕、散落物等进行遮盖。

5. 危险货物道路运输事故应急处置及救援措施★★★

1）基本要求

（1）在危险货物运输过程中发生燃烧、爆炸、污染、中毒或者被盗、丢失、流散、泄漏等事故，驾驶员、押运员应当立即根据应急预案和道路运输危险货物安全卡的要求，采取应急处置措施，防止损害及危害的扩大。

（2）事故现场的处置要求：一是采取个体防护措施；二是采取初期应急处置措施；三是放置警告标志，设置警戒，协助疏散人员；四是实施现场保护方案；五是配合政府部门开展应急救援的要求。

2）报告与求助

（1）危险货物运输事故发生后，快速、准确地报告事故信息，多方寻求专业机构的帮助，有助于缩短应急反应时间、科学开展事故救援。

（2）在危险货物运输过程中发生燃烧、爆炸、污染、中毒或者被盗、丢失、流散、泄漏等事故，危险货物运输驾驶员、押运员应当立即采取应急处置措施，并向事故发生地公安部门、交通运输主管部门和运输企业或者单位报告。有关救援人员到达事故现场后，驾驶员、押运员应将事故全部详细信息报告给救援人员。

（3）运输企业或者单位接到事故报告后，应按照本单位危险货物应急预案组织救援，并向事故发生地安全生产监督管理部门和环境保护、卫生主管部门，以及车籍地交通运输主管部门报告。

（4）有关人员到达事发现场后，先应该辨认车辆所运危险货物的状态，保护自身和公众的安全，确保周围的安全。如果条件允许，应尽快地向受过训练的专业人员求助。应按照标准操作程序或当地应急救援预案来获取帮助。一般情况下，报告程序及获取技术信息时应按照以下方法进行。

① 报告有关的组织或机构。一定要报告当地的公安、消防部门。

② 拨打应急救援电话。拨打当地的应急救援电话。

③ 寻求专业机构的支持。如果找不到当地的应急救援电话，可以与一些应急救援机构联系，尽可能地向其提供危险物质和事故的信息。

如果能够安全获取以下信息，要尽快汇总并提供给事故处理小组和负责技术指导的专家。

① 求助者姓名、电话号码和传真号码。

② 事发位置和现场状况（泄漏、着火等）。

③ 事故现场危险货物的名称和 UN 号。

④ 货主/收货人/发货地点。

⑤ 承运人名称和车牌号。

⑥ 包装类型及其大小。

⑦ 货物的运输量/泄漏量。

⑧ 当地环境（天气，地形，是否邻近学校、医院、下水道等）。

⑨ 伤亡和接触状况。

⑩ 已经报告或联系的当地应急救援服务机构。

3）安全防护措施

（1）救援人员在开展危险货物运输事故应急救援过程中，应采取有效的安全防护措施，科学施救，在保证自身安全的前提下开展应急救援工作。

（2）进入事故现场之前。

① 对现场状况进行评估。进入事故现场前，必须要进行全面的事故状况评估。对事故现场进行评估需要考虑以下因素。

a. 事故性质：泄漏、火灾、爆炸等。

b. 天气情况：如温度、风向等情况。

c. 事故发生位置的地形特点：是否容易靠近。

d. 事故危害：人员、财产、环境是否处于危险当中，特别是水源地和人口密集区。

e. 应急措施：撤离还是就地躲避。

f. 车辆、船舶能否移开，有无发生爆炸可能。

g. 应急资源需求（人员和设备）。

h. 可以立即实施的应急措施。

② 确认事故危害。通过标志牌、外包装标签、危险货物运输单据、化学品安全技术说明书及事故现场的某些专业人士提供的信息，确认事故可能造成的危害。如果可以通过货主或向专业人员求助，得到危险货物的详细信息，应该采取更适合于事故现场实际情况的应急措施。

③ 确保事故现场的安全。在直接进入事故现场之前，应先对其进行隔离，保证人员在危险范围之外，以确保人群和周围环境的安全，并有足够的空间来调动必需的设备。

④ 做好进入事故现场之前的准备。在进行人员的营救、财产和环境的保护时，必须考虑到应急救援人员可能会有危险。因此，进入危险区域之前必须穿着合适的防护服，必须在避免应急救援人员自身危险后，才能尝试救援、保护财产。

（3）进入事故现场。

开展应急处置，应当从上风向、上坡或上游缓慢接近事故现场，并注意以下方面。

a. 远离气化物、火苗、烟雾和溢出物等。

b. 实施交通管制，使其他车辆、船舶与事故现场保持安全距离。

（4）事故现场的应急救援。

应急救援最重要的是保证危险区内人员的安全，包括救援人员本身。救援人员应采取必要的自身防护措施，并相互之间建立通信联系。选择合适的方式实施救援，如果条件允许，可立即进行伤亡抢救；否则，应迅速撤离，保持对险情的控制，并根据现场情况变化，及时调整救援措施。

救援过程中严禁接触泄漏物质。在进行现场危险货物空箱处理时要高度谨慎。另外，很多无气味的烟雾和蒸气可能存在毒性，因此，不管是否有危险货物，也要避免吸入现场烟雾和蒸气。

4）后期处置

（1）污染物处理。

（2）受伤人员处理。

（3）事故后果影响消除和生产运输秩序恢复。

（4）善后赔偿。

（5）事故经过、原因和应急处置工作经验教训报告。

（6）应急预案的更新。

四、道路运输事故调查处理基础知识★★★

1. 事故调查工作的要求★★★

（1）事故调查处理应当坚持科学严谨、依法依规、实事求是、注重实效的原则，严格按照“四不放过”要求，及时、准确地查清事故经过、事故原因和事故损失，查明事故性质，认定事故责任，总结事故教训，提出整改措施，并对事故责任者依法追究责任。

（2）县级以上人民政府应当严格履行职责，及时准确地完成事故调查工作。

（3）事故发生地有关地方人民政府应当支持、配合上级人民政府或者有关部门的事故调查处理工作，并提供必要的便利条件。

（4）参加事故调查处理的部门和单位应当互相配合，提高事故调查处理工作的效率。

（5）工会依法参加事故调查处理，有权向有关部门提出处理意见。

（6）任何单位和个人不得阻挠和干涉对事故的报告和依法调查处理。

（7）对事故报告和调查处理中的违法行为，任何单位和个人有权向安全生产监督管理部门、监察机关或者其他有关部门举报，接到举报的部门应当依法及时处理。

2. 事故调查的组织原则★★★

（1）特别重大事故由国务院或者国务院授权有关部门组织事故调查组进行调查。

（2）重大事故、较大事故、一般事故分别由事故发生地省级人民政府、设区的市级人民政府、县级人民政府负责调查。省级人民政府、设区的市级人民政府、县级人民政府可以直接组织事故调查组进行调查，也可以授权或者委托有关部门组织事故调查组进行调查。

（3）未造成人员伤亡的一般事故，县级人民政府也可以委托事故发生单位组织事故调查组进行调查。

（4）上级人民政府认为必要时，可以调查由下级人民政府负责调查的事故。

（5）自事故发生之日起 30 日内（道路交通事故、火灾事故自发生之日起 7 日内）因事故伤亡人数变化导致事故等级发生变化，依照本条例规定应当由上级人民政府负责调查的，上级人民政府可以另行组织事故调查组进行调查。

特别重大事故以下等级事故，事故发生地与事故发生单位不在同一个县级以上行政区域的，由事故发生地人民政府负责调查，事故发生单位所在地人民政府应当派人参加。

3. 事故调查组的组成、职责、纪律和期限★★★

（1）事故调查组的组成应当遵循精简、效能的原则。根据事故的具体情况，事故调查组由有关人民政府、安全生产监督管理部门、负有安全生产监督管理职责的有关部门，监察机关、公安机关及工会派人组成，并应当邀请人民检察院派人参加。事故调查组可以聘请有关专家参与调查。

（2）事故调查组成员应当具有事故调查所需要的知识和专长，并与所调查的事故没有直接利害关系。

（3）事故调查组组长由负责事故调查的人民政府指定。事故调查组组长主持事故调查组的工作。

（4）事故调查组履行下列职责：

① 查明事故发生的经过、原因、人员伤亡情况及直接经济损失。

② 认定事故的性质和事故责任。

③ 提出对事故责任者的处理建议。

④ 总结事故教训，提出防范和整改措施。

⑤ 提交事故调查报告。

（5）事故调查组有权向有关单位和个人了解与事故有关的情况，并要求其提供相关文件、资料，有关单位和个人不得拒绝。事故发生单位的负责人和有关人员在事故调查期间不得擅离职守，并应当随时接受事故调查组的询问，如实说明有关情况。事故调查中发现涉嫌犯罪的，事故调查组应当及时将有关材料或者其复印件移交司法机关处理。

（6）事故调查中需要进行技术鉴定的，事故调查组应当委托具有国家规定资质的单位进行技术鉴定。必要时，事故调查组可以直接组织专家进行技术鉴定。技术鉴定所需时间不计入事故调查期限。

（7）事故调查组成员在事故调查工作中应当诚信公正、恪尽职守，遵守事故调查组的纪律，保守事故调查的秘密。未经事故调查组组长允许，事故调查组成员不得擅自发布有关事故的信息。

（8）事故调查组应当自事故发生之日起 60 日内提交事故调查报告；特殊情况下，经负责事故调查的人民政府批准，提交事故调查报告的期限可以适当延长，但延长的期限最长不超过 60 日。

（9）事故调查报告应当包括下列内容：

① 事故发生单位概况；

② 事故发生经过和事故救援情况；

③ 事故造成的人员伤亡和直接经济损失；

④ 事故发生的原因和事故性质；

⑤ 事故责任的认定及对事故责任者的处理建议；

⑥ 事故防范和整改措施。

事故调查报告应当附有关证据材料。事故调查组成员应当在事故调查报告上签名。

（10）事故调查报告报送负责事故调查的人民政府后，事故调查工作即告结束。事故调查的有关资料应当归档保存。

4. 事故处理★★★

（1）重大事故、较大事故、一般事故，负责事故调查的人民政府应当自收到事故调查报告之日起 15 日内做出批复；特别重大事故，30 日内做出批复，特殊情况下，批复时间可以适当延长，但延长的时间最长不超过 30 日。有关机关应当按照负责事故调查的人民政府的批复，依照法律、行政法规规定的权限和程序，对事故发生单位和有关人员进行行政处罚，对负有事故责任的国家工作人员进行处分。事故发生单位应当按照负责事故调查的人民政府的批复，对本单位负有事故责任的人员进行处理。负有事故责任的人员涉嫌犯罪的，依法追究刑事责任。

（2）事故发生单位应当认真吸取事故教训，落实防范和整改措施，防止事故再次发生。防范和整改措施的落实情况应当接受工会和职工的监督。安全生产监督管理部门和负有安全生产监督管理职责的有关部门应当对事故发生单位落实防范和整改措施的情况进行监督检查。

（3）事故处理的情况由负责事故调查的人民政府或者其授权的有关部门、机构向社会公布，依法应当保密的除外。

第八节 其他安全生产技术

一、车辆维修作业安全生产及工作规范★

1. 车辆维修作业内容★

车辆维修是指为恢复汽车各部分规定的技术状况和工作能力所进行的作业总称，具体作业内容有：故障诊断、拆卸、鉴定、修复、更换、装配、磨合、试验。《道路运输车辆技术管理规定》（交通运输部令 2016 年第 1 号）指出：车辆维护制度的原则是“择优选配、正确使用、周期维护、视情修理、定期检测、适时更新”。

对车辆进行科学的维护和修理，可保障其技术状况良好，提高车辆运营的安全性。车辆维护分为日常维护、一级维护和二级维护。日常维护由驾驶员实施；一级维护和二级维护由道路运输经营者组织实施，并做好记录。

2. 车辆维修车间设备维护制度★

（1）日常维护应做到：每天检查举升机的安全保险锁止机构是否正常，检查液压油管液压缸是否有泄漏，检查剪式举升机的启动安全锁止销能否顺畅运动。

（2）每周应检查轮胎平衡机，清洁旋转面并涂油防锈，清洁举升机的外表，确保设备外表无污渍，并对空气压缩机进行清洁、排污、检查油位，每 10 天更换烤漆房进出风口过滤棉。

（3）每月对轮胎平衡机的支撑块、滚轮进行清洁、润滑，对双柱举升机进行检查，对钢索、导轮和立柱导向面涂抹润滑油脂，对四柱举升机钢索进行清洁，检查有无破损、断股。清洗四柱内的锁止杆、锁止钩和滑轮并涂油脂，检查剪式举升机启动锁止结构的工作状态，检查气管有无破损漏气并润滑下方导轮。对压缩空气系统的过滤部分进行清洗、排污。烤漆房及深度治理设施应更换底部过滤棉，清理电加热装置、灯光、墙板上的污垢和漆渣，并由车间进行检查。

（4）每季度检查轮胎平衡机的电测箱电源、烤漆房和所有举升机电源和开关。检查举升机立柱是否垂直，接地线是否拧紧；上升下降的限位开关、钢索长度和两横梁的尼龙垫片有无磨损；检查剪式举升机的连接轴并润滑，调整两托臂的同步性，紧固所有举升机的地脚螺栓；烤漆房须更换底部过滤棉、治理设施过滤棉、顶部过滤棉和活性炭；清理烤漆房及治理设施内部积漆，检查紧固风机轴承座、风机底座和连接部件。

3. 车辆维修质量检验制度★

（1）进厂检验。

（2）过程检验。

（3）竣工检验。

4. 车辆维修安全生产教育培训制度★

（1）企业所有从业人员应当接受公司、车间、班组三级安全培训，熟悉有关安全生产规章制度和安全操作规程，具备必要的安全生产知识，掌握本岗位的安全操作技能，增强预防事故、控制职业危害和应急处理能力，未经安全生产培训合格的从业人员，不得上岗作业。

（2）企业主要负责人、安全生产管理人员必须经安全教育培训合格并取得资格证书，且每年接受再教育时间不得少于 12 学时。

（3）其他从业人员在上岗前必须经过安全培训教育。保证其具备本岗位安全操作、应急处置等知识和技能。新上岗的从业人员，岗前培训时间不得少于 24 学时。

① 上岗前安全培训内容应当包括：

a. 企业安全生产情况和安全基本知识；

b. 企业安全生产规章制度和劳动纪律；

c. 从业人员安全生产权利和义务，有关部门事故案例；

d. 企业事故应急救援，事故应急救援演练及防范措施等。

② 车间岗前安全培训内容应当包括：

a. 工作环境及危险因素；

b. 所从事工种可能遭受的职业伤害和伤亡事故；

c. 所从事工种的安全职责、操作技能及强制性标准，自救互救、急救方法、疏散和现场紧急情况的处理程序；

d. 安全设施设备、个人防护用品的使用和维护，安全生产状况及规章制度；

e. 预防事故和职业危害的措施及应注意的安全事项；

f. 有关事故案例；

g. 其他需要培训的内容。

③ 从业人员在本生产经营企业内调整工作岗位或离岗一年以上重新上岗时，应当重新接受安全培训。

④ 特种作业人员，即电工、电焊工、金属焊接切割工等应接受专门的安全教育培训并合格，取得特种作业操作资格证书后，方可上岗作业。

⑤ 从业人员的安全教育培训工作、档案记录管理工作由维修企业安全生产管理员负责。

5. 岗位安全操作规程的基本内容★

主要有岗位主要危险有害因素及其风险，作业过程须穿戴的劳动防护用品，作业前、作业中和作业后的相关安全要求和禁止事项，作业现场的应急要求等，其中应包括对设施设备、作业活动、作业环境、现场管理等进行岗位事故隐患排查治理的要求。

6. 车辆维修机电维修工安全操作规程★

（1）蓄电池充电作业时，要保证室内通风良好，充电时应把蓄电池加液口打开，电解液温度不得超过 45 ℃。

（2）电瓶充电时必须遵守两次充足的技术规程。在充电过程中要取出电瓶时，应先关闭点火开关，以免损坏充电机及蓄电池。

严禁单纯用千斤顶顶起车辆在车底作业。

7. 车辆维修钣金工安全操作规程★

（1）焊补油箱时，必须放净燃油，彻底清洗确认无残油，敞开油箱盖谨慎施焊。

（2）氧气瓶、乙炔气瓶要置于离火源较远的区域，不得在太阳下暴晒，不得撞击，所有焊具不得沾上油污、油漆，并定期检查焊枪、气瓶、表头、气管是否漏气。

（3）搬运氧气瓶及乙炔气瓶时必须使用专门的搬运小车，切忌在地上拖拉。

（4）进行气焊点火前，先开乙炔气阀，后开氧气阀，熄火时先关乙炔气阀，发生回火现象时应迅速卡紧胶管，先关乙炔气阀，再关氧气阀。

8. 车辆维修喷漆工安全操作规程★

（1）喷漆工作的作业场地严禁存放易燃易爆物品，存放漆料地及附近场地和施工场所严禁吸烟，不准带火柴、打火机和其他火种进入上述场所。

（2）打磨作业应在带有通风过滤装置的独立操作空间内进行，产生的粉尘应进行降尘处理，应采用无尘干磨技术，干磨机内的粉尘应集中收集，并作为危险废物处理。

（3）漆料库房和施工场所各种电气设备（如照明、电动机、电气开关）都应采用防爆型式。

（4）烤漆房区域必须备有足够数量且适用的消防用具，喷漆工应熟悉灭火器材的位置和使用方法，已使用过的灭火器与未使用的灭火器必须分开存放，且有明确标识。

（5）大中型客车、大型货车喷涂作业应在通风良好的车间中进行，严禁在室外进行喷烤漆作业。操作时必须戴防毒面具或带有换气装置的面罩。

（6）在油漆作业场所内，不准进行电焊、切割等明火作业，在施工时，应避免敲击、摩擦等，以免产生火花，引起危险。

（7）喷漆工件应放平稳后方能进行操作。作业时使用的高凳，应有防滑措施，否则不得使用。

（8）车辆或工件在烤漆房内进行喷漆作业时，操作人员必须穿好喷漆防护服并戴好防护面具。必须在配备有机废气净化处理装置的设施内进行。

（9）喷枪试喷时，不得对人、对自己，防止高压气喷出伤人。

（10）调和漆、腻子、硝基漆、乙烯剂等化学配料和汽油易燃物品，应分开存放，密封保存，调漆作业应在带通风净化装置的密闭空间进行。

（11）施工后，应用温水或肥皂清洗手脸，喷漆后，要淋浴。工作服不准穿离车间，以防污染。

（12）喷漆间放工件的架子应每季度清理残漆一次，处理废棉纱、废油漆、清洗液等物品时，应将其作为危险废物处理。

（13）下班前清扫工作场地，整理清点工具，废棉纱、废遮蔽纸应放到指定危险废物暂存区域。

9. 动力电池车辆维修安全操作规程★

（1）维修人员必须佩戴必要的安全防护用品，如绝缘手套（须准备防高压电工手套及防电池电解液酸碱性手套）、绝缘胶鞋、绝缘胶垫和防护眼镜等，绝缘护具耐压等级必须大于需要测量的最高电压（1 000 V）。

（2）使用前必须检查绝缘手套是否有破损、破洞或裂纹等，应完好无损，确保安全。

（3）使用前必须检查绝缘手套、绝缘胶鞋等防护用品，不能带水进行操作，保证内外表面洁净、干燥，确保安全。

（4）绝缘手套、绝缘鞋、绝缘垫应定期送当地省市县计量机构计量绝缘性能；计量间隔自产品生产日期开始，每 3 个月一次。

（5）维修工具定期送当地省市县计量机构计量绝缘性能；计量间隔自产品生产日期开始，每 12 个月一次。

（6）维修作业时，必须设置专职监护人一名，监护人工作职责为监督维修的全过程，具体如下：

① 监督维修人员组成、工具使用、防护用品佩戴、备件安全保护、维修安全警示牌等是否符合要求。

② 检查紧急维修开关的接通和断开。

③ 负责对维修过程中的安全维修操作规程进行检查，监护人要按安全维修操作规程指挥操作，维修人员在做完一个操作后要告知监护人，监护人要在作业流程单上做标记。

④ 监护人要认真负责任，确保维修过程的安全，避免发生安全责任事故。

⑤ 监护人及维修人员必须具备国家认可的“特种作业操作证（电工）”与“初级（含以上）电工证”等职业资格证书，严禁无证进行维修操作。

⑥ 监护人及维修人员必须经过车辆制造厂家混合动力及纯电动车型新车型培训，并通过考核。

（7）严禁未经培训的人员进行高压部分检修，禁止一切带有侥幸心理的危险操作，避免发生安全事故。

10. 安全维修操作规范★

（1）识别高压部件。

① 整车橙色线束均为高压线。

② 动力电池包连至电源管理器的红色电压采样线。

③ 高压零部件包括：动力电池包、高压配电箱、车载充电器、太阳能充电器（装有时）驱动电动机控制器总成、DC 与空调驱动器总成、电动力总成、电动压缩机总成、电加热芯体 PTC。

（2）检修高压系统时，点火开关必须处于 OFF 挡（若为智能钥匙系统，则使车辆不在智能钥匙感应范围内，并且车辆处于非充电状态），并拔下紧急维修开关。紧急维修开关拔下后，由专职监护人员保管，并确保在维修过程中不会有人将其插到高压配电箱上。

① 断开紧急维修开关只是切断了从高压配电箱到各个高压用电设备的电源，并不能切断动力电池包到高压配电箱的电源。

② 当需要维修或更换高压配电箱时，应小心拔出连接动力电池包的电缆正、负极高压接插件，使用绝缘胶带包好裸露出的桩头，避免触电。

（3）在断开紧急维修开关 5 min 后，检修高压系统前，应使用万用表测量整车高压回路，确保无电。

① 确定方法：拔下紧急维修开关手柄后，测量动力电池包正极和车身之间的电压来初步判断是否漏电，若检测到电压大于或等于 50 V，应立即停止操作，检查动力电池包是否漏电。

② 使用万用表测量高压时，须注意选择正确量程，检测用万用表精度不低于 0.5 级，要求具有直流电压测量挡位，量程范围应大于或等于 500 V，并遵守“单手操作”原则。

③ 所使用的万用表一根表笔线上配备绝缘鳄鱼夹（要求耐压为 3 kV，过电流能力大于 5 A），测量时先把鳄鱼夹夹到电路的一个端子，然后用另一根表笔接到需要测量的端子测量读数。每次测量时只能用一只手握住表笔；测量过程中，严禁触摸表笔金属部分。

（4）调试高、低压系统的注意事项如下。

① 调试低压前必须断开紧急维修开关。

② 调试高压时，必须由专职监护人指挥维修人员装配紧急维修开关。

③ 高压必须在低压调试好的前提下调试，便于判断动力电池包是否有漏电的情况，如有漏电情况应及时检查，不能进行高压调试。

（5）拆装动力电池包总成时，先把高压配电箱连接高压线束插接件用绝缘胶带缠好，拆装过程不要损坏线束，以免发生触电危险。

（6）检修或更换高压线束、油管等经过车身钣金孔的部件时，须注意检查与车身钣金的防护是否正常，避免线束、油管磨损。

11. 安全维修注意事项★

（1）在维修作业前应采用安全隔离措施（使用警戒栏隔离），并树立高压警示牌，以警示相关人员，避免发生生产安全事故。

（2）在维修高压部分过程前，应将车身用搭铁线连接到混合动力及纯电动车型专用维修工位的接地线上。

（3）在检修有电解液泄漏的动力电池包时，须佩戴防护眼镜，以防止电解液溅入眼中。

（4）在车辆通电前，注意确认是否还有人员在进行高压维修操作，避免发生危险。

（5）检修高压线束时，对拆下的任何高压配线应立刻用绝缘胶带包扎绝缘。注意：高压线束装配时，必须按照车身固定孔位要求将线束固定好。

（6）不能用手指触摸高压线束插接件里的带电部分，以免触电，另外应防止有细小的金属工具或铁条等接触接插件中的带电部分。

（7）若发生异常事故和火灾时，操作人员应立即切断高压回路，其他人员立即使用灭火器扑救，优先使用二氧化碳灭火器，其次使用干粉灭火器，严禁用水剂灭火器。

（8）维修安全操作的规范，必须严格遵照执行，避免发生安全事故。

12. 燃气车辆维修安全操作规程★

（1）从事车辆燃气系统的保修人员，必须经过严格培训，考试合格后持证上岗。其他人员也应遵守维修安全操作规程。

（2）维修现场应通风良好，配备相应消防设施。生产场地严禁烟火。

（3）车辆维护时应先检查各部件的紧固情况，及时处理松动的紧固件，检查气瓶、管路及连接处是否漏气，如有漏气应及时处理。

（4）维修作业前，必须关闭燃气气路全部阀门，在确认燃气系统无泄漏后，方可进行维修。

（5）如遇燃气系统泄漏，无法关断气源时，必须立即疏散人员，隔离现场，迅速将距车辆 15 m 以内的用电设备控制起来，关闭正在使用的电器设备，待燃气排放完散尽后，再进行作业。在排放过程中要确保距车 15 m 以内不得启动电器设备。

（6）故障部位不明确，在故障车周围 15 m 以内无火源的情况下，可开启天然气阀门进行带压检查。故障部位确定后，应立即关闭天然气阀门。在带压检查及排放燃气时，现场必须有安全监护人。

（7）拆装、紧固天然气系统装置及管路时，必须泄压。严禁带压操作。

（8）燃气系统各装置严禁接触酸、碱和油等物质。严禁敲击天然气系统各装置。

（9）车辆如须焊接，必须在确保安全的前提下进行。严禁在气瓶上进行电焊引弧。

（10）车辆维修中如须起动发动机，须先确认燃气系统、油路供给系统无故障。严禁油、气两种燃料混合使用。

（11）高压管路和卡套接头不准修复使用。

（12）储气瓶使用规范如下。

① 储气瓶发生下列情况之一的不准使用。

a. 储气瓶出现裂纹、灼伤、鼓疤、渗漏或明显的凹陷、膨胀、弯曲等损伤。

b. 外表损伤深度超过 1 mm 或多处为 0.7 mm 以上时。

c. 螺纹损伤或严重腐蚀时。

d. 安全阀附件不全、损伤或不符合规定时。

② 储气瓶的瓶口和瓶身严禁沾有油污。

③ 使用过程中瓶内的气体不能全部用尽，应保留不小于 0.1 MPa 的剩余压力。

④ 储气瓶上的瓶阀冻结时，可用热水浇化，严禁用火烘烤。

⑤ 不得更改钢瓶上的钢印和颜色标记。

⑥ 严禁在钢瓶上电焊引弧。

⑦ 严禁用温度超过 40 ℃的热源对气瓶体加热。

⑧ 储气瓶投入使用后，严禁对瓶体进行焊补修理。

⑨ 储气瓶投入使用期间，应按照国家有关规定定期检测。每年定期检换储气瓶安全阀片。

⑩ 应经常检查储气瓶托架及车架强度和安装紧固情况，安装储气瓶处车架及储气瓶托架严重变形、锈蚀、断裂时，应及时更换。紧固螺栓松动、弯曲时，应及时紧固或更换。

13. 危险货物运输车辆维修安全操作规程★

（1）危险货物运输车辆（简称“危货车辆”）进厂维修前，必须严格检查是否有泄漏现象。如有泄漏现象，必须立即处理。

（2）确定所制订的危货车辆维修方案是否可行，只能在方案可行的前提下进行维修作业，严禁冒险作业或在无可靠安全保障的情况下进行作业，已经确定的维修车辆必须由维修技术人员指挥进库。

（3）危货车辆必须在指定的危货车辆工位维修作业，不得在其他普通车辆工位进行维修作业。

（4）作业前应检查所使用的输电线路、开关、插座、工具等是否完整无损和有无漏电，施工过程中，工具必须摆放整齐，熟悉并掌握举升机等工具设备的安全操作规程。

（5）在进行维修作业过程中，机修、电工、钣金、涂漆等工艺必须严格按照工艺安全操作规程进行作业，并要排除作业前和作业过程中存在的安全隐患，以防火灾。

（6）危货车辆装有货物时，不得对其进行维修作业。

（7）对危货罐车的修理，只能对罐体以外的部分进行维修，不能对罐体进行任何焊接和修理。

（8）在工艺装置上有可能引起火灾、爆炸的部位，应充分设置超温、超压等检测仪表、报警（声、光）和安全联锁装置等设施。

（9）所有与易燃、易爆装置连通的惰性气体、助燃气体的输送管道，均应设置防止易燃、易爆物质窜入的设施。

（10）应根据火灾危险程度及生产、维修等工作的需要，经使用单位提出申请、登记和审批，划定“固定动火区”，固定动火区以外一律为禁火区。

（11）维修区不准放置易燃、易爆、可燃物和其他杂物，且应配备足够数量的消防器材。

（12）固定维修区要设立明显标志，落实专人管理。

（13）在维修区禁止使用电、气焊（割），在易燃、易爆区域严禁使用电钻、砂轮等可产生火焰、火花及炽热表面的设备，在车上进行作业及用汽油清洗零件时不得吸烟。

（14）遇节假日或生产不正常情况下的维修，应升级管理。

14. 普通车辆蓄电池维修安全操作规程★

（1）装换蓄电池时，应采用蓄电池攀带。

（2）蓄电池架发现损坏时，应立即修理。

（3）装蓄电池时，应在底部垫上橡皮胶料。

（4）电池头、导线夹应装夹可靠，不准用铁丝代用。

（5）检查或添加电解液时，操作人员应穿戴橡胶鞋和橡胶手套，戴防护眼镜。

（6）蓄电池维修、装配间应有良好的通风设备和防火设备，防止人员铅中毒及发生火警。充电池工作间空气要流通，室内及存放蓄电池处 4 m 内严禁烟火。

（7）充电时应将电池盖打开，电解液温度不得超过 45 ℃。

（8）蓄电池应用放电叉测量，不可用手钳或其他金属试验，防止发生爆炸。

（9）工作时，如不慎有电解液滴在皮肤或衣物上，应立即用 5%苏打水擦洗，再用清水冲洗。

15. 烤漆房安全操作规程★

（1）喷漆作业人员必须接受喷漆作业专业及安全技术培训，熟悉操作规程，经考核合格后，才能上岗操作。

（2）烤漆房用户应根据制造厂提出的使用说明书制定设备维护制度，并定期检修。

（3）烤漆房启动前应做预通风，预通风排气体积不应少于烤漆房容积的 4 倍。预通风结束后，才允许启动加热器。

（4）烤漆房加热器关闭 5～10 min 后，方可关闭循环风机或排气风机。

（5）烤漆房因故障自动切断热源后，必须认真检查设备，在确认故障已经排除时，方可重新启动运行。

（6）烤漆房内部应保持清洁，随时清除室内漆渣并定期清除排气管内沉积物，以避免可燃物自燃引起的火灾。

（7）每周检查烤漆房室体内壁、管道内外表面等部位，对于所残留的各种可燃积聚物必须及时清除。

（8）严禁在烤漆房周围存放易燃、易爆物品。

（9）喷漆操作中使用的物料不得与皮肤接触，宜采用防护服、防护眼镜及防毒面具与人体隔离。

（10）喷漆操作中所有溶剂或稀释剂不得当作皮肤清洁剂使用。

16. 空气压缩机安全操作规程★

（1）开机前检查一切防护装置和安全附件应处于完好状态。

（2）每天检查各处的润滑油面是否合乎标准，不足时及时补充同型号润滑油。根据说明书要求定期更换润滑油。

（3）压力表每年校验一次，储气罐、导管接头外部检查每年一次，内部检查和水压强度试验三年一次，并要做好详细记录。在储气罐上注明工作压力、下次试验日期。

（4）安全阀须每月做一次自动启动试验，每六个月校正一次，并加铅封。

（5）当检查修理时，应注意避免木屑、铁屑、拭布等掉入气缸、储气罐及导管内。

（6）机器在运转中或设备有压力的情况下，不得进行任何修理工作。

（7）经常注意压力表指针的变化，禁止超过规定的压力。

（8）在运转中若发生不正常的声响、气味、震动或故障，应立即停机，检修好后才准使用。

（9）不要用手去触摸气缸头、缸体、排气管，以免温度过高而烫伤。

（10）非机房操作人员，不得进入机房，因为工作需要，必须经有关部门同意，机房内不准放置易燃易爆物品。

（11）每天工作结束后，要切断电源，放掉储气罐中的压缩空气，打开储气罐下边的排污阀，放掉汽凝水和污油。

17. 焊接设备安全操作规程★

（1）作业时，操作人员必须穿戴安全防护服，穿绝缘鞋，戴好防护面具。

（2）焊接设备应有完整的保护外壳，一、二次接线柱处应有安全保护罩，一次线一般不超过 5 m，二次线一般不超过 30 m。

（3）现场使用的电焊机须设有可防雨、防潮、防晒的机棚，并备有消防用品。

（4）焊接时，焊工和配合人员必须采取防止触电、高空坠落、瓦斯中毒和火灾等事故的安全措施。

（5）严禁在运行中的压力管道、装有易燃易爆物品的容器和受力构件上进行焊接和切割。

（6）焊接铜、铝、锌、锡、铅等有色金属时，必须在通风良好的地方进行，焊接人员应戴防毒面具或呼吸滤清器。

（7）在容器内施焊时，必须采取的措施有：容器上必须有进出风口并设置通风设备，容器内的照明电压不得超过 12 V，焊接时必须有人在场监护，严禁在已喷涂过油漆或塑料的容器内焊接。

（8）高空焊接或切割时，必须挂好安全带，戴好安全帽，焊件周围和下方应采取防火措施并有专人监护。

（9）焊接预热焊件时，应设挡板隔离焊件发出的辐射热。

（10）电焊线通过道路时，必须架高或穿入防护管内埋设在地下，如通过轨道时，必须从轨道下面通过。

（11）接地线及手把线都不得搭在易燃、易爆和带有热的物品上，接地线不得接在管道、机床设备和建筑物金属构架或轨道上，接地电阻不大于 4 Ω，设备外壳要接地可靠。

（12）雨天不得露天电焊，在潮湿地带作业时，工作人员应站在铺有绝缘物品的地方并穿好绝缘鞋。

（13）长期停用焊接设备，使用时须检查其绝缘电阻值不得低于 0.5 MΩ，接线部分不得有腐蚀和受潮现象。

（14）焊钳应与手把线连接牢固，不得用胳膊夹持焊钳，清除焊渣时，面部应避开被清除的焊缝。

（15）在载荷运行中，焊接人员应经常检查电焊机的温升。

（16）移动焊接设备时必须切断电源。

（17）施焊现场的 10 m 范围内，不得堆放氧气瓶、乙炔发生器、木材等易燃物，作业后，清理场地，灭绝火种，切断电源，锁好闸箱，消除焊料余热，方可离开。

18. 二氧化碳气体保护焊安全操作知识★

（1）二氧化碳气体保护焊因其操作简便，焊接质量好，成本低，已成为汽车车身维修最常用的焊接工艺，在进行二氧化碳气体保护焊接操作时，操作工人必须按安全操作规程做好防护，应尽量选用可变光式焊接面罩。

（2）在焊接时由于电弧高温作用，二氧化碳分解为一氧化碳和氧。同时，液态金属受到二氧化碳气体的作用，也会产生一部分一氧化碳。此外，也产生臭氧、氮氧化合物和一些金属蒸气、有害灰尘。所以操作者要按规定采取防毒措施。

（3）二氧化碳气瓶要避免日晒和接近火源，以防压力升高爆炸。

19. 固定砂轮机安全操作规程★

（1）工作前必须检查砂轮有无裂纹或缺口，如有裂纹缺口，严禁使用。

（2）检查并调整工作台面高度，使之与砂轮中心高度相同或略高一点。

（3）检查工作台与砂轮的间隙，使之为5～8 mm。

（4）检查两砂轮的磨损程度是否大致相同，直径差不得大于原直径的25%。

（5）根据砂轮使用说明书，选择与砂轮机主轴转数相符合的砂轮。

（6）新领的砂轮要有出厂合格证，或检查试验标志。安装前如发现砂轮的质量、硬度、粒度和外观有裂缝等缺陷时，不能使用。

（7）安装砂轮时，砂轮的内孔与主轴配合的间隙不宜太紧，应按松动配合的技术要求，一般控制在0.05～0.10 mm之间。

（8）砂轮两面要装有法兰盘，其直径不得少于砂轮直径的三分之一，砂轮与法兰盘之间应垫好衬垫。

（9）拧紧螺帽时，要用专用的扳手，不能拧得太紧，严禁用硬的东西锤敲，防止砂轮受击碎裂。新装砂轮启动时，不要过急，先点动检查，经过5～10 min试转后，才能使用。

（10）检查砂轮防护罩是否安全可靠，如不安全可靠，应及时修复。

（11）空运转2～3 min，检查砂轮的运动是否平稳，确认一切正常后，方可进行生产。

（12）开车时，先开通风机，后开砂轮。停车时，先停砂轮，后停通风机。

（13）操作者要戴好眼镜等防护用品，人应站在砂轮机的侧面，不准两人同时使用同一块砂轮。严禁戴手套操作。

（14）工件应平稳地压在砂轮圆柱面上，严禁用工件撞击砂轮或用砂轮侧面打磨工件。

（15）随着砂轮的磨损，及时调整安全挡板。

20. 电动手砂轮机安全操作规程★

（1）电动手砂轮必须有牢固的防护罩，并遵守手电钻安全操作规程有关电气部分的要求。

（2）使用前，必须认真检查各部螺钉有无松动，砂轮片有无裂纹，金属外壳和电源线有无漏电之处，插头插座有无破损。如有上述弊病，必须修好后方可使用。

（3）使用时，先要进行空转试验，无问题时方可进行操作。

（4）工作中，要戴上防尘口罩、护目镜。工作人员不准正对砂轮，必须站在侧面。砂轮机要拿稳，并要缓慢接触工件，不准撞击和猛压。要用砂轮正面，禁止使用砂轮侧面。

（5）正在转动的砂轮机不准随意放在地上，待砂轮停稳后，放在指定的地方。暂时不用时，必须切断电源。

（6）发现电源线缠卷打结时，应切断电源后再耐心解开，不得手提电线或砂轮机强行拉动。

（7）换砂轮时，要遵守一般磨工安全操作规程，认真检查砂轮片有无裂纹或缺损，配合要适当。用扳手紧固螺母，松紧要适宜。

（8）砂轮机要存放在干燥处，严禁放在有水和潮湿处。

（9）每使用三个月，应送交电工检查绝缘、线路、开关情况。未经电气人员检查、登记的，不得使用。

21. 钻床安全操作规程★

（1）工件必须夹紧在工作台或虎钳上，在任何情况下均不准用手拿着工件钻孔。

（2）开始钻孔和孔将要钻通时，用力不宜过大；钻通孔时，工件下面一定要加垫，以免钻伤工作台或虎钳；用机动进给钻通孔，当接近钻透时，必须停止机动，改用手动进给。

（3）使用接杆钻头钻深孔时，必须勤排切屑；钻孔后需要锪（铣）平面时，须用手扳动手轮微动锪（铣）削，不准机动进给。

（4）拆卸钻头、钻套、钻夹头等工具时，须用钻卡扳手松开，不准用其他工具敲打。

（5）工作结束后，将工作台降到最低位置。

二、车辆检测作业安全工作规范★

1. 车辆检测中主要安全隐患工位★

1）车辆的待检场地

车辆的待检场地是待检测车辆和检测不合格的复检车辆的停放场所。主要存在人、车混杂，特别是复检车辆随意停放，随车人员在待检场地上随意走动等问题。待检车辆较多时，常出现车辆不能按序上线检测。维修企业的送检人员在待检场地上现场调试检修车辆，车辆下方有人在检修，上面驾驶员随意动车，上下人员之间配合不当。

2）柴油车废气检测工位

柴油车在此工位检测时，当第四次取样后，人员在车下方，取样管还未取出，被检车辆就向前移动，由于部分车辆排气管的位置特殊，加上有防护栏和工具箱的阻碍，常出现取样管卡在汽车排气管里，不能及时取出发生事故。

3）底盘下方检测工位

在底盘下方检测时，由于噪声的影响，造成工位检测员和引车员呼应不畅，在检测未完成，引车员就将车辆快速起步开走时，工位检测员如不能及时避让，就会被车辆底盘下方部件撞伤，造成安全事故。

2. 尾气分析仪安全操作规程★

1）检测前仪器及受检车辆准备

（1）装上长度为5.0 m的取样软管和长度不小于600 mm并有插深定位装置的取样探头，插入深度不少于400 mm。检查取样软管和探头内残留HC不得大于20 mL/m^3。

（2）仪器的取样系统不得有泄漏。

（3）受检车辆发动机进气系统应装有空气滤清器，排气系统应装有排气消声器，并不得有泄漏。

（4）汽油应符合国家标准规定。

（5）测量时发动机冷却水和润滑油温度应达到汽车使用说明书所规定的热状态。

2）检测程序

（1）可通过观察汽车发动机转速表来控制油门开度（依据 GB 21861—2014 推荐方法），也可在发动机上安装转速计。

（2）发动机由高怠速工况加速至 0.7 倍额定转速，维持 30 s 后降至高怠速（0.5 倍额定转速）。

（3）发动机降至高怠速状态维持 15 s 后开始读数，仪器自动读取 30 s 内的平均值，或人工读取最高值和最低值后取平均值，即为高怠速排放测量结果。

（4）发动机从高怠速状态降至怠速状态，在怠速状态维持 15 s 后开始读数，仪器自动读取 30 s 内的平均值，或人工读取最高值和最低值后取平均值，即为怠速排放测量结果。

（5）若为多排气管时，分别取各排气管高、低怠速排放测量结果的平均值。

（6）若车辆排气管长度小于测量深度时，应使用排气加长管。

3）注意事项

（1）检测时，发动机怠速应符合规定。

（2）检测结束后，抽出取样探头，待仪表回零后再检测下一辆车。

（3）取样探头不用时要吊挂，防止污染受损。

3. 自由加速试验滤纸式烟度计安全操作规程★

1）受检车辆准备

（1）进气系统应装有空气滤清器，排气系统应装有消声器并且不得有泄漏。

（2）柴油应符合国家标准的规定，不得另外使用燃油添加剂。

（3）检测时，发动机冷却液和润滑油温度应达到汽车使用说明书中规定的热状态。

（4）新型车辆应保证起动加浓装置在非起动工况时不再起作用。

2）测量循环

（1）测前准备。用压力为 300～400 kPa 的压缩空气清洗取样管路，把抽气泵置于待抽气位置，将洁白的滤纸置于待取样位置，将滤纸夹紧。

（2）测量循环由以下几部分组成。

① 抽气泵抽气：由抽气泵开关控制，抽气动作应和自由加速工况同步。

② 滤纸走位：每次抽气完毕后应松开滤纸夹紧机构，把烟样送至试样台。

③ 抽气泵回位：可以手动也可以自动，以准备下一次抽气。

④ 滤纸夹紧：抽气泵回位后手动或自动将滤纸夹紧。

⑤ 指示器读数：烟样送至试样台后由指示器读出烟度值。

（3）测量循环时间。应于 20 s 内完成所规定的循环，对手动烟度计中“指示器读数”的规定可以在完成测量程序后一并进行。

（4）清洗管路。在按测量程序完成四个测量循环后，用压力为 300～400 kPa 的压缩空气清洗取样管路。

3）测量程序

（1）安装取样探头。将取样探头固定于排气管内，插深为400 mm，并使其中心线与排气管轴线平行。

（2）吹除积存物。自由加速工况进行三次，以清除排气系统中的积存物。

（3）测量取样。将抽气泵开关置于加速踏板上，按自由加速工况循环测量四次，取后三次读数的算术平均值即为所测烟度值。

（4）当出现汽车发动机黑烟冒出排气管的时间和抽气泵开始抽气的时间不同步的现象时，应取最大烟度值。

4. 自由加速试验不透光烟度计安全操作规程★

1）试验条件

（1）试验应在汽车上进行。

（2）试验前不应长时间怠速，以免燃烧室温度降低或积污。

（3）关于取样和测量仪器的条件亦适用本试验。

（4）试验采用符合国家标准的商品燃料。

2）受检车辆准备

（1）车辆在不进行预处理的情况下也可以进行试验。出于安全考虑，必须确保发动机处于热状态，并且机械状态良好。

（2）发动机应充分预热，例如，在发动机机油标尺孔位置测得的机油温度应至少为80 ℃，如果温度低于80 ℃，发动机也应处于正常运转温度。因车辆结构无法进行温度测量时，可以通过其他方法使发动机处于正常运转温度，例如，通过控制发动机冷却风扇。

（3）采用至少三次自由加速过程或其他等效方法对排气系统进行吹拂。

3）试验方法

（1）目测受检车辆的排气系统相关部件是否泄漏。

（2）发动机包括所有装有废气涡轮增压的发动机，在每个自由加速循环的起点均处于怠速状态。对重型发动机，将加速踏板放开后至少等待10 s。

（3）在进行自由加速测量时，必须在1 s内，将加速踏板快速、连续地完全踩到底，使喷油泵在最短时间内供给最大油量。

（4）对每一次自由加速测量，在松开加速踏板前，发动机必须达到断油点转速。对带自动变速箱的车辆，则应达到制造厂规定的转速。

（5）计算结果取最后三次自由加速测量结果的算术平均值。在计算均值时可以忽略与测量均值相差很大的测量值。

（6）撤除固定于排气管内的取样探头，将其挂回规定的位置。

5. 底盘测功机安全操作规程

1）检测前仪器及受检车辆准备

（1）车辆轮胎气压、花纹深度符合标准规定，胎面清洁。

（2）检测时发动机冷却水和润滑油温度应达到汽车使用说明书所规定的热状态。

（3）如对同一辆车连续重复测试，准备风机对准车头吹风散热。

2）检测程序

（1）根据受检车型，在底盘测功机上设定检测速度 v_M 或 v_P。

（2）待受检汽车空载，将驱动轮置于底盘测功机滚筒上，举升器下降，用挡车器挡住非驱动轴车轮，必要时通过钢丝绳将汽车尾部与地锚拉紧，前桥驱动车辆拉紧驻车制动并调整活动挡轮使其靠近车轮。

（3）关闭空调系统等非汽车运行所必需的耗能装置，起动汽车，逐步加速并换至直接挡，使汽车以直接挡的最低车速稳定运转。

（4）将加速踏板踩到底，测定 v_M 或 v_P 工况的驱动轮输出功率。

（5）检测结束，前桥驱动车辆卸掉活动挡轮，举升器上升。

3）注意事项

（1）检测时车辆前方及驱动轮两旁不准站立人员。

（2）在检测台滚筒高速旋转时，不得在检测台上急刹车。

（3）对同一辆车应尽量避免连续重复测试。

6. 车速检测台安全操作规程★

1）检测前仪器及受检车辆准备

车辆轮胎气压、花纹深度符合标准规定，胎面清洁。

2）检测程序

（1）将车辆正直驶入检测台，驱动轴停放在测速滚筒的中间位置。

（2）降下举升器，前桥驱动车辆拉紧驻车制动并调整活动挡轮使其靠近车轮。

（3）起动车辆，检测员双手稳握转向盘，逐步加速并在车速表指示值稳定于 40 km/h 时发出取样信号，读取此刻车速表检验台的实测值；检测结束，车辆减速停车。

（4）举升器升起，前桥驱动车辆卸掉活动挡轮，检测结束。

3）注意事项

（1）测速时车辆前方及驱动轮两旁不准站立人员。

（2）在检测台滚筒高速旋转时，不得在检测台上急刹车。

7. 轮重检测台安全操作规程

1）检测前仪器及受检车辆准备

（1）仪器清零。

（2）车辆轮胎气压、轮胎规格符合标准规定，车辆空载，不乘人（含驾驶员）。

2）检测程序

（1）受检车正直居中行驶，将被测轴停放于轮重检测台台面的中央位置。

（2）读取左、右轮重数据。

（3）按以上程序依次测试其他车轴。

3）注意事项

（1）悬架台架空载时，不得起动电机。

（2）检测悬架性能时，受检车辆发动机应关闭。

8. 制动检测台安全操作规程

1）检测前仪器及受检车辆准备

（1）检测台滚筒表面清洁，无异物及油污，仪表清零。

（2）车辆轮胎气压、花纹深度符合标准规定，胎面清洁。

（3）对液压制动车辆，必要时将踏板力计装到制动踏板上。

2）检测程序

（1）车辆正直居中驶入，将被测轮停放在制动枪测台前后滚筒间，变速器置于空挡。

（2）降下举升器，起动电机，保持一定时间（5 s），测得平均阻滞力。

（3）检测员在显示屏提示踩制动后，缓踩制动踏板到底，测得左、右轮制动增长全过程数值；若为驻车，则拉紧驻车制动操纵装置，测得驻车制动力数值。

（4）电机停转，举升器升起，被测轮驶离。

（5）按以上程序依次测试其他车轴。

（6）如装有踏板力计，则卸下踏板力计，车辆驶离。

3）注意事项

（1）车辆进入检测台时，轮胎不得夹有泥、砂等杂物。

（2）检测制动时不得转动转向盘。

（3）在制动检测时，车轮如在滚筒上抱死，制动力未达到要求时，可固定非被测轮或牵引车身，或者加载测量，或者换用路试或平板制动方法检验。

9. 侧滑检测台安全操作规程★

1）检测前仪器及受检车辆准备

（1）检查设备处于良好工作状态，滑板动作应协调，各部分稳定可靠，电气仪表系统显示正常，打开锁止装置，拨动滑板，仪表清零。

（2）确保检测台内外清洁，无油污、泥土等杂物。

（3）检查轮胎气压符合规定值，花纹深度符合标准规定，胎面清洁。

（4）超过检测台允许轴重或轮重的机动车不准上检测台检测。

（5）确保轮胎无油污、水渍，花纹沟槽无小石子。

（6）拔掉滑动板的锁止销，接通电源，使滑板处于自由状态。

2）检测程序

（1）车辆正直居中驶近侧滑检测台，并使转向轮处于正中位置。

（2）以不大于 5 km/h 的车速平稳通过侧滑检测台。

（3）测量并读取最大示值。

3）注意事项

（1）车辆通过侧滑检测台时，不得转动转向盘。

（2）不得在侧滑检测台上制动或停车。

（3）应保持侧滑检测台滑板下部的清洁，防止锈蚀或阻滞。

（4）检测结束后，用锁止销把滑动板锁止，切断电源。

（5）除非已明确获得许可，否则不得随意带电拔插各种接线。

10. 前照灯测试仪安全操作规程

1）检测前仪器及受检车辆准备

（1）测试仪受光面应清洁，移动轨道内无杂物。

（2）车辆轮胎气压符合标准规定，前照灯玻璃应清洁。

2）检测程序（用自动式前照灯测试仪检测时）

（1）车辆沿引导线居中行驶至规定的检测距离处停止，车辆纵向轴线应与引导线平行；如不平行，车辆应重新停放，或采用车辆摆正装置进行拨正。

（2）置变速器于空挡，车辆电源处于充电状态，开启前照灯、远光灯。

（3）给自动式前照灯测试仪发出启动检测的指令，仪器自动搜寻被检前照灯，并测量其远光发光强度及远光照射位置偏移值。

（4）被检前照灯转换为近光光束，自动式前照灯测试仪自动检测其近光光束明暗截止线转角（或中点）的照射位置偏移值。

（5）按上述（3）、（4）步骤完成车辆所有前照灯的检测。

（6）在对并列的前照灯（四灯制前照灯）进行检验时，应将与受检灯相邻的灯遮蔽。

用手动式前照灯测试仪检验时，参照上述方法进行。

3）注意事项

（1）停车位置要准确，车身纵向中心线要垂直于前照灯受光面。

（2）前照灯测试仪正在移动或将要移动时，严禁车辆通过。

（3）检测完毕后车辆要及时驶离，车身不得长时间挡住轨道。

三、车辆维修与检测安全生产突发事件应急处置★

1. 重大火灾应急处置★

1）火情报警

（1）在企业范围内工作期间，无论何时、何地，员工一旦发现火情，都有责任立即向消防部门报警。

（2）在公司内遇见火情，若为初起小火，应就近使用轻便灭火器进行自救灭火，保护现场。如火情严重，要立即通过电话报警。

（3）电话报警时，不要惊慌失措，要沉着冷静、语言清晰地将火情发生的所在区域、燃烧物质、火势大小、有无人员伤亡、报警人姓名、部门、所在位置等信息报告消防部门。

（4）迅速关闭火场附近的电源、易燃易爆气体开关。

2）应急救援

（1）实施应急救援时，应明确救援主体，相互协调，并积极配合当地政府、安监、公安消防、卫生医疗、纪检监察和技术监督等部门，妥善、高效地处理好各类生产安全事故的应急救援工作。

（2）在上级单位或政府、行业主管部门应急指挥机构介入应急救援行动时，事故发生单位的现场救援指挥人员要服从和配合上级单位或政府、行业主管部门应急指挥机构的统一调度和指挥。

2. 危险品泄漏应急处置★★★

（1）立即报警。及时向环保、公安、卫生等部门报告、报警。

（2）现场处置。在做好自身防护的基础上，快速实施救援，控制事故的发展，并将伤员救出危险区，组织员工撤离。

（3）紧急疏散。警戒组建立警戒区，将与事故无关人员疏散到安全地点。

（4）现场急救。救护组选择有利地形设置急救点，做好自身及伤员的个体防护，防止发生继发性损害。

（5）配合有关部门的相关工作。

（6）危险品泄漏应急处置时应注意：

① 进入现场人员必须配备个人防护器具；

② 严禁携带火种进入现场；

③ 应急处置时不要单独行动。

3. 化学品灼伤应急处置★

1）化学性皮肤烧伤

（1）立即移离现场，迅速脱去被化学物污染的衣裤、鞋袜等。

（2）立即用大量清水冲洗创面 10～15 min。

（3）新鲜创面上不要任意涂抹油膏或红药水。

（4）视烧伤情况送医院治疗，如有合并骨折、出血等外伤要在现场及时处理。

2）化学性眼烧伤

（1）迅速在现场用清水冲洗。

（2）冲洗时眼皮一定要掰开。

（3）如无冲洗设备，可把头埋入清洁盆水中，掰开眼皮，转动眼球进行清洗。

（4）稍微清洗后马上送往医院进行治疗。

4. 中毒应急处置★

（1）发生急性中毒应立即将中毒者送往医院急救，并向医生提供中毒的原因、毒物的名称等。

（2）若不能立即到达医院，可采取现场急救处理，对吸入性中毒者，应迅速脱离中毒现场，向上风向转移至新鲜空气处，松开中毒者衣领和裤带；对口服中毒者，应立即用催吐的方法使毒物吐出。

5. 触电应急处置★

（1）现场人员应首先迅速拉闸断电，尽可能地立即切断总电源，方可用现场得到的干燥木棒或绳子等非导电体移开电线或电器。

（2）将伤员立即脱离危险地，组织人员进行抢救。

（3）若发现触电者呼吸或呼吸心跳均停止，则将伤员仰卧在平地上或平板上，立即进行人工呼吸或同时进行体外心脏按压。

（4）立即拨打 120 急救电话，与医院取得联系（医院在附近的，直接送往医院），应详细说明事故地点、严重程度，并派人到路口接应。

（5）触电应急处置时应注意：

① 帮助触电者脱离电源时，切不可用手去接触触电者；

② 注意保护好事故现场，以便调查分析事故原因；

③ 应实施心肺复苏，要坚持不断地进行（包括送医院的途中），不轻易放弃。

6. 高空坠落应急处置★

（1）迅速将伤员脱离危险场地，移至安全地带。

（2）保持呼吸通畅，若发现窒息者，应及时解开伤员衣领，消除伤员口、鼻、咽、喉部的异物。

（3）有效止血，包扎伤口。

（4）对重伤员要远送的应用担架，有腹部创伤及背脊损伤者，应用卧位运送，胸部伤者一般采取半卧位，颅脑伤者采取仰卧偏头或侧卧位，以免呕吐误吸。

（5）若有必要立即与医院联系，并详细说明地点、严重程度，并派人到路口接应。

四、驾驶员培训安全管理★

（1）认真做好“三检”：出车前、出车中、出车后车辆检查。

（2）确保“四良”：制动、转向、灯光、信号良好。

（3）“两洁”：车容整洁、车内整洁。

（4）“礼让三先”：先慢、先让、先停。

（5）驾校的安全会议每周一次。

五、驾驶员场地及道路训练安全防范要求★

（1）进入训练场限速 5 km/h，场地内禁止超车、并行、逆行等。

（2）专项训练场地训练速度不得超过 20 km/h。

（3）专项训练场地，教练员必须跟车训练，严禁放任学员自学自练。

（4）路训时车速不得超过 50 km/h。严禁在路口、繁华路段、超市、水果、冷饮摊前停车换人。

（5）夜间路训停车换人时，须打开危险报警闪光灯。

（6）停车休息，必须熄火拔钥匙，拉紧驻车制动。

第三章　事故案例分析★

一、晋济高速隧道“3·1”特别重大道路交通危化品燃爆事故

（一）事故概况

事故发生：2014 年 3 月 1 日 14 时 45 分许，位于山西省晋城市泽州县的晋济高速公路山西晋城段岩后隧道内，两辆运输甲醇的铰接列车追尾相撞，前车甲醇泄漏起火燃烧，隧道内滞留的另外两辆危险化学品运输车和 31 辆煤炭运输车等车辆被引燃引爆，造成 40 人死亡、12 人受伤和 42 辆车烧毁，直接经济损失 8 197 万元。

事故原因：肇事司机违法变道，发生事故后又违规操作，隧道中间的消防应急逃生通道关闭，烟雾报警器失灵，缺少通风设施，均加大消防救援难度，隧道北口往南 5 km 处设置的煤焦管理站通行缓慢，导致隧道内排队等候的 30 多辆运煤车上的煤炭全部燃烧，更加重了事故后果。

（二）事故发生经过

2 月 28 日 17 时 50 分，晋济高速公路全线因降雪相继封闭；3 月 1 日 7 时 10 分，解除交通管制措施。

3 月 1 日 11 时起，事故路段车流量逐渐增加；12 时 45 分，泽州收费站出省方向车辆增多，开始出现通行缓慢的情况；13 时，持续出现运煤车辆在右侧车道和应急车道排队等候通行的情况。事发时岩后隧道右侧车道排队等候，左侧车道行驶缓慢。

3 月 1 日 14 时 43 分许，由汤××驾驶、冯××押运的豫 HC2923/豫 H085J 挂铰接列车（事发时位于前方，以下简称前车），装载 29.66 t 甲醇运往洛阳，在沿晋济高速公路由北向南行驶至岩后隧道右洞入口以北约 100 m 处时，发现右侧车道上有运煤车辆排队等候，遂从右侧车道变道至左侧车道进入岩后隧道，行驶了 40 余米后，停在皖 BTZ110 号轻型厢式货车后。

14 时 45 分许，由李××驾驶、牛×押运的晋 E23504/晋 E2932 挂铰接列车（事发时位于后方，以下简称后车），装载 29.14 t 甲醇运往河南省博爱县，在沿晋济高速公路由北向南行驶至岩后隧道右洞入口以北约 100 m 处时，看到右侧车道上有运煤车辆排队缓慢通行，但左侧车道内至隧道口前没有车辆，遂从右侧车道变至左侧车道。驶入岩后隧道后，突然发现前方 5～6 m 处停有前车。李××虽采取紧急制动措施，但仍与前车追尾。碰撞致使后车前部与前车尾部铰合在一起，造成前车尾部的防撞设施及卸料管断裂、甲醇泄漏，后车前脸损坏。

两车追尾碰撞后，前车押运员冯××从右侧车门下车，由车前部绕到车身左侧尾部观察，发现甲醇泄漏。为关闭主卸料管根部球阀，冯××要求汤××向前移动车辆。该车向前移动 1.18 m 后停住，汤××下车走到车身左侧罐体中部时，冯××发现地面泄漏的甲醇起火燃烧。

甲醇形成流淌火迅速引燃了两辆事故车辆（后车罐体没有泄漏燃烧）和附近的 4 辆运煤车、货车及面包车，由于事发时受气象和地势影响，隧道内气流由北向南，且隧道南高北低，高差达 17.3 m，形成“烟囱效应”，甲醇和车辆燃烧产生的高温有毒烟气迅速向隧道内南出口蔓延。经专家计算，第一起火点着火后，8 min 后烟气即可充满整个隧道；起火后 10 min，距离第一起火点 184 m 的 5 辆运煤车起火燃烧，形成第二起火点；随后距离第二起火点 40 m 的其他车辆也开始燃烧。

发现着火后，后车驾驶员李××、押运员牛×从隧道北口跑出，前车驾驶员汤××、押运员冯××跑向隧道南口，并警示前方的皖 BTZ110、皖 BTZ016 驾乘人员后方起火。当时隧道内共有 87 人，部分人员在发现烟、火后驾车或弃车逃生，48 人成功逃出（其中 1 人因伤势过重经抢救无效死亡）。

17 时 5 分许，距离南出口约 100 m 的 1 辆装载二甲醚的鲁 RH0900/鲁 RC877 挂铰接列车罐体受热超压爆炸解体。

事故导致滞留隧道内的 42 辆车辆全部烧毁，隧道受损严重。

据统计，事故造成 40 人死亡、12 人受伤，42 辆车被烧毁，1 500 多吨煤炭燃烧，直接经济损失 8 197 万元，并引发液态天然气车辆爆炸，二广高速公路岩后隧道路段交通中断 3 天多，直到 5 日上午才恢复通行。

（三）事故直接原因

晋 E23504/晋 E2932 挂铰接列车在隧道内追尾豫 HC2923/豫 H085J 挂铰接列车，造成前车甲醇泄漏，后车发生电气短路，引燃周围可燃物，进而引燃泄漏的甲醇。

1. 两车追尾的原因

晋 E23504/晋 E2932 挂铰接列车在进入隧道后，驾驶员未及时发现停在前方的豫 HC2932/豫 H085J 挂铰接列车，距前车仅五六米时才采取制动措施；晋 E23504 牵引车准牵引总质量（37.6 t），小于晋 E2932 挂罐式半挂车的整备质量与运输甲醇质量之和（38.34 t），存在超载行为，影响刹车制动。

经认定，在晋 E23504/晋 E2932 挂铰接列车追尾碰撞豫 HC2932/豫 H085J 挂铰接列车的交通事故中，晋 E23504/晋 E2932 挂铰接列车驾驶员李××负全部责任。

2. 车辆起火燃烧的原因

追尾造成豫 H085J 挂半挂车的罐体下方主卸料管与罐体焊缝处撕裂，该罐体未按标准规定安装紧急切断阀，造成甲醇泄漏；晋 E23504 车发动机舱内高压油泵向后位移，启动机正极多股铜芯线绝缘层破损，导线与输油泵输油管管头空心螺栓发生电气短路，引燃该导线绝缘层及周围可燃物，进而引燃泄漏的甲醇。

（四）事故间接原因

1. 山西省晋城市福安达物流有限公司安全生产主体责任不落实

企业法定代表人不能有效履行安全生产第一责任人责任；企业应急预案编制和应急演练不符合规定要求；企业没有按照设计充装介质、《第 115 批公告》批准及“机动车辆整车出厂合格证”记载的介质要求进行充装；从业人员安全培训教育制度不落实，驾驶员和押运员习惯性违章操作，罐体底部卸料管根部球阀长期处于开启状态。另外，肇事车辆在行车记录仪于 2014 年 1 月 3 日发生故障后，仍然继续从事运营活动，违反了《国务院关于加强道路交通安全工作的意见》（国发〔2012〕30 号）的有关规定。

2. 河南省焦作市孟州市汽车运输有限责任公司危险货物运输安全生产的主体责任落实不到位

企业未能吸取 2012 年包茂高速陕西延安“8•26”特别重大道路交通事故教训，仍然存在“以包代管”问题；没有按照设计充装介质、《第 215 批公告》批准及“机动车辆整车出厂合格证”记载的介质要求进行充装；驾驶员和押运员习惯性违章操作，罐体底部卸料管根部球阀长期处于开启状态。

3. 晋济高速公路煤焦管理站违规设置指挥岗加重了车辆拥堵

（1）晋济高速公路煤焦管理站违反设计要求，在泽州收费站前设置指挥岗，加重了车辆拥堵。拥堵发生后，未主动协调配合收费站等单位对车辆进行疏导。

（2）晋城市公路煤炭有限公司作为晋济高速公路煤焦管理站的上级主管单位，对管理站的监督检查和工作指导不力，未纠正指挥岗长期违规设在泽州收费站前的问题。

4. 湖北东特车辆制造有限公司、河北昌骅专用汽车有限公司生产销售不合格产品

湖北东特车辆制造有限公司生产销售的晋 E2932 挂半挂车的罐体未安装紧急切断阀，不符合《道路运输液体危险货物罐式车辆　第 1 部分：金属常压罐体技术要求》（GB 18564.1—2006）标准的规定，属于不合格产品。河北昌骅专用汽车有限公司生产销售的豫 H085J 挂半挂车的罐体和豫 U8315 挂半挂车的罐体未安装紧急切断阀，不符合 GB 18564.1—2006 标准的规定，属于不合格产品。车辆未经过检验机构检验销售出厂，不符合《危险化学品安全管理条例》的规定。

5. 山西省晋城市、泽州县政府及其交通运输管理部门对危险货物道路运输安全监管不力

（1）泽州县道路运输管理所组织开展危险货物道路运输管理和监督检查工作不力，对山西省晋城市福安达物流有限公司存在的行车记录仪终端长时间无法运行、从业人员安全教育培训走形式等问题监管不力、执法不严，督促企业整改安全隐患不到位。晋城市道路运输管理局对危险货物运输安全监管责任、挂牌责任不落实；重审批、轻监管，对山西省晋城市福安达物流有限公司的监督检查不细致，开展安全生产大检查和专项检查工作不深入；对泽州县道路运输管理所履行监管职责督促指导不力。

（2）泽州县交通运输管理局对道路运输管理所组织开展危险货物道路运输安全监管

工作监督检查不力，对道路运输管理所未认真履行监管职责的问题失察。晋城市交通运输管理局开展危险货物道路运输安全监管工作不到位，在2013年山西省组织开展的道路运输安全生产大检查等工作中，未认真组织落实对危险货物运输安全的大检查，指导督促泽州县交通运输管理局履行危险货物运输安全监管职责不到位。

（3）泽州县政府对泽州县交通运输管理局开展交通运输行业安全监管工作指导不力，未能有效指导泽州县交通运输管理局认真履行监管职责，未发现和纠正企业违规经营行为。泽州县委未认真贯彻落实“党政同责、一岗双责、齐抓共管”的要求，指导监督县政府和相关职能部门履行安全生产监管责任不到位。

（4）晋城市政府贯彻落实国家道路运输安全相关法律法规不到位，对市交通运输管理部门和泽州县政府履行道路运输安全监管职责的情况督促检查不到位。

6. 河南省焦作市交通运输管理部门和孟州市政府及其交通运输管理部门对危险货物道路运输安全监管不到位

（1）孟州市公路运输管理所未认真吸取2012年包茂高速陕西延安“8•26”特别重大道路交通事故教训，未能纠正孟州市汽车运输有限责任公司危险货物车辆挂靠经营的问题，对该公司开展从业人员安全教育、隐患排查及应急演练等工作检查指导不到位，督促整改不力。焦作市道路运输管理局对孟州市公路运输管理所业务指导不到位；对危险货物运输企业申请材料办理把关不严，督促检查不到位。

（2）孟州市交通运输局未认真吸取2012年包茂高速陕西延安“8•26”特别重大道路交通事故教训，未能纠正孟州市汽车运输有限责任公司危险货物车辆挂靠经营的问题，对孟州市公路运输管理所开展道路运输企业安全生产监督检查工作督促指导不到位；对局属孟州市汽车运输有限责任公司在安全生产管理中存在的问题督促整改不力。焦作市交通运输局对焦作市道路运输管理局在危险货物业务审批、监督检查等工作中存在的问题监督指导不到位；对孟州市交通运输局业务指导不力。

（3）孟州市政府对孟州市交通运输局开展交通运输行业安全监管工作指导不力，未能有效指导孟州市交通运输局纠正企业违规经营行为。

7. 山西省公安高速交警部门履行道路交通安全监管责任不到位

（1）山西省公安高速交警三支队八大队未能预判晋济高速公路解除封闭措施后车辆集中驶入高速公路情况，拥堵情况出现后，对事故路段交通巡查、疏导不力，未积极主动协调泽州收费站、煤焦管理站等相关单位采取有效措施疏导车辆。

（2）山西省公安高速交警三支队指导督促八大队开展路面交通巡查、疏导工作不到位，对八大队业务培训教育不到位。

8. 山西省锅炉压力容器监督检验研究院、河南省正拓罐车检测服务有限公司违规出具检验报告

（1）山西省锅炉压力容器监督检验研究院槽车罐车质量安全检验站为晋E2932挂使用罐体出具了“允许使用”的委托检验报告。晋城市福安达物流有限公司晋E2932挂使用罐体未安装紧急切断阀，不符合 GB 18564.1—2006 标准要求中 5.8 的规定，属于不合格产品，且改变了充装介质。

（2）河南省正拓罐车检测服务有限公司为豫 H085J 挂使用罐体出具了“允许使用”的年度检验报告。孟州市汽车运输有限责任公司豫 H085J 挂使用罐体未安装紧急切断阀，且豫 H085J 挂使用罐体壁厚为 4.5 mm，不符合 GB 18564.1—2006 标准要求。

（五）对事故有关责任人员及责任单位的处理

对山西省晋城市道路运输管理局副局长及涉事车辆单位共 33 人依法批捕，对山西省晋城市市委副书记、市长等政府官员共 33 人给予党纪、政纪记过处分。

二、沪昆高速“7·19”特别重大交通事故

（一）事故概况

2014 年 7 月 19 日凌晨 3 时左右，沪昆高速邵怀段 1 309 km 处由东往西方向，一辆装载疑似可燃液体的厢式货车与一辆福建开往贵州的大客车发生追尾后爆炸燃烧。

经初步勘查，事故共造成 5 台车辆烧毁，已确认 43 人死亡，6 名伤者已送往当地医院救治。

“就像原子弹爆炸一样，火光冲天，村民完全不能靠近进行救援。”在事发路段旁边的隆回县三阁司镇上石村石××回忆说，大概是在凌晨 2 时到 3 时间发现高速公路上起火了。

（二）事故直接原因

（1）厢式货车非法改装并且违规装载易燃品。

（2）客车违反凌晨 2 时至 5 时停止运行的规定。

（三）事故间接原因

（1）该事故涉及非法生产、销售危险化学品，以及非法改装、伪装车辆和非法运输危险化学品等问题。

首先，运输企业对运输司机的资质认定不到位、培训机制并不完善。其次，违法成本太低，“违规上路”的惩罚并没有和长期营运资质绑定，导致部分司乘人员责任心淡漠，运营企业存侥幸心理，为事故埋下隐患。

（2）凌晨之后在高速上行驶的大客车俗称“红眼客车”。由于夜间能见度低，司机极易疲劳，给客车运行安全带来很大隐患。

福建省交通运输管理局的信息显示，涉事车辆闽 BY2508 大客车出事前回传的 GPS 信号中，客车 18 日上午 8 时从福建莆田出发，当天 23 时左右进入湖南，19 日 2 时 56 分车速降为 0。客车途中没有超速，约 19 h 的路程中，只休息了 3 次，累计 64 min。而按要求，这趟车即便全在白天行驶，按 4 h 休息一次的要求，也应休息 4 到 5 次。

莆田市交通运输局官方网站 7 月 3 日发布的《莆田市运输管理处关于客运车辆违反凌

晨2时至5时停止运行情况的通报》中发现，在莆田市卫星定位管理分中心抽查违反规定情况中，闽BY2508大客车所属的莆田汽车运输股份有限公司正在“黑名单”里，该公司旗下5辆客车9辆次违规。

此次事故发生在凌晨3时左右，按照规定应该是客车临时停车休息时间。由于时间、成本、利益等方面的原因，客运企业对于落实“夜休令”并不积极。另外，相关部门对“夜休令”的实施也缺少有效的督促和监管。

尽管有GPS等监测系统，但现状大多是“监而不全”“监而不控”，许多司机刻意关闭、逃避监测；另外，目前因处罚力度太弱，违法成本太低，造成震慑效果不强，企业总是心存侥幸，违规上路，最终酿成悲剧。

（四）事故教训

此次惨痛的事故再次给夜晚长途客车行车安全敲响警钟。早在2011年，交通运输部为防范大客车司机疲劳驾驶，规定长途客车司机凌晨2时至5时必须停车休息，2012年国务院下发的国发〔2012〕30号令也明确提出：客运企业需对长途客车发车时间、班次进行合理调整，避开车辆在凌晨2时至5时时间段运行。

（五）事故后续处理情况

经国务院批准，国务院沪昆高速湖南邵阳段“7·19”特别重大道路交通危化品燃爆事故调查组由安全监管总局牵头，由监察部、公安部、交通运输部、全国总工会、湖南省政府负责人及有关部门人员和专家组成，并邀请最高人民检察院派有关负责同志参加事故调查。

公安机关依法对沪昆高速湖南邵阳段“7·19”特别重大道路交通危化品燃爆事故有关责任人进行了控制，对事故中涉及非法生产、销售危险化学品，非法改装、伪装车辆和非法运输危险化学品以及不履行主体责任、违规从事客运的企业法人、安全管理人员、违法经营者等20名责任人采取控制措施，其中10人被刑拘。

三、贵州省黔南州“10·30”特大道路交通事故

（一）事故概况

1991年10月30日，贵州省黔南州福泉县瓮安站至都匀途中马遵公路5 km+300 m处发生特大道路交通事故，死亡59人，重伤3人，轻伤1人，直接经济损失约50万元。

（二）事故经过

1991年10月30日上午10时50分，都匀市个体运输服务处司机谢×驾驶自购的成都牌中型客车（19座）搭载25名乘客从福泉县瓮安车站出发驶往都匀市。上午11时5分，都匀市个体运输服务处的司机李×（都匀水厂职工个体车主莫×雇用）驾驶贵州牌大型客车（核准座位45座）搭载54名乘客亦从瓮安车站出发驶往都匀。沿途两车各有旅客上下，先后交替行驶。行至距肇事地点约2 km处，中型客车停车上人，大型客车超过中

型客车前行，中型客车紧随在后。当行至肇事地段时（此时，大型客车乘员已达 65 人），大型客车与对面驶来的福泉县农业银行的沈飞牌 5 座吉普车交会，紧跟大型客车后的中型客车未鸣号即强行超越大型客车，下坡滑行中的吉普车见此情景刹车停下，中型客车继续强行超车，其左侧擦刷已停的吉普车左侧，仍不停车，随即其右侧再擦刷前行的大型客车左侧。此时两车都未采取任何减速、停车等制动措施，大型客车右前轮已开始超出有效路面，并擦刷第一块护栏石，撞倒第二块护栏石，越过第三、第四块残缺护栏石，撞倒第五块护栏石（从擦刷第一块护栏石到翻覆，该大型客车共前行 18 m）后，右前轮悬空，车辆向右倾斜，驾驶员李×打开驾驶门跳车，紧接着坐在驾驶员并排零号位上的乘客也随着跳下。此时有乘客叫喊："驾驶员跳车啦！"车内乘客纷纷离开座位向右侧车门方向拥去，大型客车遂于 12 时 40 分左右在马遵公路 5 km+300 m 处翻下行进方向右侧深达 80 m 的沟谷，坠入 4 m 深的犀江河中，造成乘坐的 65 人中死亡 59 人、重伤 3 人、轻伤 1 人、大型客车报废、直接经济损失近 50 万元的特大道路交通事故。

（三）事故前后基本情况

该次事故发生的地段，道路情况良好，天气晴朗，视距 200 m。据事故后检查，肇事中型客车转向和脚制动器完好，道路上没有刹车拖带痕迹，事故后中型客车变速器置于四挡位置，其左、右两侧分别有与吉普车和大型客车刷蹭后的擦痕。道路上也没有大型客车刹车痕迹，两车相擦后都没有刹车或减速。

（四）事故主要原因

（1）肇事车（中型客车、大型客车）驾驶员职业道德败坏，只顾赚钱，不顾安全，你追我赶抢点载客；驾驶员玩忽职守，严重违犯交通法规。

（2）中型客车驾驶员在未查明前方情况时不加警示强行超车，挤迫擦刷大型客车，违反《中华人民共和国道路交通管理条例》第五十条第一款、第三款关于"超车必须鸣号，确认安全后方准超越""在对面来车有会车可能时不能超车"的规定。

（3）大型客车发现中型客车超车后未减速，在右前轮驶离有效路面、险情在即的情况下，也未采取制动措施。违反贵州省《实施〈中华人民共和国道路交通管理条例〉办法》第十四条第三款关于"车辆在行驶中，应集中精力，谨慎驾驶，并注意行人车辆等动态，随时采取安全措施"的规定。

（4）中型客车与吉普车擦刷后，未立即停车，继续强行超越大型客车，在肇事后，仍未停车，违反《贵州省人民政府关于批转省公安厅〈贵州省道路交通事故处理暂行办法〉的通知》第五条"关于发生交通事故，肇事车辆必须立即停车"的规定。

（5）由于大型客车严重超载，扩大了事故损失。对这起特大道路交通事故，两名驾驶员都负有不可推卸的重大责任。另据调查，中型客车驾驶员谢×于 1991 年 9 月 12 日在贵州省麻江县境肇事，追碰一轿车车尾，负主要责任，麻江县交通管理部门曾给予吊扣驾驶证四个月的处罚，谢×谎称驾驶证被盗，于当月 25 日在都匀市个体运输服务处开具被盗证明，26 日到黔南州交通警察支队车辆管理所重新领证。

（五）事故结案情况

该起特大道路交通事故发生后，按照《贵州省人民政府关于贯彻国务院〈特别重大事故调查程序暂行规定〉的通知》要求，成立了由贵州省、黔南州及福泉县人民政府各有关部门组成的“10 • 30”特大道路交通事故调查组，并于事故发生当日开始调查工作。经过现场勘测和对当事人、现场目击者的询问取证，在主要事实业已查明的情况下，事故调查组向贵州省人民政府提出如下处理意见：

（1）该起事故定性为特大交通责任事故。

（2）对主要责任者，提请司法部门依法从严、从重、从快公开处理，追究刑事责任及附带民事责任。

（3）对事故责任单位的其他有关责任人员给予必要的政纪处分。

贵州省人民政府在 1992 年 2 月 29 日发文批复，宣布结案。

（六）该起事故的教训

该起事故是新中国成立以来死亡人数最多的一起道路交通事故，损失惨重，影响极坏，教训极其深刻。暴露了个别驾驶人员，尤其是个体驾驶人员的素质、职业道德、安全意识等方面存在的严重问题。这些问题反映在如下几个方面：

（1）当地对交通安全工作重视不够，有责任制，但责任不明确；有措施，但措施落实不得力；有管理，但管理不严。

（2）当地在抓安全生产具体工作中，投入比例相对少，必要的人员、经费、器材等配备不足，缺乏安全生产应有的条件。

（3）对新时期出现的个体车辆数量猛增、驾驶员素质不高的新特点、新问题未能及时分析、研究和制定与之相适应的对策、措施，对个体客运“只顾抓钱、不顾安全”的现象教育不够，疏于防范。

（4）在处理交通事故中手段软弱，有些肇事案件移送司法部门处理不及时，移送了又免于起诉率太高，往往出现以罚代法现象，以致一些驾驶员未能从事故中吸取教训，受到教育、惩戒而警醒。

（七）后续防范措施

为了及时总结教训，防止类似特大事故再次发生，黔南州州委、州政府在事故现场召开了紧急会议，要求公安交警部门立即将事故通报全州，针对道路交通管理上存在的问题进行整改，并在事故发生地段尽快加固路基，完成路标路牌设置并修复被损坏的护栏石。11 月 2 日黔南州政府召开了由各县（市）政府和其他有关部门主要负责人参加的全州安全工作会议。11 月 3 日黔南州政府召开了常务会议，安委会先后召开三次会议，专题讨论和研究了搞好交通安全的整改意见，具体如下：

（1）严格按照“谁主管谁负责”的原则，认真落实安全生产目标管理责任制。各级、各部门的行政主要领导是安全生产的第一责任者，分管安全的领导要具体抓，分管生产的领导要配合抓，把安全工作列入政府的重要议事日程，定期研究、部署和检查，常抓不懈。

（2）加强对运输市场，特别是个体客运的整顿和管理。立即对个体客运情况进行全面检查，从驾驶员的资格审查、思想品德、技术水平、行车经历、车辆状况等方面严格把关，发现问题果断处理解决，对驾驶员犯有肇事前科且情节严重、职业道德不好的，要坚决吊销执照。同时强化管理，通过不同形式把个体车辆组织起来，明确有单位主管，严格培训和考核，加强思想品德教育，制订出有效的营运办法，对整个运输市场进行规范化管理。

（3）加强道路交通管理，改善道路交通条件。公安交警部门应努力提高思想素质和业务素质，认真履行职责，增派警力，落实勤务制度，在全面加强管理的基础上，突出对事故多发和繁忙地段的路面控制，严查违章违纪；交通管理部门采取积极措施，改善路况，加强运政管理。

（4）调动各方面的积极性，搞好交通安全综合治理。公安交警、交通、农机、工商、保险等部门，既要各司其职，按照自己的职权范围做好工作，又要搞好部门之间的协调配合；各级政府要深入部门了解情况，解决矛盾，做好协调和组织工作。

（5）加强机构建设，充实管理人员。各级安全机构，尽快按编制配备管理人员，州安委会要配备 3～5 人，各县（市）要配备 2 人，同时进一步完善规章制度和工作制度，促进安全工作的正常开展。对于重点地区、重点地段，要根据实际需要和可能，调整和充实人员，强化安全管理。

（6）认真开展安全月、安全周活动，抓好安全生产大检查。在加强常规管理的同时，针对不同时期、不同地区的特点，组织好每年一次安全月、每月一次安全周活动，组织好部门的、行业的、全州综合性的安全生产大检查，查出隐患及时整改，将各类事故消灭在萌芽状态中。

（7）加强交通安全宣传教育，提高广大人民群众的安全意识。安全宣传教育，要做到有的放矢，重点抓好对生产者进行职业道德、技术知识、车辆维护、安全法规等方面的培训教育，提高他们遵章守纪的自觉性。对于广大群众，要加强安全意识的灌输，提高他们的安全自防能力，凡违章超载的车不坐，自觉地与违纪的行为作斗争并举报犯罪，形成社会安全监督网。充分运用报纸、广播、电视、图片等多种形式进行各类安全法规和安全知识的宣传，特别要深入到乡镇这一薄弱环节进行宣传，强化全民的安全意识。

四、陕西安康“8·10”特别重大道路交通事故

2017 年 8 月 10 日，陕西省安康市境内京昆高速公路秦岭 1 号隧道南口处发生一起大客车碰撞隧道洞口端墙的特别重大道路交通事故，造成 36 人死亡、13 人受伤，直接经济损失 3 533 余万元。国务院根据调查结果，批复同意《陕西安康京昆高速“8·10”特别重大道路交通事故调查报告》，认定该事故是一起生产安全责任事故。

调查过程中，公安、检察机关已对肇事客车主要承包人聂××等 28 人立案侦查；洛

阳市副市长张××、陕西省高速公路建设集团原总经理王××等 32 名地方政府、有关行业部门和单位相关人员给予党纪、政纪处分。

（一）事故发生经过及应急处置情况

2017 年 8 月 10 日 14 时 1 分，驾驶人冯××驾驶河南省洛阳交通运输集团有限公司（以下简称洛阳交运集团）号牌为豫 C88858 的大型普通客车，从四川省成都市城北客运中心出发前往河南省洛阳市。出站时，车内共有 41 人（2 名驾驶人、1 名乘务员以及 38 名乘客）。行驶途中，先后在京昆高速公路成都市新都北收费站外停车上客 2 人，在德阳市金山收费站外停车上客 4 人，在绵阳市金家岭收费站外停车上客 3 人。20 时 28 分，车辆从陕西省汉中市南郑出口下高速公路至客车服务站用餐，在此期间下客 1 人。21 时 1 分，车辆更换驾驶人，由王××驾驶车辆从汉中南郑口驶入京昆高速公路，此时车上实载 49 人。23 时 30 分，当该车行驶至陕西省安康市境内京昆高速公路秦岭 1 号隧道南口 1 164 km + 867 m 处时，正面冲撞隧道洞口端墙，导致车辆前部严重损毁变形、座椅脱落挤压，造成 36 人死亡、13 人受伤。

事故发生后，安康市、西安市以及陕西省相关领导及部门迅速做出相应，赶赴事故现场，指导救援工作的开展。另外，国家安全监管总局、公安部、交通运输部等领导也亲率工作组赶赴事故现场，指导事故处置和伤亡人员救治、善后等工作。11 日凌晨 6 时 20 分，事故现场清理完毕；9 时 40 分，事故道路恢复通行。

（二）事故相关情况

1. 事故车辆情况

（1）豫 C88858 号宇通牌大型普通客车（以下简称大客车），核载 51 人，事发时实载 49 人，车辆出厂日期为 2011 年 12 月 19 日，初次登记日期为 2012 年 1 月 5 日，登记所有人为洛阳交运集团，登记机关为河南省洛阳市公安局交通警察支队车辆管理所（以下简称洛阳市公安局交警支队车管所），注册登记时车辆技术指标和安全设施、安全状况均符合国家相关标准要求，检验有效期至 2018 年 1 月 31 日，投保有机动车交通事故责任强制保险和每个座位最高保额 50 万元的道路客运承运人责任险。该车于 2016 年 8 月 2 日取得道路运输证，道路运输证号为豫交运管洛字 410300010281 号，经营范围为省际班车客运、县际包车客运、市际包车客运、省际包车客运，核发机关为洛阳市道路运输管理局，固定班线为洛阳至太原。

经查，该车由聂××、崔××等 10 人合伙出资购买，以洛阳交运集团的名义办理车辆登记手续和营运资质并进行统一管理，实际由聂××与洛阳交运集团通过签订承包合同的方式经营。

（2）洛阳至成都客运班线全长为 1 100 余公里，途经路线是连霍高速公路、京昆高速公路，班车类别为直达，中间无停靠站点，完成来回一个趟次的运输任务大约需要 2 天时间。事发前，经营该客运班线的车辆有两辆，一辆为四川省汽车运输成都公司（以下简称四川汽运成都公司）所属的川 AE0611 号大型卧铺客车，另一辆为洛阳交运集团所属的豫 C91863 号大型卧铺客车，两车均由聂××、崔××等人承包经营。

经查，8 月 9 日，川 AE0611 号卧铺客车因故障停在洛阳不能继续出行，由豫 C88858 号大客车临时顶替发往成都并从成都返回。

2. 事故车辆驾驶人情况

（1）王××，男，51 岁，事发时事故车辆驾驶人（已在事故中死亡），住址为河南省宜阳县韩城镇官东村，驾驶证发证机关为洛阳市车管所，初次领证日期为 1995 年 6 月 14 日，准驾车型为 A1、A2，有效期至 2024 年 6 月 14 日。2014 年 3 月 17 日，取得道路旅客运输驾驶员从业资格证，有效期至 2020 年 3 月 16 日，为洛阳交运集团客运总公司八分公司（以下简称洛阳交运集团客运八公司）和四川省汽车运输成都公司四分公司（以下简称四川汽运成都四公司）备案驾驶人。

（2）冯××，男，53 岁，事发时事故车辆副驾驶人（已在事故中死亡），住址为河南省新安县正村乡十万村，驾驶证发证机关为洛阳市车管所，初次领证日期为 1987 年 12 月 22 日，准驾车型为 A1、A2，有效期至 2024 年 12 月 22 日。2002 年 9 月 27 日，取得道路旅客运输驾驶员从业资格证，有效期至 2019 年 9 月 26 日，为洛阳交运集团八公司备案驾驶人。

经查，驾驶人王××、冯××驾驶培训、考试符合程序，驾驶证状态显示正常，无违法未处理信息。

3. 事故道路情况

事发路段位于西（西安）汉（汉中）高速公路，属于京（北京）昆（昆明）高速公路在陕西省境内的一段。该路段于 2002 年 9 月开工，2007 年 9 月建成通车。

本次事故现场在京昆高速公路 1 164 km + 867 m 处，位于秦岭 1、2 号特长隧道之间下行线（汉中至西安方向）一侧，道路右侧为秦岭服务区，大车限速 60 km/h，小车限速 80 km/h。事发地点位于高架桥梁和秦岭 1 号隧道的相接处，南北走向，道路线形顺直，纵坡 2.54%，横坡 2%，沥青路面，抗滑性能指数（SRI）89.9，优良率 100%。其中，隧道部分净宽为 10.5 m，隧道入口洞门两侧设置有立面标记；桥梁部分为 15.25 m 等宽设计，两侧采用混凝土护栏，直接连至隧道洞门端墙处，隧道入口右侧检修道内边缘距桥梁护栏内侧 5.13 m，道路横断面组成为客车道、货车道、从服务区驶入主线的加速车道以及硬路肩四部分，宽度分别为 3.75 m、3.75 m、3.75 m、2.85 m，加速车道全长 198.8 m，在隧道入口前 11.5 m 处汇入行车道。从秦岭服务区至隧道入口设置有 5 个间距为 30 m 的单臂路灯。隧道入口右侧端墙上设置有警告标志，警告标志正下方设置有黄色闪烁警示灯。

经查，事故路段施工图设计时间为 2000 年 12 月至 2002 年 10 月，事故路段的桥隧衔接方式、道路线形、平纵横指标、交通标志及照明设施设置等均符合当时的相关标准规范要求。事发时，桥梁路面与隧道之间没有设置过渡衔接设施。事故发生时天气晴，无降水。

事发地航拍图见图 3-1、3-2。

图 3-1　事发路段航拍图

图 3-2　事发桥面航拍图

4. 事故车辆冲撞情况

经现场勘查，事故车辆头北尾南停于秦岭 1 号隧道口外右侧长 11.5 m、宽 5.13 m 的长方形区域，车头与隧道洞口右侧端墙碰撞（见图 3-3），车头至前轮之间的车身发生塑性变形，前轮之后车身基本完好。车头左前上部撞击在端墙上的警告标牌中上位置，警告标牌下方的黄色闪烁警示灯被撞坏，现场路面未见制动和侧滑印痕。

5. 事故单位情况

（1）洛阳交运集团为豫 C88858 号大客车的所属单位，2011 年 6 月由原洛阳第一汽车运输集团有限责任公司（以下简称原洛阳一运）、原洛阳市第二汽车运输公司和原洛阳市汽车运输公司合并组建成立，注册资本 1.5 亿元，现有员工 3 000 余名，各类营运车辆 4 700 余辆。该公司采用三级架构管理模式，即集团公司、二级专业总公司和三级基层分公司。

图 3-3 车辆碰撞隧道口情况

其中，客运总公司为洛阳交运集团所属的二级专业总公司，未在工商行政管理部门注册登记，主要是洛阳交运集团为便于管理三级基层分公司而成立的内部机构，其班子成员由洛阳交运集团任命，具体负责洛阳交运集团所属的客运分公司及客运车站的日常管理。

（2）洛阳交运集团客运总公司六分公司（以下简称洛阳交运集团客运六公司）为具体负责豫 C88858 号客车日常管理的公司，属于洛阳交运集团的分公司，现有客运车辆 70 余辆。

（3）洛阳交运集团客运八公司为豫 C88858 号客车驾驶人王××和冯××所在的公司，具体负责经营洛阳至成都的客运班线，属于洛阳交运集团的分公司，现有客运车辆 120 余辆。

6. 相关企业情况

（1）锦远客运汽车站（以下简称锦远汽车站）为豫 C88858 号大客车 8 月 9 日从河南省洛阳市发车的车站，由原洛阳一运于 2005 年 8 月出资成立，为洛阳长运站务有限公司的分公司，实际由洛阳交运集团托管经营并负责日常各项安全工作。该车站为二级站，占地面积 12 000 m^2，现有进站车辆 400 余辆、客运线路 80 余条，日均发车 400 余班次，日均客流 5 000 余人次。

（2）四川省汽车运输成都公司（以下简称四川汽运成都公司）为被事故车辆顶班的川 AE0611 号客车所属单位，于 1987 年 12 月 29 日成立，注册资本 15 415.08 万元，现有各类营运车辆 1 000 余辆。具体负责川 AE0611 号客车日常管理的公司为四川汽运成都四公司，属于四川汽运成都公司的分公司，现有客运车辆150余辆。

（3）四川富临运业集团成都股份有限公司（以下简称富临运业成都公司）为豫C88858号大客车8月10日从四川省成都市发车的车站城北客运中心的上级公司，于1984年4月16日成立，注册资本1 293万元，现有客运车辆150余辆。城北客运中心于1988年4月25日成立，为一级站，占地面积2万余平方米，现有进站车辆600余辆、客运线路100余条，日均发车500余班次，日均运送旅客8 000余人次。

（4）陕西省高速公路建设集团公司（以下简称陕西高速集团）为事发高速公路的运营企业，由原陕西省高等级公路管理局于1996年9月24日登记注册成立，注册资本20亿元，由陕西省人民政府授权陕西省国资委履行出资人职责，为国有独资企业。该集团公司在建高速公路规模300余公里，养管里程2 000余公里，企业资产总额逾1 900亿元，员工1.37万名。陕西高速集团西汉分公司（以下简称陕西高速西汉公司）是具体负责事发路段运营管理的企业，属于陕西高速集团的分公司，于2009年2月20日成立，承担着西汉高速公路西安至洋县金水段的运营管理工作。

（5）西安公路研究院为2014年西汉高速公路养护中修工程施工图的设计单位。该院原名西安公路研究所，始建于1960年，隶属于陕西省交通运输厅。2000年底转制为国有科技型企业，是一家集科研、勘察设计、试验检测、软件开发、监理、机电设计施工、仪器研发生产、路用材料开发销售、技术咨询为一体的科研机构，现有员工300余名。

7. 其他有关情况

1）四川汽运成都四公司驾驶人派车情况

2017年8月8日，川AE0611号卧铺客车由成都城北客运中心发车前往洛阳市，出站时该车驾驶人为王××和冯××。

经查，四川汽运成都四公司2017年8月8日填写的川AE0611号卧铺客车《四川省超长线路客运派车通知单》上显示，该车驾驶人为王××和秦××，与实际出站的驾驶人不符。

2）事故车辆申请临时客运标志牌情况

2017年8月9日，川AE0611号卧铺客车到达洛阳后因故障需要维修，不能继续发车。当日8时许，聂××在未将相关情况报告给四川汽运成都四公司和洛阳交运集团客运八公司的情况下，私自找到洛阳交运集团客运六公司经理助理兼经营科长高××，申请将自己承包的豫C88858号大客车顶班发车，填写了临时客运标志牌申请表并提供了相关证件材料，明确顶班驾驶人为聂××、张××、董××。高××在未与全部3名驾驶人见面的情况下，直接提供了一张有洛阳交运集团客运六公司经理李××签名的空白驾驶人安全责任书并加盖六公司公章，3名驾驶人均未在责任书上签字。此后，张××携带申请材料，前往洛阳交运集团客运总公司客运处盖章，之后再提供给洛阳市道路运输管理局驻锦远汽车站监督员雪××，为豫C88858号大客车办理了临时客运标志牌。

3）事故车辆顶班发车情况

2017年8月9日10时许，张××携带临时客运标志牌、缺少3名驾驶员签名的安全责任书以及相关证件到锦远汽车站办理了报班发车手续。8月9日12时，豫C88858号大客车在锦远汽车站发车。经查，该车出站时仅有王××和秦××两名驾驶人的签名，秦××签名系伪造。

8月10日8时46分，王××驾驶豫C88858号大客车到达成都市城北客运中心。此后，王××在没有进行车辆例检的情况下办理了报班发车手续。当日14时1分，该车由冯××驾驶从城北客运中心出发。出站时，城北客运中心出站安检员秦×上车进行了检查，但没有严格检查相关证件，没有认真核对出站乘客人数，驾驶人冯××、王××也没有在出站登记表上签字确认。该车出站时实际为41人，其中19人未购票上车。

经查，四川汽运成都四公司8月10日上午发现川AE0611号卧铺客车因故障坏在洛阳，但没有就车辆顶班事宜与线路对开公司洛阳交运集团客运八公司及城北客运中心进行沟通协调。

4）车辆动态监控系统使用管理情况

洛阳交运集团设客运总公司动态监控中心和分公司动态监控中心，同时承担对车辆违法违规行为的监控、提醒职责。

经查，洛阳交运集团动态监控平台未设置分段限速报警阈值，高速公路超速报警阈值统一设置为90 km/h，动态监控记录显示该车事发前有多次超速报警提示。此外，8月10日18时4分至20时44分期间（车辆由冯××驾驶），动态监控平台共收到豫C88858号大客车疲劳驾驶报警16次，处理方式为平台自动向车辆发送短信提示。

5）事发路段重大安全隐患排查治理情况

2015年2月10日，京昆高速公路1 153 km至1 172 km路段（包含本次事故地点1 164 km＋867 m处）被公安部列为2014年度“全国十大高危路段”。对此，陕西省公路局于2015年3月20日下发通知，要求陕西高速集团尽快委托具有相应资质的咨询单位，对高速公路事故多发路段认真分析原因，提出切实有效措施消除安全隐患。

经查，陕西高速西汉公司于2015年底完成了安全隐患整治工作，但未在事故地点采取治理措施。

（三）直接事故原因

经调查认定，事故直接原因是：事故车辆驾驶人王××行经事故地点时超速行驶、疲劳驾驶，致使车辆向道路右侧偏离，正面冲撞秦岭1号隧道洞口端墙。具体分析如下：

一是驾驶人疲劳驾驶。经查，自8月9日12时至事故发生时，王××没有落地休息，事发前已在夜间连续驾车达2小时29分。且7月3日至8月9日的38天时间里，王××只休息了一个趟次（2天），其余时间均在执行川AE0611号卧铺客车成都往返洛阳的长途班线运输任务，长期跟车出行导致休息不充分。此外，发生碰撞前，驾驶人未采取转向、制动等任何安全措施，显示王××处于严重疲劳状态。

二是事故车辆超速行驶。经鉴定，事故发生前车速约为 80～86 km/h，高于事发路段限速（大车为 60 km/h），超过限定车速 33%～43%。

另经技术鉴定，排除了驾驶人身体疾病、酒驾、毒驾、车辆故障以及其他车辆干扰等因素导致大客车失控碰撞的嫌疑。

（四）事故间接原因

一是事故现场路面视认效果不良。经查，事发当晚事发地点所在桥梁右侧的 5 个单臂路灯均未开启，加速车道与货车道之间分界线局部磨损（约 40 m），宽度不满足要求（实际宽度为 20 cm）。在夜间车辆高速运行的情况下，驾驶人对现场路面的视认情况受到一定影响。

二是车辆座椅受冲击脱落。经对同型号车辆座椅强度进行静态加载试验表明，当拉力超过 7 000 N 时（等效车速约为 50 km/h），座椅即会整体脱落。此次事故中大客车冲撞时速超过 80 km/h，导致车内座椅除最后一排外全部脱落并叠加在一起，乘客基本被挤压在座椅中间。

三是有关企业安全生产主体责任不落实。洛阳交运集团和四川汽运成都公司道路客运源头安全生产管理缺失，没有严格执行顶班车管理、驾驶人休息、车辆动态监控等制度，违法违规问题突出；洛阳锦远汽车站和成都城北客运中心在车辆例检、报班发车、出站检查等环节把关不严，导致事故车辆违规发车运营。陕西高速集团未认真组织开展事发路段的道路养护和安全隐患排查整治工作。

四是地方交通运输、公安交管等部门安全监管不到位。洛阳市、成都市交通运输部门未严格加强道路客运企业及客运站的安全监督检查，对相关企业存在的安全隐患问题督促整改不力；洛阳市公安交管部门对运输企业动态监控系统记录的交通违法信息未及时全面查处；事故车辆沿途相关交通运输部门对站外上客等违法行为查处不力，公安交管部门对超速违法行为查处不力；陕西省公路部门对事发路段安全隐患排查整改不到位的问题审核把关不严。

五是洛阳市人民政府落实道路运输安全领导责任不到位，没有有效督促指导洛阳市交通运输部门依法履行道路运输安全监管职责。

（五）有关责任单位存在的主要问题

1. 河南省

1）洛阳交运集团及相关分公司

（1）锦远汽车站未严格落实车辆报班发车制度，在驾驶人未全部到场、相关证件材料不全的情况下，违规为豫 C88858 号大客车办理了报班手续；违反规定，没有对出站检查人员进行培训；违反规定，出站检查人员未认真核对豫 C88858 号大客车驾驶人信息，出站登记表记录存在代签字问题。

（2）洛阳交运集团客运总公司及其分公司违反规定，未组织监控人员开展岗位培训，相关人员未经考核即上岗工作；动态监控平台未按规定设立超速行驶限值，对动态监控系统发现的客运车辆多次超速、长时间疲劳驾驶等报警信息未及时按规定纠正并报告公安机关交通管理部门；对顶班车辆申请材料审核把关不严格，在豫C88858号大客车办理顶班手续过程中未按规定与四川汽运成都四公司及锦远汽车站进行沟通；驾驶员日常安全教育流于形式，安全责任和意识不强。

（3）洛阳交运集团未有效组织下属单位开展安全隐患排查整治工作，该公司2017年发生福建三明福银高速"2·8"较大道路交通事故后，未深刻汲取事故教训并切实落实整改措施。

2）洛阳市道路运输管理局

未严格按有关规定加强对客运企业的安全监督检查，对洛阳交运集团长期存在的车辆出站检查流于形式、承包经营车辆"以包代管"，锦远汽车站不按规定进行出站检查等问题检查和督促整改不力。未按有关规定对客运企业动态监控工作进行监督，对洛阳交运集团未按规定设置卫星定位监控报警值，不按规定纠正并查处GPS监控发现的大量车辆超速行驶、疲劳驾驶等问题，督促整改不力。对临时线路牌审核发放工作不够重视，相关管理制度不健全。

3）洛阳市交通运输局

未严格按照有关规定指导督促检查全市道路客运安全检查和隐患排查治理工作；未有效履行公路运输市场监督管理职责，在组织的客运市场安全检查抽查中未发现洛阳交运集团违规处理动态监控信息、承包经营车辆"以包代管"等问题。

4）洛阳市公安局交警支队

未严格按照有关规定开展车辆动态监控系统执法工作，未及时查处车辆动态监控系统发现的洛阳交运集团车辆多次超速、疲劳驾驶等违法行为并督促企业整改。对驾驶员安全培训教育工作不力。

5）洛阳市人民政府

未严格按照有关规定加强对道路运输安全工作的领导，未有效督促指导洛阳市交通运输部门依法履行道路运输安全监管职责。

2. 陕西省

1）陕西高速集团及下属单位

（1）秦岭管理所未按照要求开展日常巡查工作，在没有经过专项论证的情况下，凭经验长期关闭事发路段引道照明灯。

（2）陕西高速西汉公司对秦岭管理所未开启事发路段引道照明灯的问题失察；在2014年西汉高速公路养护中修工程施工图设计审查中，未发现事发路段加速车道与货车道分界线宽度不符合标准要求的问题；在高危路段治理中未全面排查整治京昆高速陕西安康境内1 153 km至1 172 km路段安全隐患，未按照标准在隧道入口与桥梁连接部位增设防护导流设施。

（3）陕西高速集团未认真贯彻落实有关规定，未严格执行技术标准，对2014年西汉高速公路养护中修工程施工图设计审查中，事发路段加速车道与货车道分界线宽度不符合标准的问题失察。对陕西高速西汉公司在高危路段治理中未全面排查整治道路安全隐患的问题失察。

2）西安公路研究院

在2014年西汉高速公路养护中修工程施工图设计时，未按标准设计事发路段加速车道与货车道分界线宽度，没有对事发路段加速车道与货车道分界线宽度是否符合标准开展符合性核查。

3）陕西省公路局

未认真贯彻落实有关规定，对陕西高速集团在高危路段治理中未全面排查整改京昆高速陕西安康境内1 153 km至1 172 km路段安全隐患的问题审核把关不严。

4）安康市公安局交通警察支队高速公路交通警察大队

以下简称安康市公安局交警支队高速大队，违反有关规定，未及时维护更新测速设备，导致2015年底以来京昆高速安康段无正常使用的测速设备，无法有效查处超速违法行为。对所属秦宁中队违反有关规定和上级通知、暂停夜间联勤联动巡查的问题失察，对京昆高速安康段夜间巡逻管控力度不足。

3. 四川省

1）富临运业成都公司及相关分公司

（1）城北客运中心未按规定对进站发班客车进行车辆安全例检；未严格执行车辆顶班制度，为非本站发车的豫C88858号大客车录入车辆信息并允许其顶替川AE0611号卧铺客车报班发车；没有认真对进站乘车旅客的身份进行查验，允许未购票乘客进入发车区；出站口门检人员未按规定查验驾驶人身份，未认真清点乘客人数，驾驶人出站签字存在代签等问题。

（2）富临运业成都公司违反规定，将城北客运中心安全管理机构与富临运业成都公司的安全管理机构进行精简合并，导致城北客运中心无安全管理机构、无专职安全管理人员，车辆报班、安全例检、进站验票等关键岗位人员配备不足、设置不合理。

2）四川汽运成都公司及相关分公司

（1）四川汽运成都四公司对公司所属的超长班线客车包而不管，没有按规定与驾驶人签订劳动合同，未按规定认真组织开展出车前安全告诫，对车辆承包人使用非本公司驾驶员的问题失管，未合理安排运输任务防止客运驾驶人疲劳驾驶。

（2）四川汽运成都公司对安全生产工作重视程度不足，对超长班线客车和驾驶人的安全管理缺失，对四分公司存在的安全隐患问题失管。

3）成都市道路运输管理处城北管理所

未严格执行有关规定，未认真落实对城北客运中心的安全监督检查职责，对城北客运中心长期存在的安全管理问题未采取有效措施督促整改。违反规定，未按职责收集并向成都市道路运输管理处上报城北客运中心长期允许未经安全检查车辆发车、旅客进站验票不规范等需要给予行政处罚的违法问题。

4）成都市道路运输管理处

未严格执行有关规定，在组织开展全市道路运输市场监管过程中，没有及时发现城北客运中心管理混乱、存在重大安全隐患的问题。未按规定责令城北客运中心限期改正长期存在的安全管理环节漏洞。对四川汽车运输成都公司及其四分公司存在的安全隐患问题失察。对所属客运管理科、成都市道路运输管理处城北管理所日常监督检查流于形式的问题失察。

5）成都市交通运输委员会

未严格执行有关规定，未按职责监督成都市道路运输管理处依法履行对道路客运企业和场站的监管职责，未认真督促成都市道路运输管理处向成都交通执法总队移交城北客运中心站内需要给予处罚的证据材料，对成都市道路运输管理处日常安全监督检查过程中未认真履职造成安全隐患的问题失察。

6）成都市新都区交通运输行政执法大队

违反规定，对辖区内长期存在的高速公路过境客车不按批准站点停靠、不按规定线路行驶等违法行为查处不力。

7）德阳市罗江县交通运输局道路运输管理所

违反规定，对辖区内长期存在的高速公路过境客车不按批准站点停靠、不按规定线路行驶等违法行为查处不力。

8）绵阳市涪城区交通运输局公路运输管理所

违反规定，对辖区内长期存在的高速公路过境客车不按批准站点停靠、不按规定线路行驶等违法行为查处不力。

（六）事故性质

调查认定，陕西安康京昆高速“8·10”特别重大道路交通事故是一起生产安全责任事故。

（七）对有关责任人员和单位的处理意见

根据事故原因调查和事故责任认定，依据有关法律法规和党纪政纪规定，对事故有关责任人员和责任单位提出处理意见：

事故发生以来，司法机关已对 28 人立案侦查。其中，公安机关以涉嫌重大责任事故罪立案侦查 15 人，检察机关以涉嫌玩忽职守罪立案侦查 13 人。对检察和公安机关已立案侦查的中共党员或行政监察对象，具备条件的及时按照管理权限作出党纪政纪处分决定，暂不具备作出党纪处分条件且已被依法逮捕的中共党员，由有管辖权限的党组织及时中止其表决权、选举权和被选举权等党员权利。

根据调查事实，依据《中国共产党纪律处分条例》第二十九条、三十八条、《行政机关公务员处分条例》第二十条、《事业单位工作人员处分暂行规定》第十七条等规定，建议对 14 个涉责单位的 32 名责任人员（河南省 13 人、陕西省 10 人、四川省 9 人）给予党纪政纪处分。在32名责任人员中，建议给予行政记过处分9人，记过处分4人，行政记大过处分9人；行政降级处分6人，降低岗位等级处分1人，均同时给予党内严重警告处分；行政撤职处分1人，撤职处分1人，均同时给予撤销党内职务处分；党内严重警告处分1人。

事故调查组建议对事故有关企业及主要负责人的违法违规行为给予行政处罚，并对相关企业责任人员给予内部问责处理。

事故调查组建议责成河南省、陕西省人民政府向国务院作出深刻检查。

1. 免于追责人员（3人）

（1）王××，豫C88858号大客车驾驶人，涉嫌犯罪，鉴于在事故中死亡，建议免于追究责任。

（2）冯××，豫C88858号大客车驾驶人，涉嫌犯罪，鉴于在事故中死亡，建议免于追究责任。

（3）席××，豫C88858号大客车乘务员，涉嫌犯罪，鉴于在事故中死亡，建议免于追究责任。

2. 移交司法机关人员（28人）

1）河南省（18人）

（1）聂××，豫C88858号大客车主要承包人，因涉嫌重大责任事故罪于2017年8月15日被公安机关刑事拘留。

（2）崔××，豫C88858号大客车承包人之一，因涉嫌重大责任事故罪于2017年8月20日被公安机关刑事拘留。

（3）张××，豫C88858号大客车承包人之一，因涉嫌重大责任事故罪于2017年8月20日被公安机关刑事拘留。

（4）董××，豫C88858号大客车承包人之一，因涉嫌重大责任事故罪于2017年8月31日被公安机关刑事拘留。

（5）李××，洛阳交运集团客运八公司驻成都城北客运中心调度员，因涉嫌重大责任事故罪于2017年8月17日被公安机关刑事拘留。

（6）高××，洛阳交运集团客运六公司经理助理兼经营科科长，因涉嫌重大责任事故罪于2017年8月15日被公安机关刑事拘留。

（7）闰××，洛阳交运集团客运六公司安全科科长，因涉嫌重大责任事故罪于2017年8月15日被公安机关刑事拘留。

（8）程×，洛阳交运集团客运六公司分管安全副经理，因涉嫌重大责任事故罪于2017年8月15日被公安机关刑事拘留。

（9）李××，洛阳交运集团客运六公司经理，因涉嫌重大责任事故罪于2017年8月17日被公安机关刑事拘留。

（10）李××，洛阳锦远汽车站副站长，因涉嫌重大责任事故罪于2017年8月31日被公安机关刑事拘留。

（11）龙××，洛阳交运集团客运八公司分管安全副经理，因涉嫌重大责任事故罪于2017年8月31日被公安机关刑事拘留。

（12）雪××，洛阳市道路运输管理局驻锦远汽车站监督员，因涉嫌玩忽职守罪于2017年8月28日被检察机关立案侦查。

（13）董××，洛阳市道路运输管理局客运管理科副科长，因涉嫌玩忽职守罪于2017年8月28日被检察机关立案侦查。

（14）安×，洛阳市道路运输管理局客运管理科负责人，因涉嫌玩忽职守罪于2017年8月28日被检察机关立案侦查。

（15）王××，洛阳市公安局交警支队车管三中队民警，因涉嫌玩忽职守罪于2017年8月28日被检察机关立案侦查。

（16）王××，洛阳市公安局交警支队车管三中队中队长，因涉嫌玩忽职守罪于2017年8月28日被检察机关立案侦查。

（17）尚×，洛阳市道路运输管理局党委委员，因涉嫌玩忽职守罪于2017年9月13日被检察机关立案侦查。

（18）阚×，洛阳市道路运输管理局副局长，因涉嫌玩忽职守罪于2017年9月16日被检察机关立案侦查。

2）陕西省（4人）

（1）洪××，陕西高速西汉公司路政大队秦岭路政中队中队长，因涉嫌玩忽职守罪于2017年9月6日被检察机关立案侦查。

（2）王××，陕西高速西汉公司秦岭管理所所长，因涉嫌玩忽职守罪于2017年9月15日被检察机关立案侦查。

（3）穆××，陕西高速西汉公司副经理，因涉嫌玩忽职守罪于2017年9月15日被检察机关立案侦查。

（4）王×，安康市公安局交警支队高速大队秦宁中队中队长，因涉嫌玩忽职守罪于2017年9月6日被检察机关立案侦查。

3）四川省（6人）

（1）杨××，四川汽运成都四公司驻城北客运中心安全员，因涉嫌重大责任事故罪于2017年8月23日被公安机关刑事拘留。

（2）秦×，成都市城北客运中心客车出站安检员，因涉嫌重大责任事故罪于2017年8月23日被公安机关刑事拘留。

（3）任×，成都市城北客运中心副总经理，因涉嫌重大责任事故罪于2017年8月31日被公安机关刑事拘留。

（4）景×，成都市城北客运中心安全处处长，因涉嫌重大责任事故罪于2017年8月31日被公安机关刑事拘留。

（5）刘×，成都市道路运输管理处城北管理所驻站员，因涉嫌玩忽职守罪于2017年

9月18日被检察机关立案侦查。

（6）苟×，成都市道路运输管理处城北管理所驻站员，因涉嫌玩忽职守罪于2017年9月18日被检察机关立案侦查。

3. 建议给予党政纪处分人员（32人）

1）河南省（13人）

（1）张××，洛阳市人民政府党组成员、副市长，分管交通运输等工作。未严格执行有关法律法规和政策规定，未有效指导督促洛阳市交通运输部门依法履行道路运输安全监管职责。张××对上述问题负有重要领导责任，建议给予行政记过处分。

（2）李××，洛阳市交通运输局党组书记、局长，负责洛阳市交通运输局全面工作。未严格执行有关法律法规和政策规定，组织开展道路运输安全管理和监督检查工作不力，对下属部门未发现洛阳交运集团动态监控结果未按规定处理的问题失察；对该局相关科室和洛阳市道路运输管理局未按规定履行监管职责问题失察。李××对上述问题负有重要领导责任，建议给予行政记过处分。

（3）樊××，洛阳市交通运输局党组成员、副局长，分管运输市场、交通企业、安全管理等工作。未严格执行有关法律法规和政策规定，在组织检查中未发现洛阳交运集团存在的承包经营车辆“以包代管”、动态监控结果未按规定处理等问题；对洛阳市道路运输管理局未按规定履行道路运输安全监管职责的问题失察。樊××对上述问题负有主要领导责任，建议给予党内严重警告、行政降级处分。

（4）崔××，中共党员，洛阳市交通运输局运输管理科科长，负责全市道路运输市场监管等工作。未严格执行有关法律法规和政策规定，对道路运输市场监管不力，在组织检查中未发现洛阳交运集团对承包经营车辆“以包代管”、动态监控结果未按规定处理等问题；对洛阳市道路运输管理局临时线路牌管理、动态监控联网联控信息处理缺乏指导。崔××对上述问题负有主要领导责任，建议给予党内严重警告、行政降级处分。

（5）吴××，洛阳市道路运输管理局党委副书记、局长，负责洛阳市道路运输管理局全面工作。未严格执行有关法律法规和政策规定，疏于管理，对临时线路牌管理制度缺失及相关科室未有效督促洛阳交运集团整改车辆出站检查不严、不按规定处理动态监控信息、承包经营车辆“以包代管”等问题失察。吴××对上述问题负有主要领导责任，建议给予撤销党内职务、撤职处分。

（6）李××，洛阳市道路运输管理局党委副书记，分管安全检查、安全应急等工作。未严格执行有关法律法规和政策规定，疏于管理，组织开展安全隐患排查治理工作不力，对相关科室未有效督促洛阳交运集团整改存在的不按规定处理GPS监控信息、违规设置超速限值等问题失察。李××对上述问题负有主要领导责任，建议给予党内严重警告处分。

（7）孙××，中共党员，洛阳市道路运输管理局车辆信息管理中心负责人。未严格执行有关法律法规和政策规定，对洛阳交运集团未按实际道路限速设置GPS监控报警值的问题疏于监督。孙××对上述问题负有直接责任，建议给予记过处分。

（8）朱××，中共党员，洛阳市道路运输管理局客运管理科工人，负责洛阳市道路运输管理局驻锦远客运汽车站监督室全面工作。未严格执行有关法律法规和政策规定，组织开展安全检查工作不力，未发现锦远客运汽车站出站检查不严等问题，对驻站监督员审核发放临时线路牌工作疏于监督管理。朱××对上述问题负有直接责任，建议给予党内严重警告、降低岗位等级处分。

（9）李××，洛阳市公安局党委委员、副局长，交警支队党委副书记、支队长。未严格执行有关法律法规和政策规定，对交警支队有关部门未依法有效履行车辆动态监控系统执法查处及驾驶员安全培训教育职责不力的问题失察。李××对上述问题负有重要领导责任，建议给予行政记过处分。

（10）王×，洛阳市公安局交警支队党委委员、副县级侦察员，分管洛阳市公安局交警支队交通安全监督管理大队。未严格执行有关法律法规和政策规定，对交通安全监督管理大队督导检查车驾管三中队依法有效履行车辆动态监控系统执法查处工作不力的问题失察。王×对上述问题负有重要领导责任，建议给予行政记大过处分。

（11）刘××，中共党员，洛阳市公安局交警支队办公室副主任，负责洛阳市公安局交警支队交通安全监督管理大队全面工作。未严格执行有关法律法规和政策规定，督导检查不力，对车驾管三中队未依法有效履行车辆动态监控系统执法查处工作职责问题失察。刘××对上述问题负有主要领导责任，建议给予党内严重警告、行政降级处分。

（12）韩×，中共党员，洛阳市公安局交警支队车辆管理所所长。未严格执行有关法律法规和政策规定，对车驾管三中队未依法有效履行车辆动态监控系统执法查处和驾驶员安全培训教育工作职责的问题失察。韩×对上述问题负有重要领导责任，建议给予行政记大过处分。

（13）张××，中共党员，洛阳市公安局交警支队车辆管理所副所长，分管车驾管三中队。未严格执行有关法律法规和政策规定，对车驾管三中队未依法有效履行车辆动态监控系统执法查处和驾驶员安全培训教育工作职责等问题失察。张××对上述问题负有主要领导责任，建议给予党内严重警告、行政降级处分。

2）陕西省（10人）

（1）王××，中共党员，陕西省铁路集团公司监事会主席。2009年6月至2016年11月任陕西高速集团党委副书记、副董事长、总经理。在此期间，未严格执行有关法律法规及政策规定，对陕西高速集团养护部、陕西高速西汉公司未全面排查京昆高速陕西安康境内1 153 km至1 172 km安全隐患的问题失察。王××对上述问题负有重要领导责任，建议给予行政记过处分。

（2）杨××，中共党员，陕西高速集团副董事长。2008年8月至2015年11月任陕西高速集团公司党委委员、总工程师，2015年11月至2017年6月任陕西高速集团党委委员、副总经理。在此期间，未严格执行有关法律法规及政策规定，对分管的养护管理部、陕西高速西汉公司在京昆高速陕西安康境内1 153 km至1 172 km路段高危路段整治中，未全面排查整治安全隐患的问题失察。杨××对上述问题负有重要领导责任，建议给予行政记过处分。

（3）原××，中共党员，陕西高速集团养护管理部部长。未严格执行有关法律法规及政策规定，对 2014 年度西汉高速公路养护中修施工图设计中，事发路段加速车道与货车道分界线宽度不符合标准的问题失察；未发现陕西高速西汉公司在京昆高速陕西安康境内 1 153 km 至 1 172 km 高危路段治理中，未全面排查整治安全隐患的问题。原××对上述问题负有主要领导责任，建议给予党内严重警告、行政降级处分。

（4）严×，陕西高速集团公司党委委员、人力资源部部长，陕西高速西汉公司党委副书记。2015 年 1 月至 2017 年 7 月任陕西高速西汉公司党委副书记、经理，负责陕西高速西汉公司运营管理全面工作。在此期间，未严格执行有关法律法规及政策规定，对秦岭管理所未开启事发路段引道照明灯的问题，陕西高速西汉公司工程养护科在京昆高速陕西安康境内 1 153 km 至 1 172 km 高危路段治理中未全面排查整治安全隐患的问题监督指导不力。严×对上述问题负有主要领导责任，建议给予撤销党内职务、行政撤职处分。

（5）王×，中共党员，陕西省公路局正处级调研员。2009 年 3 月至 2017 年 3 月任陕西省公路局党委委员、副局长，分管养护处。未严格执行有关法律法规及政策规定，未有效督促养护处严格审核西汉高速事故多发路段治理工程设计施工图，对陕西高速集团在京昆高速陕西安康境内 1 153 km 至 1 172 km 高危路段治理中，未全面排查整治安全隐患的问题失察。王×对上述问题负有重要领导责任，建议给予记过处分。

（6）景××，中共党员，陕西省公路局计划处处长。2014 年 6 月至 2017 年 6 月任陕西省公路局养护处处长。在此期间，未严格执行有关法律法规和政策规定，未认真履行对西汉高速事故多发路段治理工程施工设计的审查职责，对陕西高速集团在京昆高速陕西安康境内 1 153 km 至 1 172 km 高危路段治理中，未全面排查整治安全隐患的问题失察。景××对上述问题负有重要领导责任，建议给予记过处分。

（7）吴××，中共党员，安康市公安局交通警察支队副支队长兼高速公路交警大队大队长。未严格执行有关法律法规及政策规定，疏于督促管理，对指挥中心未严格履行京昆高速安康段测速设备的管理维护和违法信息收集处理职责失察，导致 2015 年底以来该路段测速设备长期无法有效正常使用，对通行车辆超速违法行为查处不力；对秦宁中队暂停夜间联勤联动巡查，未严格履行对京昆高速安康段夜间巡逻管控的职责失察。吴××对上述问题负有重要领导责任，建议给予行政记大过处分。

（8）李××，中共党员，安康市公安局交警支队高速大队副大队长，分管指挥中心工作。未严格执行有关法律法规及政策规定，疏于督促管理，对指挥中心未严格履行京昆高速安康段测速设备的管理维护和违法信息收集处理职责失察，导致 2015 年底以来该路段测速设备长期无法有效正常使用，对通行车辆超速违法行为查处不力。李××对上述问题负有主要领导责任，建议给予行政记大过处分。

（9）彭××，中共党员，安康市公安局交警支队高速大队副大队长，监督指导交通管理治安科和秦宁中队。未严格执行有关法律法规及政策规定，对分管的秦宁中队暂停夜间联勤联动巡查，未严格履行对京昆高速安康段夜间巡逻管控的职责失察。彭××对上述问题负有主要领导责任，建议给予行政记大过处分。

（10）高×，中共党员，安康市公安局交警支队高速大队副主任科员，负责指挥中心工作。未严格执行有关法律法规及政策规定，未严格履行京昆高速安康段测速设备的管理维护和违法信息收集处理职责，导致 2015 年底以来该路段测速设备长期无法有效正常使用，对通行车辆超速违法行为查处不力。高×对上述问题负有直接责任，建议给予行政记大过处分。

3）四川省（9 人）

（1）易××，成都市交通运输委员会党组成员、副主任，分管道路运输管理处。未严格执行有关法律法规及政策规定，未认真履行职责，对安全生产工作疏于监督管理，未有效督促成都运管处落实对道路运输行业的安全监管。易××对上述问题负有重要领导责任，建议给予行政记过处分。

（2）黄××，成都市交通运输委员会道路运输管理处党总支书记、处长。未严格执行有关法律法规及政策规定，未认真履行职责，对道路客运站及客运企业长期存在的安全隐患问题重视不够，督促整改不力，对相关部门和人员未按规定依法履行监管职责的问题失察。黄××对上述问题负有重要领导责任，建议给予行政记过处分。

（3）万×，成都市交通运输委员会道路运输管理处党总支委员、副处长，分管客运管理科及城东、城西、城南、城北 4 个直属运管所。未严格执行有关法律法规及政策规定，未认真履行职责，对道路客运站及客运企业长期存在的安全隐患问题重视不够，督促整改不力，没有及时协调解决客运站内行政处罚的移交问题，对分管的客运管理科和城北所未按规定依法履行监管职责的问题失察。万×对上述问题负有主要领导责任，建议给予行政记大过处分。

（4）肖×，中共党员，成都市交通运输委员会道路运输管理处客运管理科科长。未严格执行有关法律法规及政策规定，未认真履行职责，没有严格按照“一岗双责”要求开展客运企业安全监管工作，对四川汽运成都公司及其四公司源头管理混乱等方面存在的安全隐患问题失察。肖×对上述问题负有主要领导责任，建议给予行政记大过处分。

（5）程×，中共党员，成都市交通运输委员会道路运输管理处城北运管所所长。未严格执行有关法律法规及政策规定，未认真履行职责，未采取有效措施督促城北客运中心整改车辆安全例检、报班发车、出站检查以及旅客进站验票等安全管理环节存在的问题，没有及时向上级部门报告城北客运中心长期存在的安全隐患问题，对驻站人员日常安全监督检查流于形式等问题失察。程×对上述问题负有重要领导责任，建议给予行政记大过处分。

（6）任××，中共党员，成都市交通运输委员会道路运输管理处城北运管所副所长。未严格执行有关法律法规及政策规定，未认真履行职责，未采取有效措施督促城北客运中心整改车辆安全例检、报班发车、出站检查以及旅客进站验票等安全管理环节存在的问题，对驻站人员日常安全监督检查流于形式等问题失察。任××对上述问题负有主要领导责任，建议给予党内严重警告、行政降级处分。

（7）李×，中共党员，成都市新都区交通运输行政执法大队大队长。未严格执行有关法律法规及政策规定，对辖区新都、新都北收费站外长期存在的高速公路过境客车不按批准站点停靠、不按规定线路行驶违法问题，组织查处不力。李×对上述问题负有直接责任，建议给予行政记过处分。

（8）雍××，绵阳市涪城区交通运输局党委委员、区公路运输管理所所长。未严格执行有关法律法规及政策规定，未认真履行职责，对辖区金家林收费站外长期存在的过境客车不按批准站点停靠、不按规定线路行驶等违法问题失察失处。雍××对上述问题负有直接责任，建议给予行政记过处分。

（9）金×，中共党员，德阳市罗江县道路运输管理所副所长（主持工作）、工会主席。未严格执行有关法律法规及政策规定，未认真履行职责，对辖区金山收费站外长期存在的过境客车不按批准站点停靠、不按规定线路行驶等违法问题失察失处。金×对上述问题负有直接责任，建议给予记过处分。

4. 建议给予行政处罚单位和人员

建议河南省、四川省安全监管部门对洛阳交运集团、富临运业成都公司和四川汽运成都公司处以罚款，对洛阳交运集团客运总公司以及长运站务公司、洛阳交运集团客运八公司、城北客运中心、四川汽运成都四公司主要负责人李××、冯×、蒲××、周×处以罚款，终身不得担任本行业生产经营单位的主要负责人。

建议河南省、四川省交通运输部门依法责令洛阳交运集团客运六公司、八公司、城北客运中心以及四川汽运成都四公司停业整顿，客运企业3年内不得新增客运班线。经停业整顿仍不具备安全生产条件的，按规定予以关闭。企业已被司法机关采取刑事强制措施的人员中，经司法机关审理免于刑罚的，依法给予相应行政处罚。

5. 建议由企业给予内部问责处理的人员

（1）陈××，中共党员，2014年1月至2017年2月任陕西高速西汉公司工程养护科科长。在此期间，未认真贯彻执行国家有关标准规定，对2014年西汉高速公路养护中修工程中事发路段加速车道与货车道分界线宽度不符合标准的问题失察。在2014年度全国“十大高危路段”治理中，对事发地点安全隐患未采取措施进行整改。建议由所在单位按照国有企业员工管理规定给予问责处理。

（2）梁×，中共党员，陕西高速西汉公司工程养护科副科长，协助科长完成养护管理工作。未认真贯彻执行国家有关标准规定，对2014年西汉高速公路养护中修工程中事发路段加速车道与货车道分界线宽度不符合标准的问题失察。建议由所在单位按照国有企业员工管理规定给予问责处理。

（3）陈×，中共党员，陕西高速西汉公司秦岭管理所副所长，分管机电、监控等工作。错误理解《陕西省高速公路隧道照明系统设计指导意见（试行）》的有关规定，未开启事发路段桥梁东侧已设置的5个引道照明路灯。建议由所在单位按照国有企业员工管理规定给予问责处理。

（4）王××，九三学社社员，西安公路研究院运行管理部部长。2009年11月至2017年5月任道路养护所所长，2014年西汉高速公路养护中修工程施工图设计项目负责人。未认真贯彻执行国家有关标准规定，对2014年西汉高速公路养护中修工程中事发路段加速车道与货车道分界线设计宽度不符合标准的问题失察。建议由所在单位按照国有企业员工管理规定给予问责处理。

（5）刮×，中共党员，西安公路研究院道路养护所工作人员，2014年西汉高速公路养护中修工程施工图设计项目的技术负责人。未认真贯彻执行国家有关标准规定，对2014年西汉高速公路养护中修工程中事发路段加速车道与货车道分界线设计宽度不符合标准的问题失察。建议由所在单位按照国有企业员工管理规定给予问责处理。

此外，建议河南省、四川省交通运输部门督促相关道路运输企业按照内部管理规定，对企业其他有关责任人员给予问责处理。

6. 其他建议

鉴于河南省对事故发生负有主要责任，陕西省境内5年发生3起特别重大道路交通事故，责成河南省、陕西省人民政府向国务院作出深刻检查，认真总结事故教训，进一步加强和改进安全生产工作。

五、包茂高速延安“8·26”特别重大道路交通事故

2012年8月26日2时31分许，包茂高速公路陕西省延安市境内发生一起特别重大道路交通事故，造成36人死亡、3人受伤，直接经济损失3 160.6万元。

按照中央领导同志重要批示精神和《生产安全事故报告和调查处理条例》（国务院令第493号）等有关法律法规规定，2012年8月29日，国务院批准成立了由国家安全监管总局牵头，监察部、公安部、交通运输部、工业和信息化部、全国总工会、内蒙古自治区人民政府、河南省人民政府、陕西省人民政府组成的国务院包茂高速陕西延安“8•26”特别重大道路交通事故调查组（以下简称事故调查组）。事故调查组聘请了有关专家，并邀请最高人民检察院派员参加了事故调查工作。

（一）基本情况

1. 事故车辆驾驶人情况

陈×，卧铺大客车驾驶人（已在事故中死亡），男，41岁，内蒙古自治区包头市人。2002年12月30日在内蒙古自治区乌海市交警支队车辆管理所初次领取机动车驾驶证，2008年10月29日增驾取得大型客车准驾资格，准驾车型代号为A1，持有道路旅客运输从业资格证书。

高××，卧铺大客车驾驶人（已在事故中死亡），男，49岁，内蒙古自治区乌兰察布盟人。1993年6月15日在内蒙古自治区乌兰察布盟交警支队车辆管理所初次领取机动车

驾驶证，2003 年 10 月 15 日增驾取得大型客车准驾资格，准驾车型代号为 A1、A2，持有道路旅客运输从业资格证书。

闪××，重型半挂货车驾驶人兼押运员，男，42 岁，河南省焦作市人。1981 年 10 月 5 日在部队初次领取机动车驾驶证，1985 年 5 月 4 日换为地方驾驶证，准驾车型代号为 A2，于 2011 年 6 月 1 日、6 月 7 日在河南省焦作市交通运输局分别取得危险货物运输押运员从业资格证和危险货物运输驾驶员从业资格证。

张×，重型半挂货车驾驶人兼押运员，男，43 岁，河南省焦作市人。1990 年 8 月 20 日在河南省焦作市交警支队车辆管理所初次领取驾驶证，准驾车型代号为 A2、D，于 2011 年 5 月 26 日、7 月 15 日在河南省焦作市交通运输局分别取得危险货物运输押运员从业资格证和危险货物运输驾驶员从业资格证。

经调查，没有发现上述驾驶人酒后驾驶、吸毒后驾驶的迹象。其中：陈×、高××、闪××的驾驶资格和从业资格证件齐全有效；张×的从业资格证件齐全，但张×因连续两年以上未提交《机动车驾驶人身体条件证明》，驾驶证处于注销可恢复状态，不具备机动车驾驶资格。至事故发生时，陈×连续驾驶时间达 4 h 22 min，属疲劳驾驶。

2. 事故车辆情况

卧铺大客车号牌为蒙 AK1475，厂牌型号为宇通牌 ZK6127HW 型，核载 39 人，发生事故时实载 39 人。2010 年 3 月 12 日在内蒙古自治区呼和浩特市交警支队车辆管理所办理注册登记，机动车所有人为内蒙古自治区呼和浩特市呼运（集团）有限责任公司，车辆使用性质为公路客运，检验有效期至 2013 年 3 月 31 日。2011 年 6 月 1 日在内蒙古自治区呼和浩特市道路运输管理局办理道路运输证，经营范围为省际班车客运，班车类别为直达，无停靠站点，途经路线为京藏高速呼市至包头段、包茂高速包头至西安段。事故发生前，车辆的行驶速度为 77.2 km/h。

重型半挂货车由重型半挂牵引车和罐式半挂车组成。其中：重型半挂牵引车号牌为豫 HD6962，厂牌型号为解放牌 CA4258P2K2T1EA81，准牵引总质量 40 t；罐式半挂车号牌为豫 H213A，厂牌型号为中集牌 ZJV9403GHYDY。核定整备质量 6.5 t，实际整备质量 9.9 t，超出核定整备质量 3.4 t；核定载货 33.5 t，实际装载 35.22 t 甲醇，超载 1.72 t。半挂牵引车、罐式半挂车于 2011 年 4 月 7 日在河南省焦作市交警支队车辆管理所办理注册登记，机动车所有人为河南省焦作市孟州市汽车运输有限责任公司，车辆使用性质为危险化学品运输车，检验有效期至 2013 年 4 月 6 日。2011 年 4 月 8 日在焦作市道路运输管理局办理道路运输证，经营范围为危险货物运输（3 类）。事故发生前，车辆的行驶速度为 21.0 km/h。

经调查，事故车辆的行驶证、运营资质、保险等齐全且均在有效期内，车辆制动性能无异常。其中，卧铺大客车运营线路符合规定；卧铺大客车和重型半挂牵引车符合出厂时的国家标准要求，但罐式半挂车出厂时实际整备质量与公告相关参数信息不一致。

3. 事故道路情况

事故发生路段位于包茂高速公路陕西省延安市境内 484 km + 95 m 处，南北走向，双向四车道，设计时速 80 km。事故发生地点位于包头（北）至西安（南）方向一侧，两条行车道宽均为 3.75 m，纵断面坡度为 0.35%，平面上位于两个不设超高的反向圆曲线间直线连接处，前后圆曲线半径分别为 2 600 m 和 2 500 m，视线良好。

事故发生路段右侧为安塞服务区，高速公路主路与服务区出口、入口连接形成的三角区均施画了车行道分界线、边缘线和导流线。服务区下行（南侧）驶入高速公路主路的加速车道宽 5.25 m、长 219.38 m，高速公路路侧提前设置了车辆合流指示标志。服务区上行（北侧）高速公路 481 km + 600 m、482 km + 600 m 和 483 km + 300 m 处，分别设置了服务区 2 km、服务区 1 km 和服务区出口三级指示标志。

经核查，事故路段的技术指标、交通安全设施的设置情况均符合国家和行业相关标准规范。事故发生时天气晴转多云，能见度较好。

4. 事故相关单位情况

内蒙古自治区呼和浩特市呼运（集团）有限责任公司创建于 1950 年，1997 年和 2001 年进行了两次企业改制，现为民营股份制运输企业，具有从事道路旅客运输的一级运营资质，共有车辆 402 辆。其中，蒙 AK1475 卧铺大客车的日常管理由呼运（集团）有限责任公司内设的客运三分公司负责，按照公司租赁线路、车主出资购车的模式经营。

河南省焦作市孟州市汽车运输有限责任公司为国有股份制运输企业，隶属于孟州市交通运输局。该公司具有危险货物运输（2 类 1 项、2 类 2 项、2 类 3 项、3 类、4 类 3 项、8 类）运营资质，现有危险货物运输车辆 394 辆。其中，豫 HD6962 重型半挂货车由该公司和个人共同出资购买，双方约定车辆登记在孟州市汽车运输有限责任公司名下，共同经营危险货物运输业务。

（二）事故发生经过及应急处置情况

1. 事故发生经过

2012 年 8 月 25 日 16 时 55 分，蒙 AK1475 卧铺大客车从内蒙古自治区呼和浩特市长途汽车站出发前往陕西省西安市，出站时车辆实载 38 人。19 时，车辆在呼包高速土默特右旗萨拉齐出口匝道处搭乘一名乘客，车辆乘务员也在此处下车。22 时 50 分，该车在包茂高速与榆神高速互通式立交桥处，搭载另外一名转乘乘客，此时卧铺大客车实载 39 人，期间车辆由陈×、高××轮换驾驶。8 月 25 日 19 时 3 分，豫 HD6962 重型半挂货车在兖州矿业陕西榆林能化有限公司装载 35.22 t 甲醇后，前往陕西省韩城市昌顺化工厂，期间车辆由闪××、张×轮换驾驶。

8 月 26 日 2 时 15 分，重型半挂货车进入安塞服务区停车休息并更换驾驶员。2 时 29 分，闪××驾驶重型半挂货车从安塞服务区出发，违法越过出口匝道导流线驶入包茂高速公路第二车道。此时，卧铺大客车正沿包茂高速公路由北向南在第二车道行驶至安塞服务区路段。2 时 31 分许，卧铺大客车在未采取任何制动措施的情况下，正面追尾碰撞重型半挂货车。碰撞致使卧铺大客车前部与重型半挂货车罐体尾部铰合，大客车右侧纵梁撞击罐体后部卸料管，造成卸料管竖向球阀外壳破碎，导致大量甲醇泄漏。碰撞也造成卧铺大客车电气线路绝缘破损发生短路，产生的火花使甲醇蒸气和空气形成的爆炸性混合气体发生爆燃起火，大火迅速引燃重型半挂货车后部和卧铺大客车，并沿甲醇泄漏方向蔓延至附近高速公路路面和涵洞。事故共造成大客车内 36 人死亡、3 人受伤，大客车报废，重型半挂货车、高速公路路面和涵洞受损，直接经济损失 3 160.6 万元。

2. 事故应急处置情况

事故发生后，陕西省延安市公安交警、消防官兵迅速赶到事故现场进行处置，延安市、安塞县人民政府及其有关部门也迅速赶赴事故现场组织施救，卫生部门调集专家及医护人员全力救治伤员。接报后，陕西省人民政府立即启动应急救援预案，陕西省人民政府主要负责同志带领安全监管、公安、交通、卫生等部门负责同志赶赴现场指挥应急施救工作。随后，国家安全监管总局、公安部有关负责同志及交通运输部有关司局负责同志于当日下午赶到事故现场，指导协调地方政府做好前期处置和善后处理等工作。内蒙古自治区、河南省人民政府接报后，立即组织安全监管、公安、交通等部门和相关地市负责同志赶赴现场，协助做好事故善后赔付和调查工作。

8 月 26 日 17 时 45 分，事故现场清理完毕，事发路段恢复通行。事故救援及善后处理工作平稳有序。

（三）事故原因和性质

1. 直接原因

（1）卧铺大客车驾驶人陈×遇重型半挂货车从匝道驶入高速公路时，本应能够采取安全措施避免事故发生，但因疲劳驾驶而未采取安全措施，其违法行为在事故发生中起重要作用，是导致卧铺大客车追尾碰撞重型半挂货车的主要原因。

（2）重型半挂货车驾驶人闪××从匝道违法驶入高速公路，在高速公路上违法低速行驶，其违法行为也在事故发生中起一定作用，是导致卧铺大客车追尾碰撞重型半挂货车的次要原因。

2. 间接原因

1）内蒙古自治区呼和浩特市呼运（集团）有限责任公司客运安全管理的主体责任落实不力

呼运（集团）有限责任公司未严格执行《内蒙古呼运（集团）有限责任公司驾驶员落地休息制度》，未认真督促事故大客车在凌晨 2 时至 5 时期间停车休息；开展道路运输车辆动态监控工作不到位，对事故大客车驾驶人夜间疲劳驾驶的问题失察。

2）河南省焦作市孟州市汽车运输有限责任公司危险货物运输安全管理的主体责任落实不到位

孟州市汽车运输有限责任公司安全管理制度不健全，安全管理措施不落实；未纠正事故重型半挂货车驾驶人没有在公司内部备案、没有参加过安全教育培训等问题；未认真开展危险货物运输动态监控工作，对事故重型半挂货车未按规定配备两名合格驾驶人和超量装载危险货物等问题失察。

3）内蒙古自治区呼和浩特市交通运输管理部门道路客运安全的监管责任落实不到位

（1）呼和浩特市交通运输管理局组织开展道路客运市场管理和监督检查工作不力，对呼运（集团）有限责任公司落实车辆动态监控工作的情况督促检查不到位。

（2）呼和浩特市交通运输局组织开展道路运输行业安全监管工作不到位，对呼和浩特市交通运输管理局履行监管职责的情况督促检查不到位。

4）河南省焦作市交通运输管理部门危险货物道路运输的监管责任落实不到位

（1）孟州市交通运输局及公路运输管理所组织开展危险货物道路运输管理和监督检查工作不力，未认真督促孟州市汽车运输有限责任公司整改安全管理制度不健全和安全管理措施不落实等问题。

（2）焦作市道路运输管理局指导孟州市道路运输管理部门开展危险货物道路运输管理工作不力，对孟州市汽车运输有限责任公司存在的安全隐患督促检查不到位。

（3）焦作市交通运输局组织开展危险货物道路运输监督检查工作不到位，对焦作市道路运输管理局和孟州市交通运输局履行监管职责的情况督促检查不到位。

5）陕西省延安市、内蒙古自治区呼和浩特市、河南省焦作市孟州市公安交通管理部门道路交通安全的监管责任落实不到位

（1）陕西省延安市公安交通警察支队对包茂高速安塞服务区出口加速车道的通行秩序疏导不到位，对车辆违法越过导流区进入高速公路主线缺乏有效管控措施。

（2）内蒙古自治区呼和浩特市公安交通警察支队开展客运车辆及驾驶人交通安全教育工作存在薄弱环节，对呼运（集团）有限责任公司客运车辆及驾驶人的违法行为监管不到位。

（3）河南省焦作市孟州市公安交通警察大队开展危险货物运输车辆及驾驶人排查建档、安全教育等工作存在薄弱环节，对孟州市汽车运输有限责任公司危险货物运输车辆及驾驶员的违法行为监管不到位。

3. 事故性质

经调查认定，包茂高速陕西延安“8•26”特别重大道路交通事故是一起生产安全责任事故。

（四）对事故有关责任人员及责任单位的处理建议

1. 司法机关已采取措施人员

（1）郭××，卧铺大客车车主。因涉嫌重大责任事故罪，2012 年 9 月 6 日被刑事拘留，9 月 29 日被取保候审。

（2）史××，卧铺大客车车主、乘务员。因涉嫌重大责任事故罪，2012 年 9 月 6 日被刑事拘留，9 月 29 日被批准逮捕，12 月 27 日被取保候审。

（3）闪××，重型半挂货车驾驶人兼押运员。因涉嫌危险物品肇事罪，2012年9月20日被刑事拘留，10月19日被批准逮捕。2013年1月15日被移送起诉。

（4）张×，重型半挂货车驾驶人兼押运员。因涉嫌危险物品肇事罪，2012年9月15日被刑事拘留，10月19日被批准逮捕。2013年1月15日被移送起诉。

（5）李××，呼运（集团）有限责任公司客运三分公司安全员。因涉嫌重大责任事故罪，2012年9月6日被刑事拘留，9月29日被批准逮捕，12月27日被取保候审。

（6）田××，呼运（集团）有限责任公司客运三分公司经理。因涉嫌重大责任事故罪，2012年9月6日被刑事拘留，9月29日被批准逮捕，11月14日被取保候审。

（7）王××，呼运（集团）有限责任公司安全技术部GPS监控值班员。因涉嫌重大责任事故罪，2012年9月6日被刑事拘留，9月29日被批准逮捕，12月27日被取保候审。

（8）陈××，呼运（集团）有限责任公司安全技术部GPS监控值班员。因涉嫌重大责任事故罪，2012年9月6日被刑事拘留，9月29日被批准逮捕，12月27日被取保候审。

（9）高××，呼运（集团）有限责任公司安全技术部部长。因涉嫌重大责任事故罪，2012年9月6日被刑事拘留，9月29日被批准逮捕，12月27日被取保候审。

（10）史××，呼运（集团）有限责任公司副总经理，分管客运和安全技术工作。因涉嫌重大责任事故罪，2012年9月6日被刑事拘留，9月29日被批准逮捕，11月14日被取保候审。

以上人员均已被司法机关采取刑事强制措施，其中属中共党员的，待司法机关作出处理后，由当地纪检机关或有管辖权的单位按照管理权限及时给予相应的党纪处分。

2. 建议给予党纪、政纪处分人员

（1）彭××，内蒙古自治区呼和浩特市呼运（集团）有限责任公司董事长、党委委员。开展旅客运输安全管理工作不力，未认真贯彻执行公司驾驶员落地休息制度，未解决好公司GPS监控系统无法对超时驾驶问题实现自动报警和实时监控的问题。对事故的发生负有主要领导责任。建议给予撤销党内职务处分。

（2）李××，中共党员，河南省焦作市孟州市汽车运输有限责任公司危货科科长。开展危险货物运输管理工作不力，未纠正事故车辆驾驶人没有在公司内部备案、没有参加过安全教育培训等问题，对事故车辆未按规定配备两名合格驾驶人和超量装载危险货物等问题失察。对事故的发生负有主要领导责任。建议给予撤职、党内严重警告处分。

（3）席××，中共党员，河南省焦作市孟州市汽车运输有限责任公司安全科副科长（主持工作）。开展危险货物运输安全隐患排查工作不力，对事故车辆驾驶人没有在公司内部备案、没有参加过安全教育培训等问题失察。对事故的发生负有主要领导责任。建议给予降级、党内严重警告处分。

（4）姚××，河南省焦作市孟州市汽车运输有限责任公司副总经理、党支部委员，分管危货科。组织开展危险货物运输管理工作不力，对事故车辆驾驶人没有在公司内部备案、没有参加过安全教育培训、事故车辆未按规定配备两名合格驾驶人和超量装载危险货物等问题失察。对事故的发生负有主要领导责任。建议给予撤职、撤销党内职务处分。

（5）钱××，河南省焦作市孟州市汽车运输有限责任公司副总经理、党支部委员，分管安全科。组织开展危险货物运输安全隐患排查工作不力，对事故车辆驾驶人没有在公司内部备案、没有参加过安全教育培训等问题失察。对事故的发生负有主要领导责任。建议给予降级、党内严重警告处分。

（6）赵××，河南省焦作市孟州市汽车运输有限责任公司董事长、总经理、党支部书记。组织开展危险货物运输管理和安全隐患排查工作不力，对分管领导和相关科室履行管理职责的情况督促检查不到位。对事故的发生负有主要领导责任。建议给予撤职、撤销党内职务处分。

（7）王××，中共党员，内蒙古自治区呼和浩特市交通运输管理局长途客运分局驻呼运站管理所所长。开展旅客运输安全监管工作不力，对呼运（集团）有限责任公司落实客运车辆动态监控工作的情况督促检查不到位。对事故的发生负有主要领导责任。建议给予撤职、党内严重警告处分。

（8）刘×，中共党员，内蒙古自治区呼和浩特市交通运输管理局长途客运分局副局长兼驻南站管理所所长，分管驻呼运站管理所。指导督促驻呼运站管理所开展旅客运输安全监管工作不力，对呼运（集团）有限责任公司落实客运车辆动态监控工作的情况督促检查不到位。对事故的发生负有主要领导责任。建议给予降级、党内严重警告处分。

（9）刘×，中共党员，内蒙古自治区呼和浩特市交通运输管理局长途客运分局局长。组织开展客运市场管理和监督检查工作不到位，对分管领导和相关科室履行监管职责的情况督促检查不到位。对事故的发生负有重要领导责任。建议给予记大过处分。

（10）兰××，内蒙古自治区呼和浩特市交通运输管理局副局长、党委委员，分管长途客运分局。组织开展客运市场管理和监督检查工作不到位，对长途客运分局履行监管职责的情况督促检查不到位。对事故的发生负有重要领导责任。建议给予记大过处分。

（11）张×，内蒙古自治区呼和浩特市交通运输局副局长、党委委员，呼和浩特市交通运输管理局局长、党委副书记。组织开展道路运输安全管理和监督检查工作不到位，对交通运输管理局相关科室履行监管职责的情况督促检查不到位。对事故的发生负有重要领导责任。建议给予记大过处分。

（12）王××，内蒙古自治区呼和浩特市交通运输局局长、党委书记。贯彻落实道路运输安全法律法规和政策规定不到位，对分管领导和相关科室履行监管职责的情况督促检查不到位。对事故的发生负有重要领导责任。建议给予记过处分。

（13）田××，中共党员，河南省焦作市孟州市公路运输管理所维修科科长，负责危货运输企业监管工作。开展危险货物运输安全监管工作不力，未认真督促孟州市汽车运输有限责任公司整改安全管理制度不健全和安全管理措施不落实等问题。对事故的发生负有主要领导责任。建议给予撤职、党内严重警告处分。

（14）邓××，河南省焦作市孟州市公路运输管理所党支部副书记，分管维修科。组织开展危险货物运输安全监管工作不力，对分管科室及有关人员履行危险货物运输企业安全检查职责的情况监督指导不到位。对事故的发生负有主要领导责任。建议给予撤销党内职务处分。

（15）刘××，河南省焦作市孟州市公路运输管理所所长、党支部副书记。组织开展危险货物运输安全监管和安全隐患排查工作不力，对分管领导和有关科室履行监管职责的情况督促检查不到位。对事故的发生负有主要领导责任。建议给予撤职、撤销党内职务处分。

（16）宋××，河南省焦作市孟州市交通运输局党组成员、副局长，分管孟州市汽车运输有限责任公司。组织下属运输企业贯彻落实道路运输安全法律法规和政策规定不力，对孟州市汽车运输有限责任公司安全管理制度不健全和安全管理措施不落实等问题督促检查不到位。对事故的发生负有主要领导责任。建议给予降级、党内严重警告处分。

（17）马××，河南省焦作市孟州市交通运输局党组成员、主任科员，分管孟州市公路运输管理所。组织开展危险货物运输安全监管和安全隐患排查工作不到位，对孟州市公路运输管理所履行监管职责的情况督促检查不到位。对事故的发生负有主要领导责任。建议给予降级、党内严重警告处分。

（18）郭××，河南省焦作市孟州市交通运输局局长、党组副书记。贯彻落实道路运输安全法律法规和政策规定不到位，对下属运输企业安全生产主体责任不落实的问题督促检查不到位，对分管领导和相关科室履行监管职责的情况督促检查不到位。对事故的发生负有重要领导责任。建议给予记大过处分。

（19）王××，河南省焦作市孟州市人民政府副市长、党组成员，分管孟州市交通运输局。贯彻落实道路运输安全法律法规和政策规定不到位，对孟州市交通运输局履行监管职责的情况督促检查不到位。对事故的发生负有重要领导责任。建议给予记过处分。

（20）岳××，中共党员，河南省焦作市道路运输管理局货运管理科科长。指导孟州市公路运输管理所开展危险货物运输安全监管工作不到位，未认真督促解决孟州市汽车运输有限责任公司安全管理制度不健全和安全管理措施不落实等问题。对事故的发生负有重要领导责任。建议给予记大过处分。

（21）刘××，中共党员，河南省焦作市道路运输管理局副局长，分管货运管理科。组织开展危险货物运输安全监管工作不到位，对分管科室及有关人员履行监管职责的情况督促检查不到位。对事故的发生负有重要领导责任。建议给予记大过处分。

（22）郑××，河南省焦作市道路运输管理局局长，党支部副书记。组织开展危险货物运输安全监管和安全隐患排查工作不到位，对分管领导和有关科室履行监管职责的情况督促检查不到位。对事故的发生负有重要领导责任。建议给予记过处分。

（23）杨××，中共党员，河南省焦作市交通运输局副局长，分管焦作市道路运输管理局。贯彻落实道路运输安全法律法规和政策规定不到位，对焦作市道路运输管理局及有关人员履行监管职责的情况督促检查不到位。对事故的发生负有重要领导责任。建议给予记过处分。

（24）王××，中共党员，陕西省延安市公安局交警支队高速公路交警大队安塞中队中队长。作为2012年8月26日凌晨当班值班领导，对包茂高速安塞服务区出口加速车道通行秩序疏导不到位，对车辆违法越过导流区进入高速公路主线缺乏有效管控措施。对事故的发生负有重要领导责任。建议给予记大过处分。

（25）齐××，中共党员，内蒙古自治区呼和浩特市公安局交警支队新城大队副大队长。开展客运车辆及驾驶人交通安全教育工作存在薄弱环节，对呼运（集团）有限责任公司客运车辆及驾驶人的违法行为监管不到位。对事故的发生负有重要领导责任。建议给予记过处分。

（26）程×，中共党员，河南省焦作市孟州市公安交通警察大队车辆管理所副所长，孟州市客货运机动车及驾驶人源头管理工作领导小组办公室副主任，分管驾驶证管理工作。开展车辆及驾驶人排查建档、宣传教育等工作存在薄弱环节，对孟州市汽车运输有限责任公司危险货物运输车辆及驾驶人的违法行为监管不到位。对事故的发生负有重要领导责任。建议给予记大过处分。

3. 对相关单位和人员的行政处罚建议

依据《中华人民共和国安全生产法》、《生产安全事故报告和调查处理条例》（国务院令第493号）等有关法律法规的规定，建议内蒙古自治区相关部门对呼运（集团）有限责任公司及其主要责任人给予相应行政处罚；河南省相关部门对孟州市汽车运输有限责任公司及其主要责任人给予相应行政处罚。

（五）事故防范和整改措施建议

针对事故暴露出来的问题，为进一步细化工作措施，切实落实企业安全生产主体责任和相关部门监管责任，有效防范类似事故再次发生，特提出以下工作建议。

1. 高度重视道路交通安全工作

内蒙古自治区、河南省、陕西省人民政府及其有关部门要高度重视道路交通安全工作，认真宣传贯彻《国务院关于加强道路交通安全工作的意见》（国发〔2012〕30号，以下简称《意见》）和《道路交通安全“十二五”规划》（安委办〔2011〕50号）。要结合实际，抓紧制定并落实本地区实施《意见》和《道路交通安全“十二五”规划》中有关新制度、新措施的可操作性意见和办法，明确细化责任分工方案，确保道路运输企业安全生产主体责任、部门监管责任、属地管理责任、道路交通安全工作目标考核和责任追究制度等落到实处。要切实改进道路交通安全监管的手段和方法，建立由道路交通安全工作联席会议等机构牵头协调的工作机制，形成工作联动、数据共享、联合执法的道路交通安全工作合力。

2. 进一步加强长途卧铺客车安全管理

内蒙古自治区人民政府及其有关部门要结合本地区实际，认真研究制定切实有效的长途卧铺客车安全管理措施，督促运输企业切实履行交通安全主体责任。要严格客运班线审批和监管，加强班线途经道路的安全适应性评估，合理确定营运线路、车型和时段，严格控制 1 000 km 以上的跨省长途客运班线和夜间运行时间。要加大对现有长途客运车辆的清理整顿，对于不符合安全标准、技术等级不达标的，要坚决停运并彻底整改。要督促道路客运企业严格落实长途客运车辆凌晨 2 时至 5 时停止运行或实行接驳运输制度，充分利用车辆动态监控手段加大对车辆的监督检查力度，督促运输企业严格落实长途客运驾驶人停车换人、落地休息等制度，杜绝驾驶人疲劳驾驶。

3. 进一步加强危险化学品运输安全管理

河南省人民政府及其有关部门要督促危险化学品运输企业认真履行承运人的义务和职责，建立健全安全管理制度，根据化学品的危险特性采取相应的安全防护措施，并在车辆上配备必要的防护用品和应急救援器材，进一步完善应急预案，有针对性地开展不同条件下的应急预案演练活动；充分利用危险化学品运输车辆动态监控系统，加强对危险化学品运输车辆的管理，严禁危险化学品运输车辆在高速公路低速行驶、随意停靠。要对全省危险化学品运输车辆进行全面排查和清理整顿，禁止任何形式的挂靠车辆从事危险化学品道路运输经营行为；用于运输易燃易爆危险化学品的罐式车辆不符合相关安全技术标准、生产一致性要求的，要积极联系生产企业进行改造。要建立驾驶人驾驶资质、从业资质、交通违法、交通事故等信息的共享联动机制，加强对危险化学品运输车辆驾驶人的动态监管。

4. 加大道路路面秩序巡查力度

陕西省、内蒙古自治区人民政府及其有关部门要继续强化路面秩序管控，严把出站、出城、上高速、过境“四关”，对 7 座以上客车、旅游包车、危险品运输车实行“六必查”，坚决消除交通安全隐患，严防发生重特大道路交通事故。要加强高速公路日常巡查监管力度，针对高速公路重点交通违法行为进行专项研判，提前优化警力部署，提升工作成效。要因地制宜，在高速公路服务区等处设立临时执勤点，加强交通流量集中路段的巡逻，严查严纠违法占道、疲劳驾驶、超速超载、高速公路上下客等各类严重交通违法行为。要严格执行《意见》有关客运车辆夜间安全通行方面的新要求，科学调整勤务，改进执勤执法方式，完善交通管理设施，并督促指导运输企业相应调整动态监控系统设定的行驶速度预警指标，确保夜间客运车辆按规定运行。

5. 着力提升道路运输行业从业人员教育管理水平

内蒙古自治区、河南省要高度重视道路运输行业从业人员的安全教育培训工作，采用案例教育等多种形式，不断提高从业人员的安全意识、法制意识、责任意识和技能水平。要按照相关要求督促道路运输企业建立驾驶人安全教育、培训及考核制度，定期对客运驾驶人开展法律法规、技能训练、应急处置等教育培训，并对客运驾驶人教育与培训的效果进行考核。危险化学品道路运输企业还应当针对危险化学品的性质，强化驾驶人员和押运人员的应急演练，确保驾驶人员、押运人员在事故发生后及时采取相应的警示措施和安全措施，并按规定及时向当地公安机关报告。要督促运输企业建立驾驶员档案，定期进行考核，及时了解掌握驾驶员状况，严禁不具备相应资质的人员驾驶机动车辆。

6. 尽快完善道路交通安全法律法规和技术标准

国家有关部门要适应道路交通安全管理工作的实际需求，进一步完善罐式危险化学品运输车辆的技术标准和规范，提高危险化学品运输车辆后下部防护装置的强度，优化车辆罐体阀门等装置的连接方式，提升罐式危险化学品运输车辆的被动安全性。要进一步完善高速公路技术标准体系，结合实际情况对高速公路服务区出口加减速车道长度、导流区物理隔离设施设置标准等内容进行适当修订和细化。要借鉴剧毒化学品和爆炸品运输相关管理措施，研究进一步加强易燃危险化学品运输管理的综合措施。要进一步完善道路运输车辆动态监管机制，尽快出台动态监管工作管理办法，明确车辆动态监控系统的使用管理规定，加强对道路运输企业的指导和管理。

六、西藏拉萨“8·9”特别重大道路交通事故

2014 年 8 月 9 日 14 时 37 分许，西藏自治区拉萨市尼木县境内 318 国道发生一起特别重大道路交通事故，造成 44 人死亡、11 人受伤，直接经济损失 3 900 余万元。

2014 年 8 月 10 日，报请国务院批准，成立了由国家安全监管总局、公安部、监察部、交通运输部、全国总工会、旅游局和西藏自治区人民政府相关负责同志组成的国务院西藏拉萨“8·9”特别重大道路交通事故调查组（以下简称事故调查组）。事故调查组邀请最高人民检察院派员参加，并聘请了车辆技术、公路工程、公安交管、交通事故处理等领域专家参加事故调查工作。

事故调查组按照“四不放过”和“科学严谨、依法依规、实事求是、注重实效”的原则，通过现场勘验、调查取证、检测鉴定和专家论证，查明了事故发生的经过、原因、人员伤亡和直接经济损失情况，认定了事故性质和责任，提出了对有关责任人和责任单位的处理建议，并针对事故原因及暴露出的突出问题，提出了事故防范措施。

（一）事故发生经过及应急处置情况

2014 年 8 月 9 日 14 时 37 分许，驾驶人董×驾驶车牌号为藏 AL1869 的大客车，沿 318 国道由日喀则驶往拉萨。当车辆行驶至拉萨市尼木县境内 318 国道 4 740 km + 237 m 处左转弯下坡路段时，遇对向驶来的白××驾驶的车牌号为藏 AX9272 的越野车违法越过道路中心线，两车左前部发生正面相撞，藏 AL1869 大客车随后向右前方与路侧波形梁护栏刮擦并撞断护栏，后仰翻坠落至 11 m 深的山崖，客车顶部坠地受挤压后严重变形，导致车内 42 人死亡、8 人受伤。藏 AX9272 越野车在撞击后逆时针旋转 180° 并回到原车道，又与随后同向驶来的车牌号为渝 FC2027 的长城牌轻型普通货车刮撞后，停在道路左侧边沟处，导致藏 AX9272 越野车内 2 人死亡、2 人受伤，渝 FC2027 轻型普通货车内 1 人受伤。该事故共造成 44 人死亡、11 人受伤、两辆汽车严重损坏，直接经济损失 3 900 余万元。

接到事故报告后，拉萨市曲水县和尼木县立即启动应急预案，公安、卫生等部门先后赶到现场，迅速开展现场救援、交通指挥疏导等工作。西藏自治区、拉萨市党委、政府迅速启动二级应急响应，有关领导亲临一线组织开展事故救援和前期勘查工作。国家安全监管总局、交通运输部、公安部负责同志率工作组赶到事故现场，指导事故调查和善后处理工作。20 时 50 分，事故现场救援基本结束，交通秩序恢复正常。

（二）事故相关情况

1. 事故车辆情况

（1）藏 AX9272 越野车。该车为 GTM6481ADS 型丰田牌小型普通客车，于 2014 年 6 月 3 日在西藏自治区拉萨市公安局交警支队车辆管理所办理注册登记，登记的所有人为杨××（拉萨志远汽车租赁有限公司法定代表人），车辆使用性质为非营运，检验有效期至 2016 年 6 月 30 日。经检验鉴定，越野车事故前转向系统和制动系统技术状况正常。

2014 年 7 月 29 日，内蒙古自治区赤峰市人白××与其多位朋友到西藏自治区游玩。白××的朋友在拉萨志远汽车租赁有限公司（以下简称志远公司）承租了藏 AX9272 越野车，双方签订了租赁合同，车辆租期至 2014 年 8 月 15 日。

8 月 9 日 13 时 37 分，白××驾驶藏 AX9272 越野车载其 3 位朋友一起离开拉萨前往日喀则，14 时 37 分许到达事发路段。

（2）藏 AL1869 大客车。该车为 ZK6122H9 型宇通牌大型普通客车，于 2012 年 5 月 16 日在西藏自治区拉萨市公安局交警支队车辆管理所办理注册登记，注册登记所有人为西藏圣地旅游汽车有限公司（以下简称圣地公司），车辆使用性质为旅游客运，检验有效期至 2015 年 5 月。该车于 2012 年 5 月 17 日取得客车营运证，经营范围为旅游客运，客运经营权期限为 8 年。该车核载 55 人，事故发生时实载 50 人。经检验鉴定，大客车在碰撞前转向系统技术状况正常，事故前右后轮制动不符合规定。

经查，2012 年 7 月，圣地公司将该车交由方××和周××承包经营。2014 年 4 月 30 日，方××以签订书面合同方式聘用驾驶人董×驾驶该车，聘用期至 2015 年 4 月 22 日。

2014 年 8 月 8 日，董×驾驶该车载旅游团抵达日喀则，当晚 23 时许休息。8 月 9 日 8 时 37 分董×驾车驶离日喀则返回拉萨市，途中休息吃饭，14 时 20 分通过尼木县公安交通检查站，14 时 37 分许到达事发路段。

2. 事故车辆驾驶人情况

（1）白××，藏 AX9272 越野车驾驶人，女，26 岁，内蒙古赤峰市人。持准驾车型为 C1 的机动车驾驶证，发证机关为内蒙古自治区呼和浩特市公安局交警支队，审验有效期至 2018 年 6 月 11 日。白××已在事故中死亡。

（2）董×，藏 AL1869 大客车驾驶人，男，46 岁，四川省遂宁市人。持准驾车型为 A1、A2 的机动车驾驶证，发证机关为四川省遂宁市公安局交警支队，审验有效期至 2015 年 3 月 28 日。2007 年 12 月 3 日，取得经营性道路旅客运输驾驶员资格，有效期至 2020

年 5 月 11 日。董×在事故中受伤。

经调查，没有发现白××、董××后驾驶迹象，两名驾驶人证照齐全，均在有效期内。

3. 事故道路情况

事故现场位于 318 国道 4 740 km + 237 m 处，海拔 3 850 m。事故路段为山岭重丘区二级公路标准，设计速度 40 km/h，沥青混凝土路面，呈东西走向，北侧为高山，南侧为雅鲁藏布江峡谷，路基宽 8.5 m，路面宽 7 m，中心施画有单黄虚线，临山一侧设有宽 0.6 m 的排水沟，临江一侧设有波形梁护栏。事发地点纵坡度为 5.7%，横坡度为 1.5%，弯道半径 700 m。距事发地点西侧 304 m 处设置有“下坡”警示标志，距事发地点东侧 160 m 处设置有“事故多发路段谨慎驾驶”道路警示标志。事故现场南侧大客车坠崖处距路面的垂直高度为 11 m。距事故现场大客车行驶方向 7 km 和小型普通客车行驶方向 7 km 处，分别设置有限速 40 km/h 的禁令标志。

该路段 2005 年 7 月交工通车，事故路段的道路技术指标符合当时的《公路工程技术标准》（JTJ 001—1997）。交通安全设施符合当时的《公路交通安全设施设计规范》（JTG D81—2006）有关路侧 B 级波形梁护栏设置规定。

事故发生时天气为晴转多云。

4. 事故单位情况

（1）志远公司成立于 2006 年 4 月 19 日，注册资金 200 万元，法定代表人杨××，企业法人营业执照注册号为 5401001000557，有效期至 2016 年 4 月 10 日。企业所在地为拉萨市国际城太阳岛一路 9 号，具备汽车租赁资质，经营范围为客运汽车租赁和汽车美容。

（2）圣地公司由西藏圣地股份有限公司和国风集团有限公司于 2003 年 10 月 10 日共同出资注册，注册资金 1 000 万元。其中，西藏圣地股份有限公司占资 95.4%。公司法定代表人欧××。公司具备非定线旅游客运资质，主营旅游与运输汽车配件等业务。公司共有车辆 303 辆，其中：284 辆车为私人挂靠，19 辆为公司自购车辆（含藏 AL1869 大客车）。自购车辆中有 5 辆为自营，其余 14 辆租赁经营。租赁经营车辆中有 5 辆由方××租赁经营（含藏 AL1869 大客车）。

（3）西藏旅游股份有限公司是圣地公司母公司，原名为西藏圣地股份有限公司，1996 年 9 月 28 日经西藏自治区人民政府批准正式成立，是西藏国际体育旅游公司、西藏天然矿泉水公司、西藏交通工业总公司、西藏信托投资公司发起的在上海证券交易所挂牌交易的股份有限公司。目前公司董事长为欧××，总经理为苏×。该公司经营范围：旅游资源及旅游景区的开发经营，旅游观光、徒步、特种旅游、探险活动的组织接待、酒店投资与经营，文化产业投资与经营。

5. 相关企业情况

飞翔旅行社有限公司于 2013 年 5 月经西藏自治区旅游局许可，6 月 9 日在西藏自治区工商局注册成立，注册资金 100 万元，相关资质审批及工商注册手续齐备，并按规定投保了旅行社责任保险，保额为每人每次事故 30 万元，每次事故责任限额 200 万元。法定代表人张×。飞翔旅行社主要通过与内地的组团社及批发商签订长期合作协议承接地接业务。

事故涉及北京、黑龙江、上海、浙江、安徽、山东、湖北等内地13家组团旅行社，共有游客46名，飞翔旅行社负责西藏本地旅游接待，飞翔旅行社与相关组团社均签有《旅游接待委托协议》。8月5日，飞翔旅行社与圣地公司车辆的承包人周××联系，将旅行社派车单及盖好旅行社公章的旅游包车协议交周××，请周××根据人数和行程安排帮助安排车辆。周××安排了自己和方××共同承包经营的藏AL1869大客车承担本次任务。该团行程安排为8月5日抵达拉萨，12日离开拉萨返程，期间参观游览卡定沟、尼洋阁、羊湖、扎什伦布寺、布达拉宫、大昭寺、纳木错等景点。8月9日的行程安排是从日喀则参观扎什伦布寺后返回拉萨。事发当天该团按计划行程参观。

（三）事故直接原因

一是藏AL1869大客车制动性能不合格、超速行驶。经调查，大客车右后轮制动性能不符合《汽车维护、检测、诊断技术规范》（GB/T 18344—2001）的要求，存在严重安全隐患。该车在从日喀则返回拉萨的途中，长时间超速行驶，在下坡限速40 km/h的路段超速60%以上，导致与藏AX9272越野车相撞后，车身左前部严重变形，车辆无法转向，最终翻坠下山崖。

二是藏AL1869大客车在会车时未安全驾驶，未采取处置措施。藏AX9272越野车在发生事故前4.6 s内行驶了73 m，按照藏AL1869大客车事故发生前行驶速度计算，4.6 s行驶了82～93 m，两车相距150 m以上，而且视线良好，大客车完全可以发现越野车违法占道并可采取减速、鸣喇叭等措施避免发生事故，但大客车既未减速，也未警示，更未停车或者避让，直接导致事故的发生。

三是藏AX9272越野车超速行驶、违法占道。经证人证言、现场勘查和检验鉴定，确认在事故发生前该车靠道路中心线行驶，在上坡限速40 km/h的路段，超速20%以上，在与对向大客车会车前，违法越过道路中心线占道行驶，导致两车相撞，大客车失控坠崖。

综上所述，藏AX9272越野车在上坡路段超速行驶，在会车时违法占道是导致事故的重要原因。藏AL1869大客车安全性能不符合国家标准，存在严重安全隐患，在下坡路段严重超速行驶，会车时发现对方车辆违法占道未采取减速、警示、停车或者避让等措施，也是导致事故的重要原因。

（四）事故间接原因

1. 事故相关企业存在的问题

（1）志远公司安全管理规章制度缺失，安全责任制不落实，长期利用未办理租赁手续的车辆非法营运。

（2）圣地公司安全管理混乱，未按规定设立安全管理机构和配备专职安全管理人员，违规承包租赁车辆，车辆未经例检就签发路单，驾驶人安全培训教育制度缺失，对车辆违规超速行为未实施有效的动态监控，处罚规定不落实，对藏 AL1869 大客车动态监控终端不在线的问题没有及时提醒当班驾驶人。

（3）西藏旅游股份有限公司未设立安全生产管理机构，无安全生产专（兼）职人员，对下属圣地公司安全生产工作监督管理不力。

2. 拉萨市运输管理部门存在的问题

（1）拉萨市运输管理局对本行政区域内道路运输企业源头安全监督管理不到位，对汽车租赁企业许可年审时把关不严，整治汽车租赁非法营运行为不力，未组织开展上级部署的整治汽车租赁企业非法营运行为专项行动，对圣地公司违规承包租赁、车辆例检制度形同虚设、驾驶人安全培训教育制度缺失等安全管理混乱问题失察。

（2）拉萨市交通运输局对拉萨市运输管理局工作指导和督促不到位，对其没有认真履行道路运输企业源头安全监督管理职责的情况失察，对其未组织开展上级部署的整治汽车租赁企业非法营运行为专项行动没有及时发现并督促落实。

3. 拉萨市、尼木县公安交通管理部门存在的问题

（1）尼木县交警大队对所辖 318 国道事故发生路段车辆超速和违法占道巡查管控不力。

（2）拉萨市交警支队对全市道路交通客运安全防范工作监控不到位，对尼木县交警大队履行道路交通安全监管职责督促指导不力。

4. 拉萨市、尼木县政府存在的问题

（1）尼木县政府履行道路交通安全监管职责不到位，对公安交通管理部门路面执法监管及旅游客车超速违法行为整治督促指导不力。

（2）拉萨市政府对交通运输企业属地安全管理不到位，督促指导市交通运输管理部门落实汽车租赁企业和旅游客运企业源头安全监管职责工作不力。

（五）事故性质

经调查认定，西藏拉萨“8·9”特别重大道路交通事故是一起生产安全责任事故。

（六）对事故有关责任人员及责任单位的处理建议

1. 免于追究责任人员

白××，藏 AX9272 越野车驾驶人，涉嫌犯罪，鉴于在事故中死亡，建议免于追究责任。

2. 移交司法机关人员

（1）董×，藏 AL1869 大客车驾驶人，涉嫌重大责任事故罪，被公安机关采取措施。

（2）尼×，圣地公司当班 GPS 专职监控人员，涉嫌重大责任事故罪，被公安机关采取措施。

（3）刘××，圣地公司服务中心和 GPS 监控室的主管，涉嫌重大责任事故罪，被公安机关采取措施。

（4）杨××，圣地公司副总经理及公司实际负责人，涉嫌重大责任事故罪，被公安机关采取措施。

（5）方××，藏 AL1869 大客车实际承包人，涉嫌重大责任事故罪，被公安机关采取措施。

（6）周××，藏 AL1869 大客车实际承包人，涉嫌重大责任事故罪，被公安机关采取措施。

（7）杨××，志远公司实际负责人，涉嫌非法经营罪，被公安机关采取措施。

3. 建议给予党纪、政纪处分和行政处罚人员

（1）斯×××，藏族，拉萨市委常委、市政府常务副市长、市人大代表，自 2014 年 4 月起，分管拉萨市交通运输局。对拉萨市交通运输局、道路运输管理局履行交通运输企业安全管理职责、按上级单位部署开展整治汽车租赁企业非法营运行为专项行动等工作督促检查不到位。对事故发生负有重要领导责任，建议给予行政记过处分。

（2）吴××，尼木县委常委、政法委书记，县公安局局长、县人大代表。对尼木县公安交警部门未认真履行职责督促检查不到位。根据党政同责要求，对事故发生负有重要领导责任，建议给予行政记过处分。

（3）贡×××，藏族，拉萨市交通运输局局长。对下属单位拉萨市道路运输管理局工作指导和督促不到位，对其没有认真履行道路运输企业源头安全监督管理职责、未组织开展上级部署的整治汽车租赁企业非法营运行为专项行动等问题失察。对事故发生负有重要领导责任，建议给予行政记过处分。

（4）边×××，藏族，中共党员，拉萨市公安局交警支队副支队长，负责联系尼木县公安局交警大队。对尼木县公安局交警大队履行道路安全监管职责指导不到位，对事故发生负有重要领导责任，建议给予行政记过处分。

（5）宋××，中共党员，拉萨市道路运输管理局局长。对下属科室没有认真履行道路运输企业源头安全监督管理职责的情况失察，未组织开展上级部署的整治汽车租赁企业非法营运行为专项行动。对事故发生负有重要领导责任，建议给予行政记过处分。

（6）杨×，藏族，中共党员，拉萨市道路运输管理局副局长（工人身份），分管旅游科。对旅游科没有认真履行旅游客运企业源头安全监督管理职责的情况失察。对事故发生负有重要领导责任，建议给予党内警告处分。

（7）张××，中共党员，拉萨市道路运输管理局副局长，分管运管科。对运管科没有认真履行汽车租赁企业源头安全监督管理职责的情况失察。对事故发生负有重要领导责任，建议给予行政记过处分。

（8）黄××，女，中共党员，拉萨市道路运输管理局运管科科长（工人身份），负责汽车租赁企业许可及源头安全监管。在拉萨志远汽车租赁有限公司许可年审时对企业提交材料把关不严；履行汽车租赁企业源头安全监督管理职责不到位，对拉萨志远汽车租赁有限公司长期利用未办理租赁手续车辆租赁的行为没有及时查处。对事故发生负有重要领导责任，建议给予党内警告处分。

（9）加×××，藏族，中共党员，拉萨市道路运输管理局旅游科主要负责人，负责旅游客运企业源头安全监管。没有认真履行旅游客运企业源头安全监督管理职责，对西藏圣地旅游汽车有限公司违规承包租赁车辆、安全例检制度不落实、驾驶人安全培训教育制度缺失等管理混乱问题失察。对事故发生负有主要领导责任，建议给予行政记大过处分。

（10）多×××，藏族，尼木县公安局政委，分管尼木县公安局交警大队。对事故路段长期存在的车辆超速问题不够重视，对加强事故多发路段路面巡查管控工作指导不力，对尼木县公安局交警大队履行道路安全监管职责的情况督促检查不力。对事故发生负有重要领导责任，建议给予行政记过处分。

（11）洛×××，藏族，中共党员，尼木县公安局交警大队队长。未认真履行职责，对车辆普遍超速问题、旅游旺季营运客车增多等情况，未采取有效的针对性措施，对事故多发路段巡查管控工作组织不力。对事故发生负有主要领导责任，建议给予行政记大过处分。

（12）洛×××，藏族，尼木县公安局交警大队交通检查中队队长，负责过卡车辆限速、车况检查任务。对所辖路段车辆超速和违法占道问题缺乏有效管控措施。对事故发生负有主要领导责任，建议给予行政记大过处分。

（13）阿×，藏族，中共预备党员，尼木县公安局交警大队事故调查中队队长。对所辖路段车辆超速和违法占道问题缺乏有效管控措施。对事故发生负有主要领导责任，建议给予行政记大过处分。

（14）欧××，圣地公司法定代表人，西藏旅游股份有限公司董事长。对安全生产工作不重视，西藏旅游股份有限公司未设立安全生产管理机构，无安全生产专（兼）职人员，对下属子公司安全生产工作监督管理不力。对事故发生负有主要领导责任，建议处上一年年收入80%的罚款，终身不得担任旅客运输企业的主要负责人。

（15）苏×，中共党员，西藏旅游股份有限公司总经理。对安全生产工作不重视，西藏旅游股份有限公司未设立安全生产管理机构，无安全生产专（兼）职人员，对下属子公司安全生产工作监督管理不力。在圣地公司总经理退休后，没有指定具体负责人主持工作。对事故发生负有主要领导责任，建议处上一年年收入80%的罚款，终身不得担任旅客运输企业的主要负责人。

4. 行政处罚及问责建议

（1）依据《中华人民共和国安全生产法》、《生产安全事故报告和调查处理条例》（国务院令第493号）等有关法律法规的规定，建议责成西藏自治区安全监管局对相关责任企业及其主要负责人处以法定上限的罚款。

（2）建议责成西藏自治区及拉萨市有关部门吊销志远公司道路运输经营许可证及营业执照，没收非法所得；彻底整顿圣地公司。

（3）建议责成西藏自治区人民政府向国务院作出深刻检查，认真吸取事故教训，进一步加强和改进安全生产工作。

（七）事故防范和整改措施

（1）用最坚决的态度坚守安全发展红线。西藏自治区、拉萨市人民政府及有关部门要深刻吸取事故教训，认真贯彻落实习近平总书记、李克强总理等中央领导同志关于安全生产工作的一系列重要指示批示精神，牢固树立科学发展、安全发展理念，始终坚守“发展决不能以牺牲人的生命为代价”这条红线，建立健全“党政同责、一岗双责、齐抓共管”和“管行业必须管安全，管业务必须管安全，管生产经营必须管安全”的安全生产责任体系。要结合西藏实际，把安全生产与转变经济发展方式、产业结构调整升级、城镇化建设有机结合起来，建立与经济社会发展相适应的安全监管力量和机制，全面加强安全生产工作。特别要高度重视道路交通安全工作，针对西藏地处高原特殊情况、道路交通实际以及旅游业大发展的形势等，研究制定西藏道路交通发展战略和实施规划，加大财力和人力投入，形成有效管理机制，全面加强道路交通安全管理工作。

（2）严格落实汽车租赁企业和客运企业安全生产主体责任。西藏自治区、拉萨市人民政府及有关部门要督促汽车租赁企业、客运企业认真贯彻“安全第一、预防为主、综合治理”的安全生产工作方针，严格执行国家道路交通安全、运输企业管理的法律法规和规章标准，健全和落实企业安全生产责任制，建立健全安全管理机构，按规定配足安全管理人员，切实承担起安全生产的主体责任。要督促汽车租赁企业和客运企业加强对租车人员和客运车辆驾驶人员的安全教育，尤其是旅游客运企业要将安全驾驶技能和安全意识教育作为客运车辆驾驶人员的必修内容，利用典型案例强化警示教育等多种手段，提高驾驶人员安全素质和应急处置技能。

（3）严肃查处非法租赁汽车行为。拉萨市交通运输部门要加大对汽车租赁企业的监督管理力度，督促企业健全和落实规章制度，规范汽车租赁合同，张贴租赁标志，严格查验租赁车辆所有驾驶人员资质，未提交驾驶资质证明的不得驾驶租赁车辆；加强对租车合同检查和日常暗访暗查，发现非法租赁行为要严肃查处，切实扭转汽车租赁市场混乱局面。

（4）切实加强旅游客运企业源头管理。西藏自治区和拉萨市交通运输部门要严格督促企业落实驾驶员培训教育制度、车辆例检制度和派车制度，强化对客运车辆和驾驶人的安全管理，对“以包代管”“包而不管”一律停运整改，杜绝新增进入客运市场的车辆实行租赁、承包、挂靠经营。要严格落实动态监督管理规定，切实加强动态监管平台建设，完善和落实动态监管制度，严格落实企业监控主体责任，动态监管系统不能正常使用的一律停运整改，对蓄意破坏或故意关闭动态监控装置的驾驶人要严肃查处，情节严重的予以解聘、辞退。

（5）加大路面执法巡查力度。拉萨市公安交管部门要强化节假日、旅游旺季等重点时段和临水临崖等事故多发路段交通管控，严厉打击客运车辆超速等交通违法行为；加大道路交通安全治理整顿工作力度，加强路面监控排查整治，重点加强对营运客车违法行为的查处力度，充分运用客运车辆运行动态行驶监控系统，与交通运输等部门密切配合，强化客运车辆路面监控，严厉打击各种违法行为。要进一步加大队伍装备投入，加强执法力量建设，适当充实基层和一线执法力量。

（6）大力实施生命防护工程。西藏自治区及拉萨市交通部门要针对地形地貌复杂、交通安全基础薄弱、事故多发高发路段多、安全隐患突出的情况，在急弯陡坡、临江临崖、事故多发的危险路段尽快加装和完善安全防护设施，实施生命防护工程。要完善限速设置、交通安全管理设备和监控设施，强化科学管理，进一步夯实道路交通安全基础，提高道路安全防护设施等级和安全保障水平。

（7）全面提高道路交通安全监管水平。西藏自治区人民政府要尽快研究理顺旅游客运企业监管体制机制，切实解决拉萨市旅游客运企业日常监管和行政许可脱节等问题。拉萨市人民政府要认真研究解决拉萨市运输管理部门人员少、任务重、监管力量薄弱等突出问题，督促指导交通运输部门认真履行交通运输企业源头监管职责，不断加大日常监管力度，全面提高道路交通安全监管水平，有效防范和坚决遏制重特大事故发生。

七、滨保高速天津“10·7”特别重大道路交通事故

2011年10月7日15时45分许，滨保高速公路天津市境内发生一起特别重大道路交通事故，造成35人死亡、19人受伤，直接经济损失3 447.15万元。

根据中央领导同志重要批示精神和有关法律法规规定，并报请国务院批准，2011年10月12日，成立了由国家安全监管总局、工业和信息化部、公安部、监察部、交通运输部、质检总局、全国总工会和天津市人民政府、河北省人民政府组成的国务院滨保高速天津“10·7”特别重大道路交通事故调查组（以下简称事故调查组）。同时，聘请了车辆技术、公路工程、交通事故处理等专业领域的专家参加事故调查。

事故调查组通过现场勘查、检验测试、技术鉴定、调查取证、综合分析和专家论证，查明了事故发生的经过、原因、应急处置、人员伤亡和直接经济损失情况，认定了事故性质和责任，提出了对有关责任人员及责任单位的处理建议和事故防范及整改措施建议。现将有关情况报告如下。

（一）基本情况

1. 事故车辆驾驶人情况

云×，冀B99998号大客车驾驶人，男，33岁，河北省承德市人。持准驾车型为A1、A2，发证机关为河北省唐山市公安局交警支队，初次领证日期为1997年9月25日，2002年1月增驾取得大型客车驾驶资格，有效期至2015年9月25日。2002年10月，云×取得道路旅客运输从业资格证书，2011年6月以来被多个个体车主私自雇用作为大客车替班驾驶人。

袁×，鲁AA356W号小轿车驾驶人，女，39岁，山东省济南市人。持准驾车型为C1，

发证机关为山东省济南市公安局交警支队，初次领证日期为2003年7月3日，有效期至2015年7月3日。

经勘验，没有发现云×、袁×酒后驾驶迹象，两名驾驶人的驾驶培训、驾驶科目考试、驾驶证发证及审验情况均正常。

2. 事故车辆情况

号牌为冀B99998的大型普通客车，生产企业为厦门金龙旅行车有限公司，厂牌型号为金旅牌XML6127E2。该车出厂日期为2007年4月20日，于2007年4月29日在河北省唐山市公安局交警支队车辆管理所办理注册登记，车辆使用性质为公路客运，注册登记所有人为唐山交通运输集团有限公司，具有省际包车客运（非定线旅游）运营资质，检验有效期至2012年4月。该车核定载客53人，车主购买该大客车时要求厂家另外提供一排双人座椅。在领取车辆号牌和行驶证后，车主通过调整座椅的前后间距加装一排双人座椅，使客舱座位数达到55个，每次年检验车前，车主再将加装的座椅卸下以逃避检查。事故发生时大客车实载55人，超员2人。

号牌为鲁AA356W的小轿车，品牌型号为丰田牌TV7251Royal。该车出厂日期为2010年6月23日，于2010年7月8日在山东省济南市公安局交警支队车辆管理所办理注册登记，车辆使用性质为非营运，注册登记所有人为袁×的丈夫崔××，检验有效期至2012年7月31日。该车核定载客5人，发生事故时实载3人。

经检验鉴定，事故车辆的行驶证、运营资质齐全且均在有效期内，车辆制动性能无异常。其中，冀B99998号大客车的车身上部结构强度、侧倾稳定性等安全性能符合国家相关标准和规范要求。

3. 事故道路情况

事故发生路段位于滨保高速公路天津市武清区境内59 km + 500 m处至61 km + 700 m处，道路为东西走向，双向六车道，路基宽34.5 m（其中行车道宽3.75 m，应急车道宽3 m，中央分隔带宽3 m）。该路段水平方向位于两条平曲线反转连接处，前后平曲线半径分别为5 877.665 m和5 737.653 m；纵向位于缓坡坡底处，前后纵向坡度分别为1.229%和1.709%。该路段设置了Gr−A−4E型波形钢护栏，护栏立柱高0.85 m，护栏立柱间距4.05 m，护栏立柱上部装有二波波形梁板，梁板宽度310 mm、厚度4 mm，波形高度85 mm。事故发生时天气晴朗，路面干燥。

经检验鉴定，事故发生路段道路平纵线形及波形钢护栏的设计指标符合国家相关标准和规范要求。

4. 事故相关单位情况

冀B99998号大客车的注册登记所有人为唐山交通运输集团有限公司，挂靠单位为唐山交通运输集团有限公司通达客运分公司。唐山交通运输集团有限公司是由原唐山一运集团有限责任公司和原唐山通达运业集团有限公司于2010年12月15日重组后的新企业，公司类型为有限责任公司（国有独资）。通达客运分公司是唐山交通运输集团有限公司的下属单位，共有车辆745辆，均为挂靠车辆，其中旅游包车110辆、出租车635辆。

5. 事故大客车挂靠情况

冀B99998号大客车的实际所有人（车主）为唐山市人张××。2009年12月28日，张××与唐山交通运输集团有限公司通达客运分公司签订“车辆靠挂合同书”（国家规定禁止道路客运实行挂靠经营，为规避该规定，双方签订所谓“靠挂”合同，实质上还是挂靠合同）。合同规定，张××每年向挂靠单位交纳服务费9 600元，车辆的产权、运行权、收益权及全部经营权归张××个人所有。

6. 事故大客车包车客运组织情况

冀B99998号大客车包车客运的组织者为幺××，2011年7月大学毕业。2011年9月，幺××开始联系车主张×，组织唐山市至保定市之间的省际往返包车，并分别于9月29日、9月30日、10月7日组织了三次包车，每次往返的费用是3 500元。张×与张××等几名挂靠车辆的实际所有人通过自发联系，形成共同营运的个体组织，相互调剂客源并统一安排车辆发车，10月7日当天的往返包车由张××所有的冀B99998号大客车运营，幺××负责提前在唐山市、保定市两地联系组织客源。10月7日上午共有52人乘坐该车从唐山市前往保定市，车上所有乘客下车后，幺××在保定市又安排54名前往唐山市的乘客（大部分为返校的大学生）上车，并支付给云×3 500元作为包车费用，事故发生时大客车上包括驾驶人在内共有55人。

经调查取证，冀B99998号大客车实际所有人张××未按照包车客运规定，办理本次包车业务的省际包车证。

（二）事故发生经过及应急处置情况

1. 事故发生经过

2011年10月7日9时15分，云×驾驶冀B99998号大客车由唐山市瓦官庄出发前往保定市，车上共有乘客52名。13时，车辆到达保定市，中途无人上下车。13时32分，该车在保定市搭载另外54名乘客，起程返回唐山市，中途无人上下车。当日12时左右，崔××驾驶鲁AA356W号小轿车，与妻子袁×、儿子崔×一起由山东省济南市出发前往天津市宝坻区，期间崔××、袁×轮换驾驶车辆。

14时49分开始，小轿车由袁×驾驶，当车辆行驶至滨保高速公路60.7 km附近时，遇云×驾驶的冀B99998号大客车在右前方行驶。袁×继续驾驶小轿车以不低于120 km/h的速度超越大客车。当小轿车与大客车并行时，袁×采取减速措施，并在小轿车越过大客车车头后两次左右调整转向盘。15时45分许，小轿车以113.2 km/h的速度在第一车道靠右侧行驶，大客车以115.6 km/h的速度在第二车道靠左侧行驶，大客车左侧车轮位于一、二车道分道线处，由于两车横向距离较近，大客车车身左侧前部与小轿车右侧后部发生擦蹭撞击。

发生撞击后，云×在未采取紧急制动措施的情况下向右转向，大客车偏离车道并冲向道路右侧波形钢护栏。当大客车接近右侧护栏时，云×又急向左转向，造成大客车向右倾覆，靠压在护栏上滑行 62 m（其中，大客车斜靠在护栏上滑行 26 m，大客车压倒、压弯护栏约 36 m）。在此期间，护栏波形板和护栏立柱持续冲击大客车车身右侧，大客车右前风挡玻璃立柱和车门后立柱受冲击变形，上部结构开裂。此后，护栏未被压弯部分在大客车惯性力的作用下，插入大客车右前上角并贯穿车窗插入车内，继续冲击右侧车窗立柱，造成车窗立柱与车身骨架在焊接部位断裂，大客车车顶右侧与车身骨架开裂。大客车在右上部被护栏贯穿的情况下继续滑行约 80 m，护栏在车内对大客车乘车人形成切割和撞击，造成 35 人死亡、19 人受伤，两车不同程度损坏，部分公路设施损毁，直接经济损失 3 447.15 万元。

至事故发生时，大客车驾驶人云×连续驾驶 6 h 31 min，行驶里程 600 余公里，期间大客车单次停车时间均不足 20 min，累计超速 31 次，超速行驶时间共 2 h 51 min；小轿车行驶时间未超过 4 h，行程里程不足 400 km。

2. 事故应急处置情况

10 月 7 日 15 时 46 分，天津市公安局“110”指挥中心接到群众报警后，立即下达出警指令，同时向上级报告了事故情况。16 时 6 分，消防官兵、救护人员、公安交警先后赶到现场，迅速开展事故救援、现场勘查、秩序维护等工作，并对事故现场实施了交通管制。接到事故报告后，天津市立即启动应急预案，成立了由市政府相关领导同志和部门负责同志组成的事故处置指挥部，市委、市政府主要领导同志及时作出批示，7 名市委、市政府领导同志带领安全监管、公安、卫生、民政等部门人员先后赶到事故现场和伤员救治医院，指挥协调事故救援和现场清理，并全力开展人员救治和善后处理工作。天津市共抽调 40 名专家对受伤人员会诊救治，组织 1 000 余名干部参与遇难人员核查、辨认、赔付以及死伤人员家属接待工作。

河北省人民政府接到报告后，迅速委派省政府领导同志率省应急办、安全监管局、公安厅、教育厅、交通运输厅等部门和唐山、保定两市负责同志赶赴天津，共同开展善后处理和维护稳定等工作。与此同时，河北省连夜部署唐山市 6 所高校开展全面排查，在查清事故伤亡人员身份的基础上，进一步组织 600 余名干部分别在保定市和天津市认真做好伤亡家属安抚工作，积极与天津市相关部门沟通交流，大力协调保险公司和企业及时拨付赔偿资金，并耐心对涉及遇难和受伤人员的唐山市 6 所高校学生进行劝解疏导，做好社会稳定维护工作。

事故发生后，国家安全监管总局、公安部、交通运输部组成联合工作组，于当日赶到事故现场，指导事故应急救援工作，协助配合地方政府做好善后等事宜。

在各方积极努力下，事故救援及善后处理工作平稳有序。10 月 8 日 7 时，事故现场清理完毕，事发路段恢复通行。10 月 9 日凌晨，伤亡人员的基本情况全部查清。10 月 14 日，35 名遇难人员的赔付工作全部完成。

（三）事故直接原因

在大客车驾驶人云×超速行驶、措施不当、疲劳驾驶三项交通违法行为的共同作用下，大客车与小轿车发生擦撞并侧翻，是发生事故的主要原因；小轿车驾驶人袁×在超越大客车时车速控制不当，两次左右调整方向，未按照操作规范安全驾驶，也是发生事故的原因；大客车超员载人，加重了事故后果。

（四）事故间接原因

1. 唐山交通运输集团有限公司及其下属公司安全生产责任制不落实，安全管理制度不健全

（1）唐山交通运输集团有限公司未认真开展包车客运的日常管理和安全隐患排查治理工作；违规同意通达客运分公司与事故大客车的挂靠经营行为；未发现和解决省际包车证的发放、使用和缴销管理混乱等问题。

（2）通达客运分公司违规与事故大客车实际所有人张××签订“车辆靠挂合同书”；未发现和整改纠正事故大客车长期存在私自改装增加座位的安全隐患；未发现和纠正事故大客车违规雇用公司驾驶员台账以外的人员驾驶车辆；未认真执行省际包车证管理制度，致使事故大客车长期私自承揽包车客运业务。

2. 唐山市交通运输管理部门开展道路运输安全管理和监督检查工作不到位

（1）唐山市交通运输管理处未认真开展包车客运管理和监督检查工作，未按规定认真核发省际包车证，对唐山交通运输集团有限公司及其通达客运分公司未认真开展交通安全宣传教育、违规允许私人车辆挂靠经营等问题监管不到位。

（2）唐山市交通运输局开展道路运输行业的安全管理工作不到位，对唐山市交通运输管理处未认真履行职责的问题督促检查不到位。

3. 河北省、保定市、唐山市和天津市的公安交通管理部门开展道路交通安全管理和监督检查工作不到位

（1）唐山市公安局交警支队车辆管理所开展车辆安全技术检验工作不到位，未发现和督促整改事故大客车通过拆卸座椅来掩盖改装增加座位的安全隐患。

（2）保定市公安局交警支队开展路面巡查工作不到位，未发现和督促整改事故大客车在保定市区内超员行驶的安全隐患。

（3）河北省公安厅高速公路交警总队保定支队开展高速公路巡查工作不到位，未发现和督促整改事故大客车在保定高速公路超速、超员行驶的安全隐患。

（4）天津市公安交通管理局高速公路支队贯彻落实《公安部关于规范高速公路客运车辆检查登记工作的通知》要求不到位，未协调解决好在滨保高速冀津收费站进入天津方向设置交通安全服务站的问题；路面巡查工作中未发现和解决事故大客车在滨保高速公路超速、超员行驶的安全隐患。

（五）事故性质

经调查认定，滨保高速天津“10•7”特别重大道路交通事故是一起责任事故。

（六）对事故有关责任人员及责任单位的处理建议

1. 建议依法追究刑事责任人员

（1）云×，事故大客车驾驶人。因涉嫌交通肇事罪，2011年10月8日被天津市公安机关刑事拘留；2011年10月15日被天津市检察机关依法逮捕。

（2）张××，事故大客车车主。因涉嫌重大责任事故罪，2011年10月21日被天津市公安机关刑事拘留；2011年11月3日，强制措施由刑事拘留改为监视居住。

（3）幺××，事故大客车包车组织者。因涉嫌非法经营罪，2011年10月21日被唐山市公安机关刑事拘留。

2. 建议给予党纪、政纪处分人员

（1）闫××，中共党员，唐山交通运输集团有限公司通达客运分公司大客公司经理。未认真开展包车客运管理工作，未发现和督促整改事故大客车长期存在私自改装增加座位的安全隐患；未发现和督促整改事故大客车私自雇用公司驾驶员台账以外人员驾驶车辆的安全隐患；未认真执行省际包车证管理制度，致使省际包车证的发放、使用和缴销存在管理混乱。对事故发生负有主要领导责任，建议给予撤职、党内严重警告处分。

（2）王××，中共党员，唐山交通运输集团有限公司通达客运分公司安全保卫科科长。未认真开展安全隐患排查和治理工作，未发现和督促整改事故大客车长期存在私自改装增加座位的安全隐患；未发现和督促整改省际包车证的发放、使用和缴销存在管理混乱的安全隐患；未发现和督促整改事故大客车私自雇用公司驾驶员台账以外人员驾驶车辆的安全隐患。对事故发生负有主要领导责任，建议给予降级、党内严重警告处分。

（3）鲁××，中共党员，唐山交通运输集团有限公司通达客运分公司副经理，分管安全保卫科。未认真督促分管部门开展包车客运的安全隐患排查工作，未发现和督促整改事故大客车长期存在私自改装增加座位的安全隐患；未发现和督促整改省际包车证的发放、使用和缴销存在管理混乱的安全隐患；未发现和督促整改事故大客车私自雇用公司驾驶员台账以外人员驾驶车辆的安全隐患。对事故发生负有主要领导责任，建议给予降级、党内严重警告处分。

（4）宋××，中共党员，唐山交通运输集团有限公司通达客运分公司副经理，分管大客公司。未认真督促分管部门开展包车客运管理工作，未发现和督促整改事故大客车长期存在私自改装增加座位的安全隐患；未发现和督促整改事故大客车私自雇用公司驾驶员台账以外人员驾驶车辆的安全隐患；对省际包车证的发放、使用和缴销混乱的问题管理不到位。对事故发生负有主要领导责任，建议给予撤职、党内严重警告处分。

（5）王××，唐山交通运输集团有限公司通达客运分公司党委书记、工会主席，协助经理负责公司日常工作。未认真组织开展包车客运管理和安全隐患排查工作，对公司分管领导和内设部门未认真履行职责的问题督促检查不到位。对事故发生负有主要领导责任，建议给予党内严重警告处分。

（6）齐××，中共党员，唐山交通运输集团有限公司通达客运公司经理，兼任唐山汽车东站站长。未认真组织开展包车客运管理和安全隐患排查工作，未彻底治理私人车辆违规挂靠经营的安全隐患，对公司分管领导和内设部门未认真履行职责的问题督促检查不到位。对事故发生负有主要领导责任，建议给予撤职、党内严重警告处分。

（7）武××，中共党员，唐山交通运输集团有限公司交通安全处处长。未认真督促检查通达客运分公司的安全隐患排查工作，未发现和督促整改事故大客车长期存在私自改装增加座位的安全隐患；未发现和督促整改省际包车证的发放、使用和缴销存在管理混乱问题。对事故发生负有主要领导责任，建议给予降级、党内严重警告处分。

（8）汪××，中共党员，唐山交通运输集团有限公司行政处副处长，分管包车客运工作。未认真督促检查通达客运分公司的包车客运管理工作，未发现和督促整改事故大客车长期存在私自改装增加座位的安全隐患；未发现和督促整改省际包车证的发放、使用和缴销存在管理混乱问题。对事故发生负有主要领导责任，建议给予撤职、党内严重警告处分。

（9）孙××，中共党员，唐山交通运输集团有限公司行政处处长。未认真督促检查通达客运分公司的包车客运管理工作，未发现和督促整改事故大客车长期存在私自改装增加座位的安全隐患；未发现和督促整改省际包车证的发放、使用和缴销存在管理混乱问题。对事故发生负有主要领导责任，建议给予撤职、党内严重警告处分。

（10）莫××，中共党员，唐山交通运输集团有限公司副总经理，分管交通安全处。督促检查分管部门和通达客运分公司的安全隐患排查工作不到位，致使相关部门和下属单位未发现和及时整改事故大客车长期存在私自改装增加座位的安全隐患以及在省际包车证的发放、使用和缴销方面存在的管理混乱问题。对事故发生负有主要领导责任，建议给予降级、党内严重警告处分。

（11）王××，中共党员，唐山交通运输集团有限公司副总经理，分管行政处。督促检查分管部门和通达客运分公司的包车客运管理工作不到位，致使相关部门和下属单位未发现和及时整改事故大客车长期存在私自改装增加座位的安全隐患以及在省际包车证的发放、使用和缴销方面存在的管理混乱问题。对事故发生负有主要领导责任，建议给予撤职、党内严重警告处分。

（12）李××，中共党员，唐山交通运输集团有限公司总经理。未认真组织开展包车客运管理和安全隐患排查工作，未组织彻底治理私人车辆违规挂靠经营等安全隐患，对集团公司分管领导和内设部门未认真履行职责的问题督促检查不到位。对事故发生负有主要领导责任，建议给予撤职、撤销党内职务处分。

（13）王××，唐山交通运输集团有限公司董事长、党委书记。未认真督促检查包车客运管理和安全隐患排查治理工作，未组织彻底治理私人车辆违规挂靠经营等安全隐患，对集团公司和通达客运分公司管理人员未认真履行职责的问题督促检查不到位。对事故发生负有主要领导责任，建议给予降级、党内严重警告处分。

（14）牛××，唐山汇达资产经营公司董事长、党委书记（1999 年 1 月至 2010 年 1 月任原通达运业集团有限公司董事长、党委书记）。在担任原通达运业集团有限公司董事长、党委书记期间，贯彻落实原交通部关于禁止车辆挂靠经营的规定不力，违规同意下属分公司与事故大客车实际所有人张××签订“车辆靠挂合同书”。对事故发生负有主要领导责任，建议给予撤职、撤销党内职务处分。

（15）刘×，中共党员，唐山市交通运输管理处客运管理科副科长，分管包车客运管理工作。未认真开展包车客运管理和监督检查工作，未按规定认真核发省际包车证，对唐山交通运输集团有限公司及其通达客运分公司未认真执行省际包车证管理制度等问题监管不到位。对事故发生负有主要领导责任，建议给予撤职、党内严重警告处分。

（16）李××，中共党员，唐山市交通运输管理处客运管理科科长。未认真组织开展包车客运管理和监督检查工作，未按规定认真核发省际包车证，对唐山交通运输集团有限公司及其通达客运分公司未认真执行省际包车证管理制度、未认真开展交通安全宣传教育、违规允许私人车辆挂靠经营等问题监管不到位。对事故发生负有主要领导责任，建议给予撤职、党内严重警告处分。

（17）张×，中共党员，唐山市交通运输管理处副处长，分管客运管理科。督促分管科室开展包车客运管理和监督检查工作不到位，对唐山交通运输集团有限公司及其通达客运分公司未认真执行省际包车证管理制度、未认真开展交通安全宣传教育、违规允许私人车辆挂靠经营等问题监管不到位。对事故发生负有主要领导责任，建议给予撤职、党内严重警告处分。

（18）孙××，唐山市交通运输管理处处长、党总支书记。组织开展包车客运管理和监督检查工作不到位，对唐山交通运输集团有限公司及其通达客运分公司未认真执行省际包车证管理制度、未认真开展交通安全宣传教育、违规允许私人车辆挂靠经营等问题监管不到位。对事故发生负有主要领导责任，建议给予降级、党内严重警告处分。

（19）郑××，唐山市交通运输局副局长、党委委员，分管交通运输管理处。督促交通运输管理处开展道路运输管理和监督检查工作不到位，对唐山交通运输集团有限公司及其通达客运分公司未认真执行省际包车证管理制度、未认真开展交通安全宣传教育、违规允许私人车辆挂靠经营等问题监管不到位。对事故发生负有重要领导责任，建议给予记大过处分。

（20）杨××，唐山市交通运输局局长、党委副书记。组织开展道路运输管理和监督检查工作不到位，对分管领导和交通运输管理处未认真履行对唐山交通运输集团有限公司监管职责的问题督促检查不到位。对事故发生负有重要领导责任，建议给予记过处分。

（21）王××，中共党员，唐山市公安局交警支队车辆管理所车辆检测科副科长兼查验员。开展车辆检验工作不到位，未发现和督促整改事故大客车通过拆卸座椅来掩盖改装增加座位的安全隐患。对事故发生负有主要领导责任，建议给予降级、党内严重警告处分。

（22）荣××，中共党员，唐山市公安局交警支队车辆管理所车辆检测科科长。组织开展车辆检验工作不到位，未发现和督促整改事故大客车通过拆卸座椅来掩盖改装增加座位的安全隐患。对事故发生负有重要领导责任，建议给予记大过处分。

（23）彭××，中共党员，唐山市公安局交警支队车辆管理所副所长，分管车辆检测科。督促分管科室开展车辆检验工作不到位，未发现和督促整改事故大客车通过拆卸座椅来掩盖改装增加座位的安全隐患。对事故发生负有重要领导责任，建议给予记大过处分。

（24）温××，中共党员，唐山市公安局交警支队车辆管理所所长。督促分管领导开展车辆检验工作不到位，未发现和督促整改事故大客车通过拆卸座椅来掩盖改装增加座位的安全隐患。对事故发生负有重要领导责任，建议给予记过处分。

（25）南×，中共党员，保定市公安局交警支队二大队副大队长，负责保定市区五四东路与长城大街集中治理和巡逻管理。10 月 7 日开展路面巡查工作不到位，未发现和督促整改事故大客车在保定市区内超员行驶的安全隐患。对事故发生负有主要领导责任，建议给予降级、党内严重警告处分。

（26）王××，中共党员，保定市公安局交警支队二大队大队长。组织开展路面巡查工作不到位，对当班民警未认真履行职责的问题督促检查不到位。对事故发生负有重要领导责任，建议给予记大过处分。

（27）张××，中共党员，河北省公安厅高速公路交警总队保定支队保定大队科员。10 月 7 日开展高速公路巡查工作不到位，未发现和督促整改事故大客车在保定高速公路超速、超员行驶的安全隐患。对事故发生负有主要领导责任，建议给予降级、党内严重警告处分。

（28）杨××，中共党员，河北省公安厅高速公路交警总队保定支队保定大队副大队长。作为 10 月 7 日带班领导，开展高速公路巡查工作不到位，未发现和督促整改事故大客车在保定高速公路超速、超员行驶的安全隐患。对事故发生负有重要领导责任，建议给予记大过处分。

（29）霍××，中共党员，河北省公安厅高速公路交警总队保定支队支队长。组织开展高速公路巡查工作不到位，对当班民警未认真履行职责的问题督促检查不到位。对事故发生负有重要领导责任，建议给予记过处分。

（30）袁××，中共党员，天津市公安交通管理局高速公路支队唐津大队主任科员。10 月 7 日在滨保高速公路值班巡查工作中，未发现和督促整改事故大客车在滨保高速公路超速、超员行驶的安全隐患。对事故发生负有主要领导责任，建议给予降级、党内严重警告处分。

（31）李××，中共党员，天津市公安交通管理局高速公路支队滨保高速负责人。作为 10 月 7 日值班领导，开展高速公路巡查工作不到位，未发现和督促整改事故大客车在滨保高速公路超速、超员行驶的安全隐患。对事故发生负有主要领导责任，建议给予降级、党内严重警告处分。

（32）姚××，中共党员，天津市公安交通管理局高速公路支队秩序管理科科长。组织开展高速公路巡查工作不到位，未发现和督促整改事故大客车在滨保高速公路超速、超员行驶的安全隐患。对事故发生负有主要领导责任，建议给予降级、党内严重警告处分。

（33）康××，中共党员，天津市公安交通管理局高速公路支队支队长。未按上级通知要求协调解决好在滨保高速冀津收费站进入天津方向设置交通安全服务站的问题；督促内设科室组织开展高速公路巡查工作不到位，未发现和督促整改事故大客车在滨保高速公路超速、超员行驶的安全隐患。对事故发生负有重要领导责任，建议给予记大过处分。

3. 对相关人员和单位的行政处罚建议

（1）袁×，鲁 AA356W 号丰田牌小轿车驾驶人，在高速公路上超速行驶，违反了《中华人民共和国道路交通安全法》第四十二条第一款“机动车上道路行驶，不得超过限速标志标明的最高时速”，以及第二十二条第一款“机动车驾驶人应当遵守道路交通安全法律、法规的规定，按照操作规范安全驾驶、文明驾驶”的规定，建议天津市公安交通管理局依据《中华人民共和国道路交通安全法》对袁×予以罚款。相关部门要监督袁×履行相应的事故赔偿责任。

（2）依据《中华人民共和国安全生产法》、《生产安全事故报告和调查处理条例》（国务院令第 493 号）和有关法律法规的规定，建议河北省相关部门对唐山交通运输集团有限公司、通达客运分公司及其主要责任人给予相应行政处罚。

（七）事故防范和整改措施建议

滨保高速天津“10•7”特别重大道路交通事故给人民生命财产带来了重大损失，后果十分严重，教训十分深刻。为了进一步细化工作措施，切实落实企业安全生产主体责任和相关部门的监管责任，有效防范类似事故再次发生，特提出以下措施建议。

1. 清理道路客运企业挂靠车辆，建立良性发展的道路客运产业体系

河北省、唐山市人民政府及其有关部门要切实按照《道路旅客运输及客运站管理规定》（交通运输部令 2009 年第 4 号）的要求，鼓励道路客运经营者实行规模化、集约化、公司化经营，禁止挂靠经营。要对存在挂靠经营或变相挂靠经营的客运车辆进行彻底清理，逐步理顺客运营运车辆的产权关系，对清理后仍然不符合规定经营方式的客运车辆，要取消其经营资格。对达不到规定技术等级和类型等级的客运车辆，要及时进行更新淘汰，新更新的车辆禁止挂靠经营或变相挂靠经营。

2. 整顿旅游包车客运市场经营秩序，切实加强旅游包车客运的安全管理

河北省、唐山市人民政府及其有关部门要进一步加强对旅游包车客运市场经营秩序的整顿管理，认真审查旅游包车客运车辆的运营资质、包车合同、申请路线和车辆技术状况等级等情况，严格审批、发放包车证，杜绝违规发放空白包车证的现象，严禁旅游包车客运违规从事班线运输等与审批资质不相符的经营活动，进一步规范旅游包车客运的市场运营秩序，提高旅游包车客运的安全程度。要着力改变旅游包车客运市场分散经营、不进站经营的现状，进一步创新管理机制，整合旅游包车客运市场资源，推行道路客运企业统一管理的经营模式，强化对旅游包车客运的日常安全监管。要进一步督促指导包车客运企业规范填写客运包车合同，在合同中详细注明包车约定的时间、起止点和运行线路等信息，明确包车企业应当承担的责任和义务。

3. 健全道路客运企业内部安全制度，督促客运企业落实安全生产主体责任

河北省、唐山市人民政府及其有关部门要进一步督促道路客运企业严格遵守和执行安全生产相关法律法规与技术标准，加大安全投入，健全安全管理机构，完善内部安全管理制度，确保各项安全生产制度和措施能够执行到位，切实承担安全生产主体责任。要严格落实道路客运企业安全检查制度，对客运车辆进行定期检测和维护，禁止使用报废、擅自改装、拼装、检测不合格的客车以及其他不符合国家规定的车辆从事道路客运经营；要充分利用具有行驶记录功能的卫星定位装置等科技手段，强化道路客运企业对所属客车的动态监管，加大对超速、未按规定路线行驶等违法行为的处罚力度，将违法行为情节严重的驾驶人调离驾驶岗位或辞退。对不具备安全运营条件、安全管理混乱、存在重大安全隐患的道路客运企业，要依法责令停业整顿，整顿仍不达标的，坚决取消其相应经营资质。

4. 完善客运车辆驾驶人监管教育制度，强化道路交通安全源头管理

河北省、唐山市人民政府及其有关部门要进一步完善客运车辆驾驶人的管理制度，对客运车辆驾驶人实行全过程监管、终身诚信考核。在驾驶证和道路旅客运输从业资格证申领考试环节，要重点提高驾驶人应对恶劣天气、复杂路况以及紧急突发事件的操作技能和水平，完善交通运输管理部门和公安交通管理部门联合监管机制，提高客运车辆驾驶人的职业准入条件。在录用上岗环节，要进一步建设完善信息公开共享的驾驶人“黑名单”信息库，道路客运企业要严格审查新聘用客运车辆驾驶人的从业资格和安全驾驶记录，提高道路客运车辆驾驶人的整体素质和水平。在日常教育管理环节，道路客运企业要组织车辆驾驶人定期开展继续教育，重点加强典型事故案例、恶劣天气和复杂道路驾驶常识、紧急避险、应急救援处置等方面的教育，并通过多种形式定期组织道路交通安全法律法规培训和职业道德培训，强化从业人员职业道德和安全意识，杜绝客运驾驶人脱离道路客运企业安全教育和安全管理问题的发生。

5. 严厉打击各类道路交通违法行为，营造良好的道路交通环境

天津市、河北省人民政府及其有关部门要进一步加强对重点道路、重点时段的交通管控，严厉打击客运车辆超员、超速、疲劳驾驶、不按规定车道行驶、违法超车等交通违法行为。对跨省长途客运车辆，要强化区域合作，有效依托省际交通安全服务站，认真检查客运车辆的驾驶人情况、车辆乘载人数、车辆安全状况等，并有针对性地进行安全提示，提高驾驶人的安全意识。要强化安全问责，凡是没有依法履行安全职责或安全管理不到位造成严重后果乃至事故的，要实行责任倒查，对有关责任人要依法依规严肃处理。

6. 修订道路交通安全相关法规、标准，从本质上提高道路安全保障能力和水平

国家有关部门要适应交通安全管理工作的需要，进一步加强道路客运安全相关法规、标准尤其是涉及车辆安全性能的技术标准的研究和制定、修订，在制定、修订过程中应当充分征求相关部门的意见，不断细化车辆安全性能检测、评价的指标体系，将现行的推荐性标准逐步上升为强制性标准，有效提高客运车辆准入安全门槛。要进一步提高客运车辆整车车身强度、上部结构强度，强制大、中型客车采用全承载整体框架式车身结构；对新生产和在用的大、中型客车推行安装座椅安全带制度，进一步提高客运车辆的被动安全性能；要提高客运车辆行李舱高度限值的安全性能指标，进一步降低客运车辆高度和整车重心，提高客车侧倾稳定性；要逐步推广使用客运车辆限速装置，进一步提高客车的主动安全性能；要修订完善高速公路安全防护栏技术标准，提高护栏的安全防护能力。

八、陕西咸阳“5 · 15”特别重大道路交通事故

2015 年 5 月 15 日，陕西省咸阳市淳化县境内发生一起特别重大道路交通事故，造成 35 人死亡、11 人受伤，直接经济损失 2 300 余万元。

依据《中华人民共和国安全生产法》和《生产安全事故报告和调查处理条例》（国务院令第 493 号）等有关法律法规规定，2015 年 5 月 16 日，国务院批准成立了由国家安全监管总局、公安部、监察部、交通运输部、全国总工会、工业和信息化部、国家质检总局、国家旅游局以及陕西省人民政府等有关部门和单位负责同志参加的国务院陕西咸阳“5• 15”特别重大道路交通事故调查组（以下简称事故调查组），开展事故调查工作。事故调查组邀请最高人民检察院派员参加，并聘请了车辆技术、公路工程、交通事故处理等领域的专家参加事故调查工作。

事故调查组按照“四不放过”和“科学严谨、依法依规、实事求是、注重实效”的原则，通过现场勘验、调查取证、检测鉴定和专家论证，查明了事故发生的经过、原因、人员伤亡和直接经济损失情况，认定了事故性质和责任，提出了对有关责任人员和责任单位的处理建议，并针对事故原因及暴露出的突出问题，提出了事故防范和整改措施。现将有关情况报告如下。

（一）基本情况

1. 事故车辆情况

陕 B23938 号大型普通客车，车辆品牌型号为京通牌 BJK6111A，核载 47 人，事发时实载 46 人，登记所有人为梁××（男，西安市长安区人）。该车于 2003 年 9 月 1 日出厂，2003 年 11 月 3 日在北京市公安局公安交通管理局车辆管理所注册登记，使用性质为出租客运。2011 年 1 月 20 日，梁××妻子的侄子袁××（男，西安市长安区人）以 8 万元价格购得该车，将该车转入陕西省铜川市公安局交警支队车辆管理所，使用性质为出租转非（即由营运转为非营运），强制报废期为 2015 年 11 月 3 日。2014 年 4 月 24 日，袁××以 2.8 万元价格将该车转让给现实际车主师××（男，西安市灞桥区人），私下签订了买卖协议，但未办理正规交易和过户手续。2014 年 7 月，师××私自为该车更换了发动机总成，

为确保车辆通过年检，师××在 2015 年 5 月 5 日找到车托刘××，让其代为办理车辆检验，并支付了 500 元费用。2012 年以来，该车共有 7 条交通违法记录，均已处理。

经查，该车无道路客运资质，事发时为非法营运。

2. 事故车辆驾驶人情况

王×，男，1971 年 11 月 4 日出生，陕西省西安市新城区万寿中路人，于 1995 年 5 月 23 日在河南省确山县初次申领取得机动车驾驶证，1996 年 11 月 8 日申请转入西安市公安局车辆管理所，准驾车型 A1、A2，有效期至 2015 年 6 月 21 日。2013 年 5 月 27 日，王×在西安市取得道路旅客运输从业资格证，有效期至 2019 年 5 月 26 日。2015 年 4 月 22 日开始，王×受雇于车主师××驾驶陕 B23938 号大客车，每月工资 3 500 元。

经查，驾驶人相关证照齐全有效，在此次事故中受伤。

3. 事故道路情况

事故路段为咸阳市淳化县淳卜路，该公路系县道三级公路，由淳化县城通往卜家村，全长 33.96 km，设计速度 30 km/h，局部四级公路设计速度 20 km/h。该公路始建于 20 世纪 70 年代，2007 年 4 月经陕西省发展改革委批准立项进行改建，淳化县交通运输局委托陕西能通工程咨询有限公司进行改建工程设计并组织工程施工。2008 年 10 月 14 日经咸阳市交通工程质量监督站组织验收后，交付淳化县农村公路管理站养护运营。2012 年，淳化县交通运输局按照咸阳市交通运输局相关文件要求，组织对淳卜路实施了文明示范路改造与养护，主要进行了部分路面封层、路肩硬化、边沟增设、标志标线增设、安保设施安装，以及绿化、管护等。

事故现场位于淳卜路 1 km + 450 m 处，该路段弯道半径为 20.0 m，纵坡度 2.68%，路拱合成坡度 5.25%，沥青路面，有效路面宽度 9.0 m，中央施画有黄色单实线。事故车辆冲出弯道的点位断面外侧为高出路面 0.3～0.5 m 的绿化台，绿化台外侧临崖，路基边缘至崖口面的距离约 8.2 m。1 km + 440 m 至 1 km + 504 m 处有单砖四层绿化围挡，高 0.24 m、宽 0.11 m；1 km + 389 m 至 1 km + 440 m 处设有波形护栏。沿坡道向上，2 km + 395 m 处卜家村至淳化方向设有“陡坡”警告标志；3 km + 40 m 处卜家村至淳化方向设有“向右急转弯”警告标志；3 km + 250 m 处淳化至卜家村方向设有“限速 40 公里”的禁令标志和“向右急转弯”“起伏路面”2 块警告标志。

经查，事故发生时该路段主要技术指标符合相关标准规范要求。

按照淳卜路 2007 年改建工程设计文件，1 km + 365 m 至 1 km + 460 m 应设置钢筋混凝土城垛式防撞墙，但施工时未实施，也未通过规定程序进行设计变更。

4. 事故相关单位情况

（1）西安依诺相伴生活馆（以下简称依诺相伴生活馆）。该公司由张××（女，甘肃天水人）和张×（女，陕西咸阳人）合伙开设经营，张××为第一负责人，张×为第二负责人。此前，张××在西安市雁塔区注册了陕西依诺汇仁生物科技有限公司，张×在西安市碑林区注册了西安相伴商贸有限公司，2014 年初两人将两个公司合并，以依诺相伴生活馆的名义进行合作经营，公司营业地址为西安市新城区尚朴路北长巷10号“9+1”酒店7楼。

经查，依诺相伴生活馆自2014年初开业以来，多次组织客户旅游，旅游的目的主要是借机推销保健产品。但是，依诺相伴生活馆并未在西安市新城区注册登记，也没有取得旅行社经营资质，属于非法经营。在本次事故中，依诺相伴生活馆以答谢会的名义组织193名客户前往淳化旅游并推销阿胶产品，每人收取198元，包含吃、住、门票、交通等费用。

（2）铜川鹏瑞交通设施工程有限公司（以下简称鹏瑞公司）。该公司为民营企业，成立于2011年8月25日，法人代表张××（男，陕西铜川人），实际控制人为公司总经理高×（男，陕西铜川人）。2015年3月17日，鹏瑞公司获得陕西省质量技术监督局颁发的机动车安全技术检验机构检验资格许可证。2015年3月18日，获得陕西省质量技术监督局颁发的计量认证资质认定证书。2015年4月14日，与铜川市公安局交警支队机动车监管信息平台联网，正式开展机动车安全技术检验业务。

经查，2015年5月5日，事故车辆在鹏瑞公司进行了机动车安全技术性能检验并获得检验合格证明。检验过程中，外检员对发动机等必检项目漏检、少检，未发现事故车辆发动机号与注册登记信息不一致的问题，且第一次驻车制动检验不合格，第二次复检时引车员与车主、车托弄虚作假，采取拔掉尾灯线踩脚刹的方式通过驻车制动检验。

5. 事故车辆非法营运情况

陕B23938号大客车为“营转非”车辆，转入铜川后未办理道路客运资质，袁××一直用该车从事非法包车营运，跑车路线集中在西安市及周边地区。2014年4月，师××购买了该车，也长期在西安市及周边地区从事非法包车营运。2015年4月20日，陕B23938号大客车因非法营运被西安市临潼区交通运输管理站稽查三队执法人员处以3 000元罚款。

经查，目前西安市“营转非”大客车保有量约占陕西省总数的66%。本次事故中，依诺相伴生活馆共租用了4辆大客车，分别为西安籍1辆、铜川籍1辆、咸阳籍2辆，均为“营转非”车辆，不具备道路客运资质。2014年1月1日至2015年5月15日期间，上述4辆大客车在西安市共有一千余次通行记录。

（二）事故发生经过及应急处置情况

1. 事故发生经过

2015年5月14日，事故车辆受雇于依诺相伴生活馆拉客前往淳化县，车费为1 900元包租两天。7时20分左右，事故车辆由陕西省体育场出发后，沿西安市南二环、西二环、快速干道、西三环行驶，由六村堡高速入口进入福银高速、咸旬高速前往淳化县。

5月14日上午9时许，4辆大客车到达仲山森林公园，依诺相伴生活馆随后组织客户前往景区游览。14日下午至15日上午为自由活动，在此期间，依诺相伴生活馆安排了保健产品的相关促销活动。

5月15日15时许，4辆大客车从仲山森林公园出发返回西安，其中由王×驾驶的陕B23938号大客车排在最后一辆。15时27分，当该车行驶至淳卜路1 km + 450 m下坡左转弯处时，车辆失控由道路右侧冲出路面，越过路外侧绿化台并向右侧翻滑下落差 32 m的山崖，车头右前侧撞击地面，头下尾上、右侧车身后部斜靠在崖壁上，造成35人死亡、11人受伤。

2. 应急处置情况

接到事故报告后，淳化县公安交警、消防等部门人员立即行动，于15时35分赶到现场，迅速组织人员施救，并对大客车泄漏燃油进行排放、掩埋、围护，同时架设水枪、干粉灭火器，防止燃爆引发次生事故，对事故车辆采取支顶措施并设置观察哨，防止土崖进一步垮塌和事故车辆下滑，保护伤员和救援人员的安全。陕西省、咸阳市及淳化县党委、政府迅速启动应急预案，有关领导亲临一线组织开展事故救援和前期勘查工作。国家安全监管总局、公安部、交通运输部负责同志率工作组赶到事故现场，指导事故调查和善后处理工作。17时5分，现场救援工作基本结束。

事故发生后，当地党委政府成立了“一对一”工作组，认真做好事故伤亡人员家属接待及安抚、遇难者身份确认和赔偿等工作，保持了社会稳定。省、市两级卫生部门和 3 所伤员收治医院均成立了医疗领导小组和救治专家组，对每位伤者制定专门救治方案，确保伤情得到妥善治疗。

（三）事故直接原因

王×驾驶制动系统技术状况严重不良的大客车，行经下陡坡、连续急弯路段时，因制动力不足造成车速过快，行至发生事故的急弯路段时达到59 km/h，在离心力作用下出现侧滑，失控冲出路面翻坠至崖下。

客车坠崖后车头猛烈撞击地面，冲击力造成乘客向前翻倒，由于客车座椅与车身连接强度不足，事故发生时70%的座椅发生脱落，砸压车内乘客，进一步加重了事故伤亡后果。

（四）事故间接原因

1. 鹏瑞公司机动车安全技术性能检验工作管理混乱

鹏瑞公司在申请机动车检验资质时提供的授权签字人学历、职称造假，编造虚假材料骗取资质；公司对发动机等必检项目未提出查验要求，普遍存在漏检、少检现象；安排不具备大客车驾驶资质的引车员进行检验；事故大客车制动系统复检时，检验人员与车主、非法中介人员合谋弄虚作假，导致严重不符合安全技术标准的事故大客车获得检验合格证明。

2. 依诺相伴生活馆无照经营，非法组织旅游活动

依诺相伴生活馆长期无照经营，安全制度不健全，在不具备旅游经营业务相关资质的情况下，租赁不具备运营资质的大客车，擅自组织客户开展收费旅游活动。

3. 铜川市质量技术监督局对机动车检验机构监督检查不到位

铜川市质量技术监督局对检验机构监督检查规定、标准不熟悉；在鹏瑞公司资质申请时未按照要求对申请备案材料审核；未按照要求加大对检验机构检验过程的监督检查力度；对鹏瑞公司检测项目漏检、少检问题失察；未发现鹏瑞公司引车员不具备相应资质从事大客车引车的问题；未将对检测机构加强监督管理的有关文件转发至鹏瑞公司所在地的铜川市质量技术监督局王益分局。

4. 铜川市公安局交警支队履行车辆查验职责不到位

铜川市交警支队车管所对查验员培训教育不到位，对查验员工作监督管理不到位，查验员未按照要求对检验合格证明进行审核，部分查验员资质过期；对检测机构现场抽查、巡回检查不到位，未发现检验机构检测项目漏检、少检问题。铜川市交警支队对车管所培训教育不到位、监督管理不到位的问题失察。

5. 西安市工商局新城分局未及时查处依诺相伴生活馆非法经营行为

西安市工商局新城区分局西一路工商所未按照陕西省工商局的统一要求，集中开展查处取缔无照经营综合治理专项行动，未能及时发现依诺相伴生活馆的非法无照经营行为。西安市工商局新城分局对西一路工商所市场监管工作督促检查不到位，对西一路工商所未全面排查无照经营行为的问题失察。

6. 西安市旅游部门对旅游市场安全监管不到位

西安市新城区旅游局对于利用旅游手段开展商品促销的非法违规问题认识不到位，未能提前采取有效措施及时发现依诺相伴生活馆的非法旅游经营活动。西安市旅游市场稽查队对新城区旅游局的日常工作督促指导不力，组织开展旅游市场“打非治违”工作不力。

7. 西安市交通运输管理处履行查处非法营运大客车工作职责不到位

西安市交通运输管理处稽查支队对各区县运管机构运政稽查队伍的指导协调和监督检查不到位，未有效督促解决城六区运政稽查队伍在查处非法客运车辆方面执行落实困难的问题，对非法营运的大客车查处不力。西安市交通运输管理处组织开展全市道路运输市场“打非治违”工作不力，对稽查支队和各区县运管机构督促指导不到位。

8. 西安市临潼区交通运输局执法行为不规范

西安市临潼区运管站未有效建立“查处分离”的执法工作制度，对下属稽查三队执法人员随意降低处罚标准、执法文书填写不规范等问题失察。站领导发现工作人员对事故车辆的行政处罚存在问题后，指使有关人员伪造执法文书。西安市临潼区交通运输局对下属运管站业务指导不到位，未采取有效措施解决执法工作中存在的不到位、不严格、不规范等问题。

9. 咸阳市交通运输局违反公路工程质量管理相关规定，对淳卜路改建工程验收及质量监督工作履职不到位

咸阳市交通运输局违规组织淳卜路改建工程验收工作，在设计文件中安全防护设施等工程项目未建设的情况下，出具《淳化县城关至卜家公路改建工程竣工验收鉴定书》。咸阳市交通工程质量监督站对淳卜路改建工程质量监督不到位，未发现建设施工违反设计文件、安全防护设施缺失的问题。

10. 咸阳市淳化县交通运输局违反公路工程质量管理相关规定，在事故路段改建过程中未按设计文件设置安全防护设施，“打非治违”工作开展不力

咸阳市淳化县交通运输局作为2007年淳卜路改建工程的建设单位，在项目招投标时未将已批复设计文件中的安全防护设施等项目工程纳入招标范围，也未通过规定程序进行设计变更，在包括安全防护设施等工程项目未按设计施工的情况下申请项目整体竣工验收，造成淳卜路安全防护设施缺失，安全防护能力不足。

淳化县交通运输局运输管理所未落实2014年以来上级多次部署的打击非法营运行动的要求，打击非法营运行为不力，没有发现并查处包括事故大客车在内的非法营运大客车在淳化县境内非法运营的问题。

（五）事故性质

经调查认定，陕西咸阳“5・15”特别重大道路交通事故是一起生产安全责任事故。

（六）对事故有关责任人员及责任单位的处理情况及建议

1. 司法机关已采取措施人员

（1）王×，事故车辆驾驶员，因涉嫌重大责任事故罪，于2015年6月19日被批准逮捕。

（2）张××，依诺相伴生活馆负责人，因涉嫌重大责任事故罪，于2015年6月19日被批准逮捕。

（3）张×，依诺相伴生活馆负责人，因涉嫌重大责任事故罪，于2015年6月19日被批准逮捕。

（4）师××，事故车辆现实际所有人，因涉嫌重大责任事故罪，于2015年6月19日被批准逮捕。

（5）张×，鹏瑞公司引车员，因涉嫌重大责任事故罪，于2015年6月19日被批准逮捕。

（6）刘××，为事故车辆办理机动车检验业务的车托，因涉嫌过失致人死亡罪，于2015年6月19日被批准逮捕。

（7）王××，依诺相伴生活馆销售经理，因涉嫌重大责任事故罪，于2015年5月17日被刑事拘留，6月18日取保候审。

（8）梁××，事故车辆注册登记所有人，因涉嫌重大责任事故罪，于2015年5月18日被刑事拘留，6月16日取保候审。

（9）袁××，事故车辆前实际所有人，因涉嫌重大责任事故罪，于2015年5月18日被刑事拘留，6月16日取保候审。

（10）师×，事故车辆现实际所有人师××的儿子，与袁××进行车辆买卖交易的协议签订人，因涉嫌重大责任事故罪，于2015年5月19日被取保候审。

（11）袁×，依诺相伴生活馆负责人张×的丈夫，协助张×参与经营事务，事故发生后将依诺相伴生活馆财务藏匿，因涉嫌重大责任事故罪，于2015年6月4日被刑事拘留，6月5日取保候审。

（12）韩××，西安市临潼区交通运输管理站稽查三中队队长，因涉嫌滥用职权罪，于 2015 年 5 月 30 日被检察机关立案侦查。

（13）孙××，西安市临潼区交通运输管理站稽查三中队运政管理员，因涉嫌滥用职权罪，于 2015 年 5 月 30 日被检察机关立案侦查。

（14）张×，西安市临潼区交通运输管理站稽查三中队运政管理员，因涉嫌滥用职权罪，于 2015 年 5 月 30 日被检察机关立案侦查。

（15）何××，咸阳市交通工程质量监督站站长，因涉嫌玩忽职守罪，于 2015 年 6 月 3 日被检察机关立案侦查。

（16）程××，咸阳市交通工程质量监督站副站长，因涉嫌玩忽职守罪，于 2015 年 6 月 3 日被检察机关立案侦查。

（17）齐××，咸阳市淳化县交通运输局工作人员，1997 年 3 月至 2012 年 12 月任淳化县交通运输局公路股股长，因涉嫌玩忽职守罪，于 2015 年 6 月 4 日被检察机关立案侦查。

（18）高×，鹏瑞公司经理，因涉嫌玩忽职守罪，于 2015 年 6 月 6 日被检察机关立案侦查。

（19）赵××，鹏瑞公司授权签字人、质量负责人，因涉嫌玩忽职守罪，于 2015 年 6 月 6 日被检察机关立案侦查。

（20）范××，鹏瑞公司检测科长、质量监督员，因涉嫌玩忽职守罪，于 2015 年 6 月 6 日被检察机关立案侦查。

以上人员属于中共党员或行政监察对象的，待司法机关作出处理后，由当地纪检监察机关或具有管辖权的单位及时给予相应的党纪、政纪处分。除以上人员外，对于其他涉及事故的人员是否构成犯罪，由司法机关依法独立开展调查。

2. 建议给予党纪、政纪处分人员

（1）张××，陕西省铜川市委常委、副市长。对本市质量技术监督局业务及管理等工作督促检查不到位。对事故发生负有重要领导责任，建议给予行政记过处分。

（2）白××，陕西省铜川市质量技术监督局党组书记、局长。未认真履行职责，对全局工作人员培训教育不够，对相关科室人员履职不到位的问题督查不力，对检验机构监督检查不够，未指导铜川市质量技术监督局王益分局加强对检测机构监督管理。对事故发生负有重要领导责任，建议给予行政记大过处分。

（3）程××，陕西省铜川市质量技术监督局党组成员、政治部主任。分管政治部、监督稽查科（稽查队）期间，未认真履行职责，对所属人员教育管理不到位，对分管的工作督促检查不力，对检验机构检验过程的监督检查力度不够，对铜川市质量技术监督局王益分局的工作失察。对事故发生负有重要领导责任，建议给予行政记大过处分。

（4）牛××，中共党员，陕西省铜川市质量技术监督局监督稽查科（稽查队）科长。未认真履行职责，工作责任心不强，对鹏瑞公司监管不到位，在鹏瑞公司资质申请时未按要求对申请备案材料审核，对鹏瑞公司存在的检测项目漏检、少检及引车员不具备相应资质等严重违规问题失察。对事故发生负有直接责任，建议给予行政撤职、党内严重警告处分。

（5）汪××，中共党员，陕西省铜川市质量技术监督局稽查科（稽查队）主任科员。负责产品质量监督检查、机动车安检机构的监督检查、日常执法检查等工作期间，未正确履行职责，对鹏瑞公司存在的检测项目漏检、少检及引车员不具备相应资质从事大客车引车等严重违规问题失察。对事故发生负有直接责任，建议给予行政记大过处分。

（6）杨××，陕西省铜川市公安局党委委员、副局长、交警支队支队长。履行职责不到位，对车辆查验员培训教育、监督管理不到位问题失察，对车管所履行相关职责情况及现场抽查、巡回检查不力问题的督促检查不够。对事故发生负有重要领导责任，建议给予行政记过处分。

（7）宋×，中共党员，陕西省铜川市公安局交警支队副支队长，未认真履行职责，对车管所人员的培训教育、监督管理工作不够重视，督促检查不到位，工作指导不力。对事故发生负有重要领导责任，建议给予行政记过处分。

（8）姚××，中共党员，陕西省铜川市公安局交警支队车辆管理所所长，2015 年 2 月始任陕西省铜川市公安局交警支队副调研员。未正确履行职责，对车辆查验员教育管理不到位，对资质过期的车辆查验员仍在岗从事查验工作等问题失察失纠，对监督科的工作督促指导不够。对事故发生负有重要领导责任，建议给予行政记大过处分。

（9）田××，陕西省铜川市公安局交警支队车辆管理所政委，负责全所民警思想工作和教育培训工作，协助所长分管车管科和原检测站工作。履行职责不到位，对车辆查验员的培训教育工作督促检查不力，对资质过期的车辆查验员仍在岗从事查验工作问题失察失纠。对事故发生负有重要领导责任，建议给予行政记过处分。

（10）赵×，中共党员，陕西省铜川市公安局交警支队车辆管理所车管科科长。未认真履行职责，对车辆查验员培训教育、监督管理不到位，对车辆查验员未按规程进行事故大客车查验的问题失察，违规安排资质过期的查验员在岗从事查验工作。对事故发生负有重要领导责任，建议给予行政记大过处分。

（11）成××，中共党员，陕西省铜川市公安局交警支队车辆管理所科员。未正确履行职责，对检测机构现场抽查、巡回检查及监督不到位，对检验机构检测项目漏检、少检问题失察。对事故发生负有直接责任，建议给予行政降级处分。

（12）陈××，中共党员，陕西省铜川市公安局交警支队车辆管理所科员。负责车辆查验工作期间，未正确履行职责，2013 年 11 月 29 日事故大客车检验查验时，未按照《机动车查验工作规程》要求审核机动车安全技术检验合格证明，对制动、灯光等主要安全项目的检验结果把关不严。对事故发生负有直接责任，建议给予行政降级处分。

（13）刘××，中共党员，陕西省西安市工商局新城分局局长。履行职责不到位，对 2014 年省、市工商局部署的集中整治无照经营专项活动落实不力，对西一路工商所未认真开展无照经营行为专项整治工作失察，对所属单位及人员教育管理及督导不力。对事故发生负有重要领导责任，建议给予行政记过处分。

（14）刘××，陕西省西安市工商局新城分局副局长、纪委书记，分管市场监管工作。未认真履行职责，对西一路工商所落实排查工作不到位的情况失管，对西一路工商所开展无照经营行为专项整治工作督促检查不力，对所属单位及人员的教育管理不到位。对事故发生负有重要领导责任，建议给予行政记大过处分。

（15）张××，中共党员，陕西省西安市工商局新城分局西一路工商所所长。未正确履行职责，对2014年省、市工商部门部署开展的无照经营行为专项整治工作落实不力，对所属人员的教育管理不到位，对辖区发生的无照非法经营行为失察、失管。对事故发生负有主要领导责任，建议给予行政记大过处分。

（16）李××，群众，陕西省西安市工商局新城分局西一路工商所主任科员，负责西安市新城区尚朴路辖区工商执法工作。未正确履行职责，未认真落实网格化管理的要求，对分管辖区内依诺相伴生活馆非法无照经营行为失察，未采取有效措施予以查处。对事故发生负有直接责任，建议给予行政降级处分。

（17）梅××，中共预备党员，陕西省西安市旅游市场稽查队副队长（主持工作）。未认真履行职责，对辖区企业组织非法旅游活动失察，未及时有效地开展稽查；对所属单位旅游市场监管工作督促检查不到位。对事故发生负有重要领导责任，建议给予行政记过处分。

（18）夏×，中共党员，陕西省西安市新城区文物旅游局局长。履行主体监管职责不够，对辖区企业组织非法旅游活动失察，督导不力。对事故发生负有重要领导责任，建议给予行政记过处分。

（19）雷××，中共党员，陕西省西安市新城区文物旅游局副调研员，分管西安市新城区旅游市场监管工作。未正确履行主体监管职责，对辖区企业组织非法旅游活动失察，监督检查不到位。对事故发生负有主要领导责任，建议给予行政记大过处分。

（20）马×，中共党员，陕西省西安市交通运输管理处处长。组织开展全市道路运输市场“打非治违”工作不力，履行职责不到位，对稽查支队和各县区运管机构督促指导不到位。对事故发生负有重要领导责任，建议给予行政记大过处分。

（21）谭×，中共党员，陕西省西安市交通运输管理处稽查科科长。对各区县道路运输稽查队伍的指导、组织、协调和监督检查不到位，未采取有效措施督促解决稽查队伍查处非法客运车辆工作执法困难的问题，对非法营运的大客车失察。对事故发生负有重要领导责任，建议给予行政记过处分。

（22）宋××，陕西省西安市临潼区交通运输局党委副书记、局长。履行职责不到位，对临潼区交通运输管理站监督检查不力，未认真督促运管站建立“查处分离”执法工作制度，未采取有效措施纠正运管站存在的执法不严格、不规范等问题。对事故发生负有主要领导责任，建议给予行政记过处分。

（23）宋××，中共党员，陕西省西安市临潼区交通运输局副局长，分管区交通运输管理站。未正确履行职责，对辖区道路运输管理机构的指导督查不力，未采取有效措施解决执法站执法工作中存在的不到位、不严格、不规范等问题。对事故发生负有主要领导责任，建议给予行政记过处分。

（24）蒋××，中共党员，陕西省西安市临潼区交通运输管理站站长。未正确履行职责，对下属稽查三队在执法人员私自放行车辆、随意降低处罚标准等方面存在的问题失察；事故发生后，指使他人伪造事故车辆行政处罚的相关文书材料。对事故发生负有主要领导责任，建议给予行政记过处分。

（25）张××，中共党员，陕西省西安市临潼区交通运输管理站副站长，分管全站行政执法工作。未及时履行职责，对交通运输管理站的执法文书审核把关不严，未发现行政处罚文书填写不规范等问题，事故发生后，在明知是伪造的处罚文书上签字。对事故发生负有主要领导责任，建议给予行政记过处分。

（26）景××，2004 年 9 月至 2012 年 7 月任陕西省咸阳市交通运输局党组成员、总工程师，2012 年 7 月始任咸阳市交通运输局调研员。2008 年担任淳卜路改建工程项目竣工验收委员会主任委员，在验收工作中对淳卜路改建工程安全防护设施等工程项目未招标建设的情况失察，对淳卜路建设不符合设计要求却通过验收把关不严，并在验收报告上签字同意，造成淳卜路安全防护设施缺失，防护能力不足。对事故发生负有重要领导责任，建议给予行政降级、党内严重警告处分。

（27）任××，中共党员，陕西省咸阳市交通运输局副局长。2008 年 10 月担任淳卜路改扩建工程项目验收委员会副主任委员，在验收工作中未认真履行职责，对淳卜路改建工程安全防护设施等工程项目未招标建设的情况失察，对淳卜路建设施工不符合设计要求却通过验收的问题把关不严，造成淳卜路安全防护设施缺失，安全防护能力不足。对事故发生负有重要领导责任，建议给予行政记大过处分。

（28）闻××，2007 年 2 月至 2011 年 8 月任陕西省咸阳市淳化县县委副书记、县长，2011 年 8 月至 2013 年 6 月任陕西省咸阳市政府副秘书长，2013 年 6 月始任咸阳市文化广电新闻出版局党组书记、局长。2007 年 4 月担任淳卜路改建工程指挥部总指挥，未认真履行职责，对淳卜路改建项目建设督促检查不到位，对工程擅自变更设计、未将安全防护设施纳入招标范围、违规提出项目竣工验收申请等问题失察，造成淳卜路安全防护设施缺失，安全防护能力不足。对事故发生负有重要领导责任，建议给予行政降级、党内严重警告处分。

（29）刘××，2006 年 9 月至 2011 年 9 月任陕西省咸阳市淳化县副县长，后历任淳化县县委常委、副县长、常务副县长、县政府党组副书记。任陕西省咸阳市淳化县副县长期间，分管县交通运输局工作，2007 年 4 月担任淳卜路改建工程指挥部副总指挥，未正确履行职责，对淳卜路改建项目建设督促检查不及时、管理不到位、对施工过程中存在的安全防护设施等工程项目未纳入招标范围、违规提出项目竣工验收申请等问题严重失察，导致淳卜路安全防护设施缺失，安全防护能力不足。对事故发生负有主要领导责任，建议给予行政记大过处分。

（30）姚××，中共党员，2001 年 7 月至 2007 年 12 月任陕西省咸阳市淳化县交通运输局局长，后历任淳化县创卫办主任、陕西咸旬高速管理处副处长，2013 年 4 月离岗。任陕西省咸阳市淳化县交通运输局局长期间负责交通运输局全面工作，曾担任淳卜路改建工程指挥部副总指挥。2007 年 4 月在组织实施淳卜路建设工作中未认真履行职责，擅自变更公路设计，未将建设路段安全防护设施等工程项目纳入招标范围，导致淳卜路安全防护设施缺失，安全防护能力不足。对事故发生负有重要领导责任，建议给予行政降级、党内严重警告处分。

（31）杨××，中共党员，2008 年 1 月至 2013 年 12 月任陕西省咸阳市淳化县交通运输局局长，2014 年 1 月离岗。任陕西省咸阳市淳化县交通运输局局长期间，未正确履行职责，在 2008 年参与淳卜路改建工程竣工验收时，在该路段安全防护设施等工程项目未按照设计建设施工的情况下，违规提出竣工验收申请，导致淳卜路安全防护设施缺失，安全防护能力不足。对事故发生负有重要领导责任，建议给予行政记大过处分。

（32）李×，中共党员，陕西省咸阳市淳化县交通运输局副局长。负责淳卜路设计和招标工作，未正确履行职责，未将建设路段安全防护设施等工程项目纳入招标范围，违规同意提出竣工验收申请，导致淳卜路安全防护设施等工程项目缺失，安全防护能力不足。对事故发生负有主要领导责任，建议给予行政记大过处分。

（33）王×，中共党员，陕西省咸阳市淳化县道路运输管理所所长。未正确履行职责，未认真落实 2014 年以来上级多次部署的打击非法营运行动的要求，对旅游景点非法营运问题查处不力，对包括事故大客车在内的非法旅游包车在淳化县境内运营的问题失察。对事故发生负有重要领导责任，建议给予行政记过处分。

（34）王×，中共党员，陕西省咸阳市淳化县道路运输管理所副所长，分管客运、货运、法制和驻站等工作。未认真履行职责，未有效落实 2014 年以来上级多次部署的打击非法营运行动的要求，对旅游景点非法营运问题检查执法不到位，部署打击不力，对包括事故大客车在内的非法旅游包车在淳化县境内运营的问题失察。对事故发生负有直接责任，建议给予行政记过处分。

3. 行政处罚及问责建议

（1）依据《中华人民共和国安全生产法》、《生产安全事故报告和调查处理条例》（国务院令第 493 号）等有关法律法规的规定，建议由原发证机关依法吊销鹏瑞公司机动车检验资质。

（2）建议责成陕西省西安市有关部门依法吊销驾驶人王×的驾驶证及道路运输从业资格证。

（3）建议责成陕西省人民政府向国务院作出深刻检查，认真吸取事故教训，进一步加强和改进安全生产工作。

（4）针对铜川市、西安市、咸阳市及陕西省质量技术监督局在该起事故中暴露出对下属单位和部门监督管理不到位的问题，建议陕西省人民政府主要负责同志对上述地方人民政府及部门主要负责同志予以约谈。

（七）事故防范和整改措施

1. 进一步强化道路交通安全红线意识和责任意识

陕西省人民政府及有关部门要高度重视道路交通安全工作，深刻吸取陕西省近三年来发生2起特别重大道路交通事故的教训，认真贯彻落实党中央、国务院领导同志关于加强道路交通安全工作的一系列重要指示批示精神，进一步强化道路交通安全红线意识和责任意识。要结合陕西省实际情况，将道路交通安全工作纳入经济和社会发展规划，与经济建设和社会发展同部署、同落实、同考核，加强对道路交通安全工作的统筹协调和监督指导。要进一步建立健全道路交通安全责任体系，落实“党政同责、一岗双责、齐抓共管”和“管行业必须管安全，管业务必须管安全，管生产经营必须管安全”的总体要求，加快推进省、市、县、乡（镇）、行政村（居委会）“五级五覆盖”和企业安全生产责任体系“五落实五到位”。要严格道路交通安全工作的责任考核，将其作为有关领导干部实绩考评的重要内容，并将考评结果作为综合考核评价的重要依据。

2. 下大力气狠抓“营转非”大客车源头安全监管

陕西省人民政府及其有关部门要深入组织开展“营转非”大客车专项排查整治，查清车辆使用情况，纳入重点车辆进行管控。严把“营转非”大客车过户关，对使用达到距报废年限1年以内的大客车，公安部门要按照《机动车强制报废标准规定》（商务部令2012年第12号）要求，决不允许改变使用性质、转移所有权或者转出登记地所在的地市级行政区域。严把“营转非”大客车运行关，对属于企业及有关单位的“营转非”大客车，公安部门要督促所属单位加强日常安全管理，严禁从事非法营运活动；要在本省“营转非”大客车上喷涂专用标识，提示乘客不要乘坐非法营运的车辆。严把“营转非”大客车淘汰关，陕西省人民政府要出台优惠措施，引导现有“营转非”大客车进行报废，逐步减少存量、消除安全隐患。严把“营转非”大客车源头治理关，陕西省人民政府要组织公安、交通运输等部门尽快研究制定加强客运车辆“营转非”工作管理的政策规定，鼓励道路客运企业将淘汰的客运车辆按规定进行报废，同时严格控制客运车辆转为非营运后的流向，防止此类车辆被个人利用进行非法营运，从源头上堵塞“营转非”车辆的安全隐患和问题。

3. 继续深化安全生产“打非治违”工作

西安市人民政府及其有关部门要深入开展道路交通安全“打非治违”工作，继续保持高压态势，推动强化部门合力。公安、交通运输等部门要结合陕西省旅游出行活动较多的特点，完善查处联动工作机制，积极开展联合执法，严肃查处超速、超员、疲劳驾驶以及无资质非法营运等各类非法违规行为，严禁随意降低非法营运处罚标准，坚决避免处罚失之于软、失之于宽等问题的发生。旅游、工商等部门要加强信息沟通共享，定期开展联合执法检查，进一步加大旅游市场秩序专项整治力度，严厉查处无资质和超范围开展旅游经营业务的非法违法行为。西安市人民政府要全面理顺市交通运输部门与城六区交通运输部门在客运车辆非法违规行为查处方面的职责和权限，进一步完善体制机制，强化客运市场“打非治违”工作成效。

4. 全面提升农村、山区道路的安全水平

咸阳市人民政府及其有关部门要高度重视农村、山区道路的安全防护设施建设，严格落实交通安全设施与道路建设主体工程同时设计、同时施工、同时投入使用的“三同时”制度，交通安全设施验收不合格的不得通车运行。要督促地方人民政府加强组织领导和责任落实，严格执行相关技术标准要求，多方落实工程建设经费，确保配套资金保障到位，按项目批复和设计方案有序组织实施，坚决避免擅自削减项目建设经费、不安排地方配套资金等问题的发生。交通运输部门要全面排查现有农村、山区道路的安全隐患，摸清公路安全隐患底数，建立隐患基础台账，确定治理方案，落实治理资金，加快推进公路安全生命防护工程建设。在公路安全隐患整治到位前，交通运输部门、公安部门应通过多种途径将隐患信息对外进行公布，提前在路面增设警示标志，加大路面巡逻管控力度，严防重特大事故发生。

5. 切实加强机动车安全技术检验工作

铜川市人民政府及其有关部门要采取有效措施，切实加强机动车安全技术检验工作，严把车辆安全技术性能源头关。质量技术监督部门要对辖区机动车检验机构及检验技术人员进行全面集中排查，公司检验资质过期或者技术负责人、质量负责人、报告授权签字人、引车员等不具备条件的，要坚决予以关闭清理，不得继续开展检验工作；要加强对机动车检验机构执行国家机动车安全技术检验标准情况的日常监督检查，督促检验机构和检验人员严格按照流程开展工作，提升机动车检验机构的规范化操作；要加大对监管执法人员的培训考核，强化责任意识、提升监管能力，坚决扭转重许可、轻监管甚至不监管的突出问题。公安部门要通过网络监控、巡回检查、档案复核等方式，严查机动车安全技术检验机构为检验不合格机动车出具检验合格证明、擅自减少检验项目或者降低检验标准等出具虚假检验结果的违法问题。质量技术监督、公安部门要采取联网监查、明查暗访等手段开展联合监督检查，形成工作合力，切实提高监管工作成效。

九、湖南沪昆高速“7·19”特别重大交通事故

2014 年 7 月 19 日 2 时 57 分，湖南省邵阳市境内沪昆高速公路 1 309 km + 33 m 处，一辆自东向西行驶运载乙醇的车牌号为湘 A3ZT46 轻型货车，与前方停车排队等候的车牌号为闽 BY2508 大型普通客车（以下简称大客车）发生追尾碰撞，轻型货车运载的乙醇瞬间大量泄漏起火燃烧，致使大客车、轻型货车等 5 辆车被烧毁，造成 54 人死亡、6 人受伤（其中 4 人因伤势过重医治无效死亡），直接经济损失 5 300 余万元。

遵照党中央、国务院领导同志的重要批示要求，依据《中华人民共和国安全生产法》

和《生产安全事故报告和调查处理条例》(国务院令第 493 号)等有关法律法规规定，2014 年 7 月 21 日，国务院批准成立了由国家安全监管总局、公安部、监察部、交通运输部、全国总工会、湖南省人民政府有关负责同志等参加的国务院沪昆高速湖南邵阳段“7·19”特别重大道路交通危化品爆燃事故调查组（以下简称事故调查组)，开展事故调查工作。事故调查组邀请最高人民检察院派员参加，并聘请了公安、交通、消防、车辆、质检、化工、塑料加工等方面的专家参加事故调查工作。

事故调查组按照“四不放过”和“科学严谨、依法依规、实事求是、注重实效”的原则，通过现场勘验、调查取证、检测鉴定、研究试验、专家论证、综合分析等，查明了事故发生的经过、原因、人员伤亡和直接经济损失情况，认定了事故性质和责任，提出了对有关责任人和责任单位的处理建议，并针对事故原因及暴露出的突出问题，提出了事故防范措施建议。现将有关情况报告如下。

（一）基本情况

1. 事故车辆和驾驶人情况

1）湘 A3ZT46 轻型货车及其驾驶人

（1）车辆情况。

肇事车辆湘 A3ZT46 轻型货车厂牌型号为福田牌 BJ5043V9CEA－C 型，《道路机动车车辆产品及其生产企业公告》中车辆类型为篷式运输车。机动车整备质量 2.72 t，最大设计总质量 4.495 t；核定载货量 1.58 t，实际装载乙醇 6.52 t。机动车登记所有人为周××（女，1964 年出生，湖南省岳阳县人），注册登记日期为 2013 年 3 月 22 日，登记时载明车辆类型为轻型仓栅式货车，检验有效期至 2015 年 3 月 31 日。2013 年 3 月 26 日在长沙市芙蓉区交通运输局办理道路运输证，经营范围为普通货运，有效期至 2014 年 4 月 10 日，事故发生时已过期，未取得危险货物道路运输资格。该车实际使用人为周××的儿子，长沙大承化工有限公司法定代表人周×。

该车辆在购进时仅有货车二类底盘，未随车配备货厢，后在长沙市芙蓉区安顺货柜加工厂加装了右侧有一扇侧开门的货厢，同时将后轴钢板弹簧厚度从 11 mm 增加到 13 mm，在货厢前部设置有一个容积 1.06 m^3 的夹层水槽，在货厢左侧下部前、后各安装一个方形箱体并在箱体内加装了卸料泵和阀门，前方形箱体的阀门与夹层水槽连接；在货厢下部加装了与夹层水槽及方形箱体内的阀门连接的铁管，后方形箱体的阀门通过铁管与夹层水槽连通。为运输乙醇，周×在长沙市芙蓉区振兴塑料厂定制了一个长、宽、高分别约为 3.5 m、1.5 m、1.8 m 的用聚丙烯板材焊接的方形罐体，用方钢框架将罐体加固置于货厢内。车辆前脸及货厢左右两侧、后部均喷涂有“洞庭渔业”的字样。

（2）驾驶人情况。

刘×，湘 A3ZT46 轻型货车驾驶人（在事故中死亡），男，1986 年出生，湖南省涟源市人。2011 年 5 月 13 日在湖南省娄底市公安局交通警察支队初次取得机动车驾驶证，准驾车型 B2，有效期至 2017 年 5 月 13 日。2011 年 5 月 28 日在娄底市道路运输管理处取得道路运输从业资格证，从业资格类别为普通货物运输，有效期限至 2017 年 5 月 27 日。未取得道路危险货物运输从业资格证。

2）闽 BY2508 大客车及其驾驶人

（1）车辆情况。

闽 BY2508 大客车厂牌型号为宇通牌 ZK6127H 型，核载 53 人，事发时实载 56 人（其中儿童 3 名、幼儿 1 名）。机动车登记所有人为福建莆田汽车运输股份有限公司城厢分公司（以下简称城厢分公司），注册登记日期为 2010 年 10 月 21 日，检验有效期至 2014 年 10 月 31 日。2010 年 10 月 22 日在福建省莆田市交通运输局办理道路运输证，有效期至 2014 年 12 月 31 日，经营范围为省际班车客运、省际（旅游）包车客运，经营线路为福建莆田涵江汽车总站至四川宜宾客运站，沿途无停靠站点。城厢分公司根据福建莆田汽车运输股份有限公司（以下简称莆田公司）授权将该车及福建莆田至四川宜宾线路承包给余××，承包期限自 2010 年 10 月 28 日至 2014 年 10 月 31 日。

（2）驾驶人情况。

贾××（在事故中受伤，后因伤势过重于 8 月 11 日医治无效死亡），男，1976 年出生，福建省莆田市人。1996 年 4 月 30 日在四川省宜宾市公安局交通警察支队初次取得机动车驾驶证，准驾车型 A1、A2，有效期至 2015 年 4 月 30 日。2008 年 5 月 4 日在宜宾市公路运输管理处取得道路运输从业资格证，有效期至 2014 年 5 月 3 日。

彭××（在事故中死亡），男，1963 年出生，四川省自贡市人。1988 年 10 月 13 日在四川省宜宾市公安局交通警察支队初次取得机动车驾驶证，准驾车型 A1、A2，有效期至 2015 年 10 月 13 日。2008 年 4 月 22 日在四川省自贡市交通运输管理处取得道路运输从业资格证，有效期至 2014 年 4 月 22 日。

按照四川省交通运输厅道路运输管理局《关于道路运输从业人员从业资格证有效期延期的通知》（川运驾便〔2013〕7 号），由于从业资格证编码规则的调整，为不影响道路运输从业人员的正常从业活动，将原从业资格证有效期延长 180 天，贾××、彭××从业资格有效期分别延长至 2014 年 11 月 3 日和 2014 年 10 月 22 日。

2. 事故单位情况

（1）长沙大承化工有限公司。该公司成立于 2009 年 8 月 3 日，法定代表人周×，注册资本人民币 20 万元，具有乙醇等危险化学品的经营许可资格，有效期至 2015 年 12 月 1 日，经营方式为批发（无自有储存和运输）。公司共有员工 15 名，其中安全管理人员 1 名。该公司自 2013 年 3 月份开始一直使用湘 A3ZT46 轻型货车运输乙醇。

（2）莆田公司。该公司成立于 2002 年，注册资本人民币 8 000 万元，总资产 5.05 亿元，具有从事道路旅客运输的运营资质，公司下设城厢分公司等 21 个二级单位。闽 BY2508 大客车隶属于城厢分公司，城厢分公司不具备独立法人资格，由莆田公司授权独立经营，公司现有客运车辆 71 台、客运线路 26 条。

3. 相关涉事单位情况

（1）长沙市新鸿胜化工原料有限公司。该公司成立于 2002 年 4 月 23 日，法定代表人李××，实际控制人戴××，注册资本人民币 500 万元，具有乙醇等危险化学品的经营许可资格，有效期至 2015 年 10 月 23 日，经营方式为储存经营。公司共有员工 50 名，其中安全管理人员 6 名。该公司无自有储存场所，自 2005 年 4 月起租赁长沙市液化石油气发展有限公司的场地及储存设施，储存乙醇、甲醇、酮类等物料。本次事故中轻型货车所运乙醇系长沙大承化工有限公司从该公司购买并充装。

（2）北汽福田汽车股份有限公司诸城奥铃汽车厂。该厂成立于 2006 年 10 月 20 日，是北汽福田汽车股份有限公司直属的商用车制造工厂，经营范围包括制造、销售轻型汽车、低速货车、农用机械、拖拉机及配件、模具、冲压件、机械电器设备及进出口业务等。本次事故中肇事的轻型货车用于加装货厢的货车二类底盘系在该厂生产。

（3）长沙市胜风汽车销售有限公司。该公司成立于 2012 年 9 月 7 日，法定代表人刘××，注册资本人民币 100 万元。经营范围包括汽车（不含小轿车）、农用车、机械设备及配件的销售，代办机动车上牌，不包括货车二类底盘的销售。本次事故中肇事的轻型货车用于加装货厢的货车二类底盘系该公司出售。

（4）长沙市芙蓉区安顺货柜加工厂。该厂系民营企业，经营者为彭××，经营范围包括货柜加工、销售及维修服务。该厂未列入《道路机动车辆生产企业及产品公告》，不得从事汽车生产及改装。本事故中肇事的轻型货车在该厂进行了加装货厢、更换钢板弹簧等改装。

（5）长沙市芙蓉区振兴塑料厂。该厂是一家无照经营的私营塑料罐体加工厂，经营者为唐××，肇事的轻型货车所用的聚丙烯材质方形罐体系在该厂制作。

（6）长沙市翔龙城西机动车辆检测有限公司。该公司原名为望城县机动车辆检测站，2013 年 2 月 7 日变更为长沙市翔龙城西机动车辆检测有限公司，法定代表人为喻××，注册资本人民币 150 万元。具有湖南省质量技术监督局颁发的计量认证证书和机动车安全技术检验机构检验资格许可证，检验产品/类别为机动车安全技术检验（四轮及四轮以上）。2013 年 3 月 18 日肇事轻型货车在该公司进行了注册登记检验，整车检验结论为“合格（建议维护）”。

（7）湖南长沙汽车检测站有限公司。该公司成立于 1994 年 3 月 26 日，法定代表人为龚××，注册资本人民币 50 万元。具有湖南省质量技术监督局颁发的计量认证证书和机动车安全技术检验机构检验资格许可证，检验产品/类别为机动车安全技术检验（四轮及四轮以上）、机动车安全技术等级评定（四轮及四轮以上）。2014 年 3 月 10 日肇事轻型货车在该公司进行了在用机动车检验，整车检验结论为“合格（建议维护）”。

4. 事故道路情况

事故发生路段位于湖南省邵阳市境内沪昆高速公路 1 309 km + 33 m 处，东西走向，双向四车道，水泥混凝土路面，小客车限速 120 km/h，其他车辆限速 100 km/h。事故发生地点在由东向西车道，第一、第二行车道宽均为 3.7 m，应急车道宽 2.9 m，道路线形为左向转弯，弯道半径 2 000 m，超高值 2%，自东向西下坡坡度 0.5%。

事发地点 7 月 19 日凌晨 1 时至 4 时为晴天，能见度 20～10.5 km，温度 24.9～24.0 ℃，空气湿度 90%～95%。凌晨 3 时风速为 2.5 m/s，风向为东北风。

（二）事故发生经过和应急处置情况

1. 事故发生前路段状况

7 月 19 日 1 时 12 分（本次事故发生前 1 h 45 min），在沪昆高速公路 1 312 km + 450 m 处，一辆自西向东行驶的空油罐车冲过中央隔离护栏，与自东向西行驶的一辆大型客车和一辆小型客车发生刮碰并起火，造成 1 人死亡，双向交通中断，出现车辆排队。湖南省高速公路交警在自东向西方向距事故点 300 m 以外，实施临时交通管制，禁止车辆进入事故现场路段，并安排一辆警车在自东往西方向距离车流尾端 500 m 外向来车方向，随滞留车辆的延长，适时移动警车，通过闪警灯、鸣警笛、喊话方式示警。至本次事故发生时，自东向西方向车道内排队车辆约 400 辆，排队长度约 3.1 km。

2. 事故发生经过

7 月 18 日 6 时 45 分，由贾××、彭××驾驶的闽 BY2508 大客车载 1 名乘客从福建省长乐市营前镇出发（未按规定到莆田涵江汽车总站进行安全例检和办理报班手续），车辆未按核准路线行驶，行经沈海高速、厦蓉高速，沿途在福建、江西境内上下客 9 次。22 时 26 分，沿炎睦高速进入湖南省境内，此时车上共有乘客 54 人，后再无人员上下车。19 日 2 时 57 分，贾××驾驶大客车到达沪昆高速公路 1 309 km + 33 m 处时，因前方临时交通管制停于第一车道排队等候。

7 月 18 日 17 时，刘×驾驶湘 A3ZT46 轻型货车在位于湖南省长沙县的长沙新鸿胜化工原料有限公司土桥仓库充装 6.52 t 乙醇，运往武冈县湖南湛大泰康药业有限公司，行经长沙绕城高速公路、长潭西高速公路，22 时 45 分进入沪昆高速公路。

7 月 19 日 2 时 57 分，湘 A3ZT46 轻型货车沿沪昆高速公路由东向西行驶至 1 309 km + 33 m 路段时，以 85 km/h 的速度与前方排队等候通行的闽 BY2508 大客车发生追尾碰撞，致轻型货车运载的乙醇瞬间大量泄漏燃烧，引燃轻型货车、大客车及前方快车道上排队的车牌号为粤 F08030 小型越野车、右侧行车道上排队的车牌号为浙 A98206 重型厢式货车和赣 E38950/赣 E4537 挂铰接列车，造成大客车 52 人死亡、4 人受伤，轻型货车 2 人死亡，重型厢式货车和小型越野车各 1 人受伤，5 辆车被烧毁以及公路设施受损。

3. 应急处置情况

事故发生后，湖南省高速公路交警、邵阳市消防官兵迅速赶到事故现场进行处置。接报后，湖南省人民政府主要负责同志和有关负责同志赶赴现场，成立了事故救援处置工作组，指导救援和善后处置工作。湖南省、邵阳市、隆回县公安、消防、交通、安监、卫生等部门人员迅速赶赴现场全力开展应急处置工作。由国家安全监管总局、公安部、交通运输部有关负责同志组成的工作组，于事发当天赶到事故现场，指导协调地方政府做好事故处置和善后工作。

7 月 19 日凌晨 5 时 30 分，现场大火被扑灭；7 时 30 分，现场救援工作基本结束；上午 8 时，车辆借道对向车道恢复通行；7 月 20 日凌晨 5 时，事故现场清理完毕，道路恢复正常通行。

接到事故情况后，福建省、四川省人民政府有关负责同志带领有关部门和相关地方政府负责同志赶赴现场，协助做好事故善后和赔付工作。福建省莆田市积极协调保险企业垫付赔偿费用，确保了赔偿金及时到位。湖南省、邵阳市、隆回县人民政府和卫生部门调集多名专家，全力救治受伤人员；邵阳市、隆回县人民政府及有关部门全力做好死伤人员家属的接待和安抚工作，及时与全部遇难者家属签订了赔偿协议，落实赔偿事宜。事故善后工作平稳有序。

4. 伤亡人员核查情况

事故发生后，在国务院事故调查组的督促指导下，湖南省公安厅组织开展遇难人数和身份核定工作，通过现场勘查、DNA 比对、外围调查、遇难者亲属排查、技术侦查等方法反复核查比对，于 7 月 26 日确定在事故现场有 54 人遇难，并对遇难者身份全部予以确认。6 名受伤人员中，有 4 人因伤势过重医治无效分别于 7 月 26 日、8 月 3 日、8 月 11 日、9 月 3 日死亡。

（三）事故原因和性质

1. 直接原因

这起事故是由于湘 A3ZT46 轻型货车追尾闽 BY2508 大客车致使轻型货车所运载乙醇泄漏燃烧所致。

车辆追尾碰撞的原因：刘×驾驶严重超载的轻型货车，未按操作规范安全驾驶，忽视交警的现场示警，未注意观察和及时发现停在前方排队等候的大客车，未采取制动措施，致使轻型货车以 85 km/h 的速度撞上大客车，其违法行为是导致车辆追尾碰撞的主要原因。

贾××驾驶大客车未按交通标志指示在规定车道通行，遇前方车辆停车排队等候时，作为本车道最末车辆未按规定开启危险报警闪光灯，其违法行为是导致车辆追尾碰撞的次要原因。

起火燃烧和造成大量人员伤亡的原因：轻型货车高速撞上前方停车排队等候的大客车尾部，车厢内装载乙醇的聚丙烯材质罐体受到剧烈冲击，导致焊缝大面积开裂，乙醇瞬间大量泄漏并迅速向大客车底部和周边弥漫，轻型货车车头右前部由于碰撞变形造成电线短路产生火花，引燃泄漏的乙醇，火焰迅速沿地面向大客车底部和周围蔓延将大客车包围。经调查和现场勘验，事故路段由东向西下坡坡度 0.5%，事发时段风速 2.5 m/s，风向为东北风，经专家计算，火焰从轻型货车车头处蔓延至大客车车头，将大客车包围所需时间不足7 s，最终仅有6人从大客车内逃出，其中2人下车后被大火烧死，4人被严重烧伤（烧伤面积均在90%以上），轻型货车上2人死亡，小型越野车和重型厢式货车各1人受伤。

2. 间接原因

1）长沙大承化工有限公司、长沙市新鸿胜化工原料有限公司违法运输和充装乙醇

长沙大承化工有限公司违反《危险化学品安全管理条例》规定，从2013年3月份以来一直使用非法改装的无危险货物道路运输许可证的肇事轻型货车运输乙醇。长沙市新鸿胜化工原料有限公司违反《危险化学品安全管理条例》规定，安全管理制度不落实，未查验承运危险货物的车辆及驾驶员和押运员的资质，多次为肇事轻型货车充装乙醇。

2）莆田公司安全生产主体责任落实不到位

莆田公司对承包经营车辆管理不严格，对事故大客车在实际运营中存在的站外发车、不按规定路线行驶、凌晨2时至5时未停车休息等多种违规行为未能及时发现和制止。开展道路运输车辆动态监控工作不到位，未能运用车辆动态监控系统对车辆进行有效管理。

3）长沙市胜风汽车销售有限公司和北汽福田汽车股份有限公司诸城奥铃汽车厂违规出售汽车二类底盘和出具车辆合格证

长沙市胜风汽车销售有限公司不具备二类底盘销售资格，超范围经营出售车辆二类底盘，并违规提供整车合格证。北汽福田汽车股份有限公司诸城奥铃汽车厂向经销商提供货车二类底盘后，在对整车状态未确认的情况下违规出具整车合格证。

4）长沙市芙蓉区安顺货柜加工厂、振兴塑料厂非法从事车辆改装和罐体加装

长沙市芙蓉区安顺货柜加工厂无汽车改装资质，违规为本事故中肇事的轻型货车进行了加装货厢、更换钢板弹簧等改装。长沙市芙蓉区振兴塑料厂明知周×有意使用塑料罐体运输乙醇的情况下，为轻型货车制作和加装了聚丙烯材质的方形罐体。

5）长沙市翔龙城西机动车辆检测有限公司和湖南长沙汽车检测站有限公司对机动车安全技术性能检验工作不规范、管理不严格

长沙市翔龙城西机动车辆检测有限公司对肇事轻型货车进行机动车注册登记前的安全技术性能检验中，外观查验员无检验资格；未保存“机动车安全技术检验记录单（人工检验部分）”；检验报告中底盘动态检验、车辆底盘检查无检验员签字、无送检人签字；检验报告中车辆的转向轴悬架形式标为“独立悬架”，与车辆实际特征不符。湖南长沙汽车检测站有限公司为肇事的轻型货车进行机动车年度检验前的安全技术性能检验中，未发现和督促纠正整车质量5.873 t大于最大设计总质量4.495 t的问题；检验报告上的批准人不具有授权签字人资格且无“送检人签字”。

6）湖南省交通运输部门履行道路货物运输安全监管职责不得力，福建省莆田市交通运输部门履行道路客运企业安全监管职责不到位

（1）湖南省、长沙市和长沙市芙蓉区交通运输部门对道路货物运输安全日常监管、打击无资质车辆非法运输危险化学品工作不得力。

长沙市芙蓉区交通运输局对肇事轻型货车普通道路货物运输证年审把关不严，违反规

定为该车办理了年审手续；对普通道路货物运输安全监管不得力，对无资质车辆运输危险化学品行为打击不力。

长沙市货物运输管理局对芙蓉区交通运输局指导不力，对长沙新鸿胜化工原料有限公司长期容许无资质车辆运输危险化学品监管不力，对无资质运输危险化学品车辆违法行为监管不严。

长沙市交通运输局对长沙市货物运输管理局和芙蓉区交通运输局履行危险货物运输安全监管职责督促检查不到位，组织开展道路货运“打非治违”工作不力。

湖南省交通运输厅及道路运输管理局贯彻落实相关道路运输安全法律法规不到位，对交通运输部门开展道路货物运输“打非治违”工作督促检查不到位。

（2）福建省莆田市、莆田市城厢区交通运输部门对道路客运企业安全监管不到位。

莆田市城厢区运输管理所督促事故企业落实客运安全管理主体责任不到位，对企业长途营运车辆动态监控工作监督检查不力，督促企业落实凌晨2时至5时停车休息制度不力，未及时发现和查处事故企业的客车站外发车、不按规定路线行驶等违规行为。

莆田市城厢区交通运输局对城厢区运输管理所履行客运安全监管工作督促指导不力，对长途营运车辆动态监控监督检查不到位。

莆田市运输管理处对事故企业客运安全监督检查不到位，督促指导城厢区交通运输局及运输管理所开展安全监督检查和隐患排查治理不力。

莆田市交通运输局对莆田市运输管理处和城厢区交通运输局履行客运行业安全监管职责督促指导不到位，对基层运管部门工作人员培训指导不够。

7）湖南省公安交警部门履行事故处置、路面执法管控、机动车检验审核等职责不力

（1）湖南省高速交警部门进行事故处置、查处长途客车凌晨 2 时至 5 时违规运行不得力。

湖南省交警总队高速公路管理支队邵怀大队隆回中队对前一起交通事故实施临时交通管制措施后，车辆尾端示警工作不力，未按规定采取车辆分流措施。

湖南省交警总队高速公路管理支队邵怀大队对前一起道路交通事故处置工作指挥不力。

湖南省交警总队高速公路管理支队对处置前一起道路交通事故的工作指导不力，对长途客车违反凌晨 2 时至 5 时落地休息规定的行为查处管控不到位。

（2）长沙市交警部门开展机动车检验审核和路面执法管控工作不得力。

长沙市交警支队车管所五中队（城西分所）开展机动车检验审核工作不严格，未发现和纠正机动车检测站工作人员不具备资质问题，为肇事轻型货车进行查验的民警资格证已经到期；违规由检测站工作人员代替查验民警填写“机动车查验记录表”意见和签注“合格”。

长沙市交警支队车管所远程监管中心对机动车年检监督不得力，未能发现和督促纠正肇事轻型货车整车质量与行驶证载明整备质量存在明显差异、检验报告批准人不具备授权

签字人资格、车辆私自改装等问题，对检验报告单审核把关不严。

长沙市交警支队车管所落实上级要求不严格，对城西分所、远程监管中心等下属单位工作督促指导不力，未及时发现和解决下属单位工作中存在的问题。

长沙市交警支队开福区大队打击货车违法运输行为不力，未能发现并查处肇事轻型货车超载运输危险化学品的违法行为。

长沙市交警支队车辆管理监督管理职责落实不得力，对下属单位在办理注册登记、查验工作中存在的问题检查指导不力；打击货车严重交通违法行为的工作开展不力，路面执法管控存在薄弱环节。

（3）湖南省交警总队贯彻落实国家关于道路交通安全相关法律法规不到位，对高速支队道路交通事故处置指导不力；对长沙市公安交警部门车辆管理、打击货车违规行为等工作监督检查不到位。

8）湖南省安全监管部门履行危险化学品经营企业安全监管职责不到位

长沙市芙蓉区安全监管局对长沙大承化工有限公司进行行政许可延期（换证）申请现场核查把关不严，未发现企业主要负责人及专职安全员的危险化学品经营安全生产管理人员资格证书过期问题；对企业危险化学品经营活动监管不到位。

长沙县安全监管局未及时纠正长沙市新鸿胜化工原料有限公司危险物品管理台账中未按要求填写危险化学品运输车辆车号、运输资质证号等基本信息问题，对公司未按规定查验承运危险货物单位资质、提货车辆证件、运输车辆驾驶员和押运员资质等情况监督检查不得力。

长沙市安全监管局对芙蓉区、长沙县安全监管局开展危险化学品经营企业日常监管工作督促指导不力。

湖南省安全监管局贯彻落实国家关于危险化学品经营安全相关法律法规不到位，对长沙市安全监管部门履职督促检查不到位。

9）湖南省质监部门履行机动车检测企业行政许可、日常监管职责不到位，山东省潍坊市质监部门对车辆生产环节质量把关不严

长沙市质量技术监督局对长沙市翔龙城西机动车辆检测有限公司、湖南长沙汽车检测站有限公司监督检查不力，未有效督促企业对监督检查中发现的问题整改到位。

湖南省质量技术监督局贯彻落实国家关于机动车检测机构监督管理相关法律法规不到位，对经营许可申请审查把关不严，对长沙市质量技术监督局的机动车检验机构监管工作督促指导不到位。

山东省诸城市质量技术监督局执行法律法规不到位，对国家关于汽车产品质量管理的法律法规理解认识存在偏差，对辖区内汽车生产企业产品质量管理监督检查不到位。

潍坊市质量技术监督局对诸城市质量技术监督局督促指导不到位。

10）长沙市工商部门对企业超范围经营等问题监管不严

长沙县工商行政管理局湘龙工商所未及时查处中南汽车世界违规销售货车二类底盘

的问题。长沙县工商行政管理局对长沙市胜风汽车销售有限公司超范围经营货车二类底盘问题监管不得力，对湘龙工商所督促指导不力。

长沙市芙蓉区工商行政管理局马坡岭工商所未对安顺货柜加工厂超许可范围经营进行查处。芙蓉区工商行政管理局东湖工商所未及时发现并查处辖区内无照经营的振兴塑料厂。芙蓉区工商行政管理局对马坡岭、东湖工商所监管不到位。

11）有关地方组织开展安全生产工作不到位

长沙市芙蓉区委对本级人民政府及相关部门落实安全生产监管责任督促指导不力。长沙市芙蓉区人民政府组织开展安全生产“打非治违”和督促有关部门落实监管责任工作不得力。

长沙县委对本级人民政府及相关部门落实安全生产监管责任督促指导不力。长沙县人民政府组织开展危险化学品经营“打非治违”和督促有关部门加强危险化学品经营管理工作不得力。

长沙市人民政府组织开展安全生产“打非治违”工作不力，未有效督促有关部门落实“管行业必须管安全、管业务必须管安全、管生产经营必须管安全”的总体要求。

莆田市城厢区人民政府贯彻落实国家道路客运安全相关法律法规不到位，对有关部门道路客运安全监管督促指导不力。

（四）事故性质

经调查认定，沪昆高速湖南邵阳段“7·19”特别重大道路交通危化品爆燃事故是一起生产安全责任事故。

（五）对事故有关责任人员及责任单位的处理情况及建议

1. 因在事故中死亡免于追究责任人员

（1）刘×，肇事货车驾驶员，长沙大承化工有限公司司机，在事故中死亡，建议免于追究责任。

（2）张××，肇事货车押运员，长沙大承化工有限公司业务员，在事故中死亡，建议免于追究责任。

（3）贾××，大客车驾驶员，在事故中死亡，建议免于追究责任。

（4）彭××，大客车驾驶员，在事故中死亡，建议免于追究责任。

2. 司法机关已采取措施人员

（1）周×，长沙大承化工有限公司法定代表人，因涉嫌危险物品肇事罪，于7月20日被公安机关刑事拘留，8月26日被批准逮捕。

（2）周××，湘A3ZT46轻型货车车主，因涉嫌危险物品肇事罪，于7月20日被公安机关刑事拘留，8月26日被批准逮捕。

（3）戴××，长沙市新鸿胜化工原料有限公司实际控制人，因涉嫌危险物品肇事罪，于7月20日被公安机关刑事拘留，8月26日被批准逮捕。

（4）李××，长沙市新鸿胜化工原料有限公司法定代表人兼仓库安全员，因涉嫌危险物品肇事罪，于7月20日被公安机关刑事拘留，8月26日被批准逮捕。

（5）杨××，长沙市新鸿胜化工原料有限公司仓储部主任，因涉嫌危险物品肇事罪，于7月21日被公安机关刑事拘留，8月26日被批准逮捕。

（6）谢××，长沙市新鸿胜化工原料有限公司业务员，因涉嫌危险物品肇事罪，于7月21日被公安机关刑事拘留，8月18日被取保候审。

（7）唐××，长沙市新鸿胜化工原料有限公司土桥仓库装卸员，因涉嫌危险物品肇事罪，于7月21日被公安机关刑事拘留，8月26日被批准逮捕。

（8）陈××，长沙市新鸿胜化工原料有限公司土桥仓库门卫，因涉嫌危险物品肇事罪，于7月21日被公安机关刑事拘留，8月27日被取保候审。

（9）彭××，长沙市芙蓉区安顺货柜厂加工负责人，因涉嫌生产、销售伪劣商品罪，于7月25日被公安机关刑事拘留，8月28日被批准逮捕。

（10）欧阳××，长沙市芙蓉区安顺货柜加工厂管理人员，因涉嫌生产、销售伪劣商品罪，于7月25日被公安机关刑事拘留，8月28日被取保候审。

（11）唐××，长沙市振兴塑料厂负责人，因涉嫌生产、销售伪劣商品罪，于8月5日被公安机关刑事拘留，8月28日被批准逮捕。

（12）余××，闽BY2508大客车承包人，因涉嫌重大责任事故罪，于7月21日被公安机关刑事拘留，8月27日被批准逮捕。

（13）余××，闽BY2508大客车承包人，因涉嫌重大责任事故罪，于7月20日被公安机关刑事拘留，8月27日被取保候审。

（14）廖×，闽BY2508大客车安全员，因涉嫌重大责任事故罪，于7月20日被公安机关刑事拘留，8月27日被批准逮捕。

（15）王××，福建莆田汽车运输股份有限公司法定代表人、董事长、总经理，因涉嫌重大责任事故罪，于7月21日被公安机关刑事拘留，8月16日被取保候审。

（16）李××，福建莆田汽车运输股份有限公司副总经理（分管安全），因涉嫌重大责任事故罪，9月5日被取保候审。

（17）余×，福建莆田汽车运输股份有限公司城厢分公司经理，因涉嫌重大责任事故罪，于7月21日被公安机关刑事拘留，8月27日被取保候审。

（18）俞××，福建莆田汽车运输股份有限公司城厢分公司副经理（分管安全），因涉嫌重大责任事故罪，于7月20日被公安机关刑事拘留，8月27日被批准逮捕。

（19）戴××，福建莆田汽车运输股份有限公司安保部主任，8月27日被批准逮捕（在逃）。

（20）林××，福建莆田汽车运输股份有限公司城厢分公司安保科科长，因涉嫌重大责任事故罪，于7月21日被公安机关刑事拘留，8月27日被批准逮捕。

（21）吴××，福建莆田汽车运输股份有限公司GPS监控中心监控组长，8月27日被批准逮捕（在逃）。

（22）林××，福建莆田汽车运输股份有限公司GPS监控中心监控员，因涉嫌重大责任事故罪，于7月20日被公安机关刑事拘留，8月27日被取保候审。

（23）陈×，湖南省公安厅交警总队高速公路管理支队邵怀大队隆回中队中队长，因涉嫌玩忽职守罪，于8月12日被隆回县人民检察院立案侦查，8月29日被批准逮捕。

（24）周×，湖南省公安厅交警总队高速公路管理支队邵怀大队政秘科出纳，因涉嫌玩忽职守罪，于8月12日被隆回县人民检察院立案侦查，8月29日被批准逮捕。

（25）师××，长沙市交通警察支队车辆管理所城西分所三级警长，因涉嫌玩忽职守罪，于8月15日被宁乡县人民检察院立案侦查，8月29日被取保候审。

（26）柳××，长沙县安全生产监督管理局党组成员、副局长，因涉嫌玩忽职守罪，于8月7日被长沙县人民检察院立案侦查，8月9日被取保候审。

（27）胡××，长沙县安全生产监督管理局危险化学品和烟花爆竹监管科科长，因涉嫌玩忽职守罪，于8月7日被长沙县人民检察院立案侦查，8月8日被取保候审。

（28）龙×，长沙县安全生产监督管理局危险化学品和烟花爆竹监管科副科长，因涉嫌玩忽职守罪，于8月7日被长沙县人民检察院立案侦查，8月9日被取保候审。

（29）王×，长沙市芙蓉区安全生产监督管理局副局长，因涉嫌玩忽职守罪，于8月7日被芙蓉区人民检察院立案侦查，8月12日被取保候审。

（30）卢××，长沙市芙蓉区安全生产监督管理局危险化学品和烟花爆竹监管科科长。因涉嫌玩忽职守罪，8月7日被芙蓉区人民检察院立案侦查，8月12日被取保候审。

（31）朱××，长沙市质量技术监督局产品质量监督处处长，因涉嫌玩忽职守罪，于9月2日被长沙市望城区人民检察院立案侦查，9月4日被取保候审。

（32）陈××，莆田市城厢区运输管理所运政股负责人，因涉嫌玩忽职守罪，于8月15日被莆田市城厢区人民检察院立案侦查，9月2日被取保候审。

（33）唐××，莆田市城厢区运输管理所副所长，因涉嫌玩忽职守罪，于8月15日被莆田市城厢区人民检察院立案侦查，9月2日被取保候审。

（34）胡××，湖南长沙汽车检测站有限公司副站长，因涉嫌出具证明文件重大失实罪，于8月30日被长沙市望城区人民检察院立案侦查，9月2日被取保候审。

（35）湖南长沙汽车检测站有限公司，因涉嫌单位出具证明文件重大失实罪，于8月30日被长沙市望城区人民检察院立案侦查。

以上人员属于中共党员或行政监察对象的，待司法机关作出处理后，由当地纪检监察机关或具有管辖权的单位及时给予相应的党纪、政纪处分。除上述人员外，对于其他涉及事故的人员是否构成犯罪，由司法机关依法独立开展调查。

3. 建议给予党纪、政纪处分人员

（1）胡××，中共湖南省委委员、长沙市委副书记、市人民政府市长。对长沙市政府分管领导和有关职能部门履行安全生产监管职责指导督促不到位。对事故发生负有重要领导责任，建议给予行政记过处分。

（2）何××，长沙市人民政府副市长、民盟湖南省委副主委、民盟长沙市委主委，分管安全生产、交通运输工作。对长沙市安全监管、交通运输等部门开展危险化学品道路运输监管工作监督检查指导不到位。对事故发生负有重要领导责任，建议给予行政记过处分。

（3）杨××，中共长沙市委委员、长沙经济技术开发区工委书记（副厅级）、长沙县委书记。对贯彻落实“党政同责、一岗双责”要求、督促指导县政府及相关部门开展危险化学品安全监管不到位。对事故发生负有重要领导责任，建议给予党内警告处分。

（4）胡××，中共党员，湖南省交通运输厅党组成员、副厅长，分管交通运输工作。对分管处室、长沙市交通运输部门履行道路运输安全监管工作督促指导不到位。对事故发生负有重要领导责任，建议给予行政记过处分。

（5）刘××，无党派人士，长沙市政协副主席兼长沙市交通运输局局长。对市货物运输管理局和芙蓉区交通运输管理局履行危险货物运输安全监管职责督促检查不到位，对查处无资质车辆非法运输危险化学品不力问题失察。对事故发生负有重要领导责任，建议给予行政记过处分。

（6）唐××，湖南省公安厅交警总队党委书记、总队长。对长沙市交警支队车辆查验、打击货车违规行为监督检查不到位，对高速交警支队未认真履职问题失察。对事故发生负有重要领导责任，建议给予行政记过处分。

（7）杨××，湖南省安全生产监督管理局党组成员、副局长，分管危险化学品安全监管工作。组织开展危险化学品安全监管不到位，对分管部门履职督促指导不到位。对事故发生负有重要领导责任，建议给予行政记过处分。

（8）徐××，湖南省质量技术监督局党组成员、副局长，分管产品质量监督处（执法稽查处）。对机动车安全技术检验机构检验资格许可证审批把关不严。对事故发生负有重要领导责任，建议给予行政记过处分。

（9）张××，湖南省道路运输管理局党委副书记、局长。对道路货物运输经营监管督促指导不力，对查处无资质车辆非法运输危险化学品不力问题失察。对事故发生负有重要领导责任，建议给予行政记过处分。

（10）李×，中共党员，湖南省道路运输管理局运政稽查科科长。对道路运输管理部门执法指导督促不力，对查处无资质车辆非法运输危险化学品不力问题失察。对事故发生负有重要领导责任，建议给予行政记大过处分。

（11）李×，中共党员，长沙市交通运输局副局长，分管长沙市货物运输管理局。对市货物运输管理局和芙蓉区交通运输管理局履行危险货物运输安全监管职责督促检查不到位，对查处无资质车辆非法运输危险化学品不力问题失察。对事故发生负有重要领导责任，建议给予行政记过处分。

（12）张×，中共党员，长沙市货物运输管理局局长。对开展道路货物运输经营执法指导不力，督促指导查处非法从事危险货物运输经营不到位。对事故发生负有重要领导责任，建议给予行政记过处分。

（13）胡××，中共党员，长沙市货物运输管理局副局长，分管执法工作。对开展道路货物运输经营执法工作指导不力，督促指导区县查处非法从事危险货物运输经营工作不到位，对无资质车辆运输危险化学品组织查处不力。对事故发生负有重要领导责任，建议给予行政记过处分。

（14）刘××，中共党员，长沙市货物运输管理局执法大队大队长。对督促指导区县查处非法从事危险货物运输经营工作不到位，对无资质车辆运输危险化学品组织查处不力。对事故发生负有重要领导责任，建议给予行政记过处分。

（15）李××，长沙市芙蓉区交通运输局党组副书记、局长。对运输证年审督促指导不力，对安全监管督促指导不到位。对事故发生负有重要领导责任，建议给予行政记大过处分。

（16）龙×，长沙市芙蓉区交通运输局党组成员、副局长，分管安全稽查科。对开展道路货物运输“打非治违”专项行动监督不到位，对无资质车辆运输危险化学品打击不力。对事故发生负有重要领导责任，建议给予行政记大过处分。

（17）杨×，长沙市芙蓉区交通运输局党组成员、副局长，分管运政。对窗口工作指导不力，对工作流程不规范、公章管理不严、道路运输证年审监管不到位失察。对事故发生负有重要领导责任，建议给予党内严重警告、行政降级处分。

（18）谭×，群众，长沙市芙蓉区交通运输局运政科工人（驻政务中心交通窗口工作人员，属行政机关依法委托从事公共事务管理活动人员），负责窗口日常管理、公章和行政处罚。对公章管理不严，对肇事货车道路运输证年审把关不严。对上述问题负有责任，建议给予降低岗位等级处分。

（19）杨×，群众，长沙市芙蓉区交通运输局运政科工人（驻政务中心交通窗口工作人员，属行政机关依法委托从事公共事务管理活动人员），负责窗口资料接收、初审，协助公章管理。未发现肇事货车年审未按规定进行两次二级维护备案。对上述问题负有责任，建议给予降低岗位等级处分。

（20）石××，湖南省公安厅交警总队党委委员、副总队长，分管高速交警支队。对高速交警支队应急处置和执行客车凌晨 2 时至 5 时停车休息制度督促不到位失察。对事故发生负有重要领导责任，建议给予行政记过处分。

（21）欧阳××，中共党员，湖南省公安厅交警总队高速公路支队支队长。对应急处置督促指导不力，对客运车辆凌晨 2 时至 5 时停车休息制度落实不到位失察。对事故发生负有重要领导责任，建议给予行政记过处分。

（22）宋××，中共党员，湖南省公安厅交警总队高速公路支队副支队长，事发当日支队值班领导。未及时掌握事发当日路面情况，对前一起事故应急处置工作指导不到位。对事故发生负有重要领导责任，建议给予行政记大过处分。

（23）黄×，中共党员，湖南省公安厅高速公路交警总队邵怀大队大队长。对前一起事故应急处置指导不力，组织查处客车凌晨 2 时至 5 时落实停车休息制度不到位。对事故发生负有重要领导责任，建议给予党内严重警告、行政降级处分。

（24）刘×，中共党员，湖南省公安厅高速公路交警总队邵怀大队副大队长，分管交通秩序管理，事发当日大队值班领导。对前一起事故应急处置不得力；对客车落实凌晨 2 时至 5 时停车休息监督检查不力。对事故发生负有主要领导责任，建议给予党内严重警告、行政撤职处分。

（25）廖××，中共党员，湖南省公安厅高速公路交警总队邵怀大队隆回中队民警。在前一起事故尾端夜间动态示警时，未按要求请求增加警力，示警工作不力。对事故发生负有重要责任，建议给予党内严重警告、行政降级处分。

（26）徐××，长沙市公安局党委委员、副局长兼长沙市交警支队支队长。对开展机动车注册登记和年检工作督促指导不力，对车管所履行职责不到位问题失察。对事故发生负有重要领导责任，建议给予行政记过处分。

（27）彭××，长沙市交警支队党委委员、副支队长，分管车辆管理。对开展机动车注册登记和年检工作督促指导不力，对机动车注册登记和年检中存在问题失察。对事故发生负有重要领导责任，建议给予行政记大过处分。

（28）邓××，中共党员，2014 年 1 月始任长沙市开福区交警大队副大队长，分管勤务。对肇事货车非法运输危险化学品、非法改装和超载运输等问题查处不到位。对事故发生负有重要领导责任，建议对其诫勉谈话。

（29）莫××，中共党员，长沙市交警支队车管所所长。对开展机动车注册登记和安全查验工作督促指导不力，对机动车注册登记和年检中存在问题失察。对事故发生负有重要领导责任，建议给予行政记大过处分。

（30）赵×，中共党员，长沙市交警支队车管所副所长，分管机动车注册登记。对违规为肇事货车注册登记查验失察。对事故发生负有重要领导责任，建议给予行政记大过处分。

（31）唐××，中共党员，长沙市交警支队车管所副所长，分管机动车年检。对远程监控中心 2014 年 3 月 10 日违规为肇事货车办理车辆年检问题失察。对事故发生负有重要领导责任，建议给予党内严重警告、行政降级处分。

（32）赵×，中共党员，长沙市交警支队五中队（城西分所）中队长。对违规为肇事货车注册登记查验问题失察。对事故发生负有重要领导责任，建议给予党内严重警告、行政降级处分。

（33）邬×，中共党员，长沙市交警支队五中队（城西分所）指导员，分管车辆注册登记查验。对违规为肇事货车注册登记查验问题失察。对事故发生负有主要领导责任，建议给予党内严重警告、行政撤职处分。

（34）刘××，中共党员，长沙市公安局交警支队车管所民警，负责远程监管中心工作。在对肇事货车年检时，未发现车身右侧开门外观异常，未落实“双查验员”制度，对事故发生负有主要责任，建议给予党内严重警告、行政降级处分。

（35）范××，中共党员，湖南省安全生产监督管理局危险化学品安全监督管理处处长。对危险化学品安全管理督促检查不力，未及时发现和督促解决安全监管部门在行政许可和日常监管中存在的问题，对开展危险化学品经营安全监管工作督促指导不力。对事故发生负有重要领导责任，建议给予行政记大过处分。

（36）文××，长沙市安全生产监督管理局党组书记、局长。对全市危险化学品安全管理督促、指导检查不力，对危险化学品装载监督检查不到位问题失察。对事故发生负有重要领导责任，建议给予行政记大过处分。

（37）李××，长沙市安全生产监督管理局党组成员、副局长，分管危险化学品安全管理。对危险化学品安全管理督促检查不力，对危险化学品装载监督检查不到位失察。对事故发生负有重要领导责任，建议给予党内严重警告、行政降级处分。

（38）黄××，中共党员，长沙市安全生产监督管理局危险化学品安全监督管理处处长。对危险化学品安全管理督促检查不力，对企业危险化学品装载监督检查不到位。对事故发生负有重要领导责任，建议给予党内严重警告、行政降级处分。

（39）杨×，中共党员，长沙市安全生产监督管理局危险化学品安全监督管理处副主任科员，负责全市危险化学品仓储类经营企业的行政许可和日常监管。对危险化学品安全管理督促检查、对企业危险化学品装载监督检查不得力。对事故发生负有重要领导责任，建议给予党内严重警告、行政降级处分。

（40）张×，长沙市芙蓉区安全生产监督管理局党组书记、局长。对本单位违规办理长沙大承化工有限公司“危险化学品经营许可证”行政许可（延期）问题失察。对事故发生负有主要领导责任，建议给予党内严重警告、行政撤职处分，免去其担任的党组书记职务。

（41）张××，长沙县安全生产监督管理局党组书记、局长。对本单位监督检查企业安全隐患排查治理工作不到位问题失察。对事故发生负有主要领导责任，建议给予党内严重警告、行政撤职处分，免去其担任的党组书记职务。

（42）肖×，中共党员，湖南省质量技术监督局产品质量监督处（执法稽查处）处长，负责产品质量和执法监督（含机动车安全技术检验机构许可和监督检查）。2010 年 7 月审查望城县对外经济贸易有限公司“机动车安全技术检验机构检验资格许可证”不严，未发现该公司人员资质不符合要求的问题。对事故发生负有重要领导责任，建议给予行政记大过处分。

（43）李×，中共党员，湖南省质量技术监督局产品质量监督处副处长，分管机动车安全技术检验机构。2010 年 7 月审查望城县对外经济贸易有限公司“机动车安全技术检验机构检验资格许可证”不严，未发现该公司存在人员资质不符合要求的问题。对事故发生负有重要领导责任，建议给予行政记大过处分。

（44）覃××，中共党员，湖南省质量技术监督局产品质量监督处主任科员，负责机动车安全技术检验机构资质许可和监督管理。2010 年 7 月审查望城县对外经济贸易有限公司“机动车安全技术检验机构检验资格许可证”不严，未发现该公司存在人员资质不符合要求。对事故发生负有重要领导责任，建议给予党内严重警告、行政降级处分。

（45）陈××，长沙市质量技术监督局党组书记、局长。对相关处室督促指导不力，未督促解决涉事两家机动车安检机构中人员资质等问题。对事故发生负有重要领导责任，建议给予行政记大过处分。

（46）张×，长沙市质量技术监督局党组成员、副局长，分管产品质量监督处。对相关处室督促指导不力。对事故发生负有重要领导责任，建议给予行政记大过处分。

（47）廖××，中共党员，长沙市质量技术监督局产品质量监督处副处长，负责对工业产品生产企业监督初查。2012 年至 2014 年上半年，多次参与对翔龙城西机动车辆检测有限公司和湖南长沙汽车检测站有限公司的检查，发现两家公司在人员资质等方面存在问题，督促整改不力。对事故发生负有重要领导责任，建议给予党内严重警告、行政降级处分。

（48）舒×，长沙县工商局党组书记、局长。对工商所工作督促指导不力；对未发现和解决相关企业超范围经营销售二类底盘问题失察。对事故发生负有重要领导责任，建议给予行政记过处分。

（49）陈×，长沙县工商局党组成员、纪检组组长，分管企业和个体私营经济监督管理。对湘龙工商所工作督促指导不力，对该所未发现和解决相关企业超范围经营销售二类底盘问题失察。对事故发生负有重要领导责任，建议给予党内警告处分。

（50）彭××，中共党员，长沙县工商局湘龙工商所所长。对辖区内企业超范围经营监管不力，未发现和督促解决长沙市胜风汽车销售有限公司超范围经营销售二类底盘问题。对事故发生负有重要领导责任，建议给予行政记大过处分。

（51）熊××，长沙市工商行政管理局副调研员、芙蓉分局党委书记、局长。对马坡岭工商所、东湖工商所督促指导不力，对两工商所未发现相关企业违规为肇事货车加装货厢和安装罐体问题失察。对事故发生负有重要领导责任，建议给予行政记过处分。

（52）谢××，长沙市芙蓉区工商局党委副书记、副局长，分管企业和个体私营经济监督管理。对马坡岭工商所、东湖工商所工作督促指导不力，对两工商所未发现相关企业违规为肇事货车加装货厢和安装罐体问题失察。对事故发生负有重要领导责任，建议给予行政记过处分。

（53）符×，中共党员，长沙市芙蓉区东湖工商所所长。对非法拼装、改装汽车问题监管不力，未发现和督促解决长沙市振兴塑料厂违规为肇事货车制造并安装盛放乙醇的塑料罐体问题。对事故发生负有重要领导责任，建议给予行政记大过处分。

（54）王××，中共党员，长沙市芙蓉区马坡岭工商所所长。对辖区内企业非法拼装、改装汽车问题监管不力，未发现和解决长沙市安顺货柜加工厂违规为肇事货车加装货厢问题。对事故发生负有重要领导责任，建议给予行政记大过处分。

（55）梁×，中共长沙市委委员、芙蓉区委书记。贯彻落实“党政同责、一岗双责”

要求工作不力，督促区政府、有关部门开展危险货物运输安全监管工作不到位。对事故发生负有重要领导责任，建议给予党内警告处分。

（56）于××，中共长沙市芙蓉区委副书记、区长。对危险货物运输安全工作督促指导不力，对有关职能部门督促检查不到位。对事故发生负有重要领导责任，建议给予行政记过处分。

（57）许×，长沙市芙蓉区人民政府党组成员、副区长，分管交通运输工作。对区交通运输局督促检查不到位，对危险货物道路运输安全督促指导不力。对事故发生负有重要领导责任，建议给予行政记过处分。

（58）张××，中共长沙县委副书记、县长。对县安全监管局开展危险化学品安全监管工作督促检查不力。对事故发生负有重要领导责任，建议给予行政记大过处分。

（59）黄×，无党派人士，长沙县人民政府副县长，分管安全生产。对开展危险化学品安全监管工作督促指导不力。对事故发生负有重要领导责任，建议给予行政记大过处分。

（60）何××，福建省莆田市交通运输局党组书记、局长。对履行道路客运安全生产监管职责督促指导不到位。对事故发生负有重要领导责任，建议给予行政记过处分。

（61）林××，莆田市交通运输局党组成员、副局长，分管安全生产。对市运输管理处道路旅客运输行业安全生产监督管理工作指导督促不力，对区交通运输部门履行行业安全监管职责督促检查不到位。对事故发生负有重要领导责任，建议给予行政记过处分。

（62）郑××，莆田市城厢区人民政府党组成员、副区长，分管交通运输，对履行道路旅客运输行业安全监管职责督促指导不力，对有关职能部门督促检查不到位。对事故发生负有重要领导责任，建议给予行政记过处分。

（63）肖××，莆田市交通运输局党组成员、市运输管理处处长。对履行道路运输企业安全监督管理职责指导督促不力；组织开展道路运输安全隐患排查治理工作不到位。对事故发生负有重要领导责任，建议给予记大过处分。

（64）郑××，民革党员，莆田市运输管理处副处长，分管安全监督。对指导督促运输管理所履行行业安全监督管理和隐患排查治理不到位；对安全监督科履职不到位问题失察。对事故发生负有重要领导责任，建议给予记过处分。

（65）陈××，中共党员，莆田市运输管理处副处长，分管客运管理。对组织开展道路客运企业安全生产监督检查及隐患排查治理和整改落实工作不得力；对道路客运管理科履职不到位问题失察。对事故发生负有重要领导责任，建议给予党内严重警告、行政降级处分。

（66）杨××，中共党员，莆田市运输管理处道路客运管理科科长。对长途客运企业落实凌晨 2 时至 5 时停车休息制度的问题督促指导不力，对未能及时排查、整改客运企业安全隐患问题失察。对事故发生负有重要领导责任，建议给予党内严重警告、行政降级处分。

（67）郑××，莆田市城厢区交通运输局党支部书记、局长。对区运输管理所履行道路运输行业安全监管职责督促指导不力；对督促企业整改安全隐患不到位问题失察。对事故发生负有重要领导责任，建议给予行政记大过处分。

（68）陈××，中共党员，莆田市城厢区交通运输局副局长，分管安全监督股、区运输管理所。对区运输管理所道路运输企业安全检查和隐患督促整改落实工作指导不力；对分管部门履职不到位问题失察。对事故发生负有重要领导责任，建议给予党内严重警告、行政降级处分。

（69）吴××，莆田市城厢区运输管理所党支部书记，主持全面工作。对督促企业落实安全生产主体责任不得力；对长途客车未全面落实凌晨2时至5时停车休息规定及不按核定线路行驶督促整改不得力；对相关部门履职不到位问题失察。对事故发生负有主要领导责任，建议给予撤销党内职务处分。

（70）单××，山东省潍坊市质量技术监督局监督法制科科长，九三学社潍坊市委副主委，分管企业成品质量抽查检验。对诸城市质量技术监督局业务指导不到位，组织开展机动车质量监管工作不到位。对事故发生负有重要领导责任，建议给予行政记过处分。

（71）李××，山东省诸城市质量技术监督局党组成员、副局长，分管工业品质量监管。对组织开展质量监管工作不到位。对事故发生负有重要领导责任，建议给予行政记过处分。

（72）李××，中共党员，山东省诸城市质量技术监督局工业品科科长。对工业品质量监管工作不得力。对事故发生负有重要领导责任，建议给予行政记大过处分。

4. 行政处罚及问责建议

（1）依据《中华人民共和国安全生产法》和《生产安全事故报告和调查处理条例》等有关法律法规的规定，责成湖南省安全监管局、福建省安全监管局分别对长沙大承化工有限公司、福建莆田汽车运输股份有限公司及其主要负责人处以规定上限的罚款。

（2）建议湖南省、山东省人民政府责成有关部门按照相关法律、法规规定，对事故中所涉及的长沙市新鸿胜化工原料有限公司、长沙市胜风汽车销售有限公司、长沙市芙蓉区安顺货柜加工厂、长沙市芙蓉区振兴塑料厂、长沙市翔龙城西机动车辆检测有限公司、湖南长沙汽车检测站有限公司、北汽福田汽车股份有限公司诸城奥铃汽车厂等企业及相关人员的违法违规行为作出行政处罚。

（3）建议责成湖南省人民政府向国务院作出深刻检查，认真总结和吸取经验教训，进一步加强和改进安全生产工作。

（六）事故防范和整改措施

1. 进一步强化安全生产红线意识

各地区特别是湖南、福建两省及有关地方人民政府和部门要深刻吸取沪昆高速湖南邵阳段“7·19”特别重大道路交通危化品爆燃事故的沉痛教训，认真贯彻落实习近平总书记、李克强总理等党中央、国务院领导同志关于安全生产工作的一系列重要批示指示精神，牢固树立科学发展、安全发展理念，始终坚守“发展决不能以牺牲人的生命为代价”这条红线，建立健全“党政同责、一岗双责、齐抓共管”的安全生产责任体系，坚持“管行业必须管安全、管业务必须管安全、管生产经营必须管安全”的原则，推动实现责任体系“三级五覆盖”，进一步落实地方属地管理责任和企业主体责任。要认真贯彻落实党的十八届三中、四中全会精神，加大对新安全生产法和相关法律法规的宣贯力度，推进依法治安，强化依法治理，从严执法监管。要高度重视道路交通，尤其是危险货物运输和道路客运安全，深刻吸取此次事故的教训，认真研究事故防范和工作改进措施，强化危险货物运输和道路客运监管，坚决避免类似事故重复发生。

2. 加大道路危险货物运输“打非治违”工作力度

各地区特别是湖南省及其有关地方人民政府和部门要切实加大危险货物道路运输打非治违工作力度，形成对非法违法运输行为的高压态势。各部门要注重协调配合，加强联合执法，搞好日常执法，形成联动机制，打击危险化学品非法运输行为，整治无证经营、充装、运输，非法改装、认证，违法挂靠、外包，违规装载等问题。公安交警部门要进一步加大路面执法力度，加强对危险化学品运输车辆的检查和对无资质车辆运载危险货物行为的排查，依法查处危险化学品运输车辆不符合安全条件、超载、超速和不按规定路线行驶等违法行为，并将信息及时通报交通部门。交通运输部门要进一步加强对危险化学品运输车辆和人员的监督检查，严查无资质车辆非法运输危险化学品以及驾驶人、押运人不具备危险货物运输资格等行为，加强对危险化学品运输车辆动态监管，发现超限超载等违法行为及时查处。安全监管部门要强化综合监管，加强指导协调，推动各主管部门落实行业监管责任，组织公安、交通等有关部门开展定期、不定期的危险货物道路运输联合执法检查，形成监管合力。

3. 进一步加大道路客运安全监管力度

各地区特别是福建、湖南两省及其有关地方人民政府和部门要认真贯彻落实《国务院关于加强道路交通安全工作的意见》(国发〔2012〕30号)，加大道路客运安全监管力度，推动客运企业落实安全生产主体责任。要对存在挂靠经营或变相挂靠经营的客运车辆进行彻底清理，理顺客运营运车辆的产权关系，对清理后仍然不符合规定经营方式的客运车辆，要取消其经营资格，禁止新增进入客运市场的车辆实行挂靠经营。要严查客运车辆不按规定进站安全例检和办理报班手续、不按批准的客运站点停靠或者不按规定的线路行驶、沿途随意上下客等行为。要督促道路客运企业严格落实长途客运车辆凌晨2时至5时停止运行或实行接驳运输制度，并充分运用车辆动态监控手段严格落实驾驶人停车换人、落地休息等制度。公安、交通运输等部门要将道路运输车辆动态监控系统记录的交通违法信息作为执法依据，依法查处客车违法违规行为。

4. 加强对车辆改装拼装和加装罐体行为的监管

各地区特别是湖南省及其有关地方人民政府和部门要严厉打击车辆非法改装拼装和非法加装罐体行为。公安、工业和信息化、交通运输、工商、质监等部门要建立机动车安全隐患排查的联动机制，各司其职，以机动车生产企业、销售企业、改装企业、维修企业、车辆管理所、安全技术检验机构、报废汽车回收拆解企业为重点，对机动车生产、销售、改装、检验、登记、维修、报废等各个环节进行全面治理。工商部门要坚决取缔未经批准擅自进行机动车改装的非法企业；依法查处机动车生产、销售企业违规销售车辆二类底盘等行为。质监部门要加强对获得强制性产品认证车辆生产企业的监管，防止企业拼装改装汽车。公安、质监部门要严肃处理车辆管理所、机动车安全技术检验机构为不符合国家标准的车辆办理注册登记、不按规定查验车辆、降低检验标准、减少检验项目、篡改检验数据、伪造检验结果，或者不检验、检验不合格即出具检验合格报告的行为。公安、交通部门要严厉查处车辆非法改装、加装罐体从事危险货物运输行为，禁止使用移动罐体（罐式集装箱除外）从事危险货物运输，全面清理查处罐体不合格、罐体与危险货物运输车不匹配的安全隐患。与此同时，要强化路面巡查监管，对查纠到的非法改装车要查明改装途径，对涉及的企业要移交有关部门依法严肃处理。要对货运企业和货运场站进行全面监督检查，严厉查处非法改装车辆从事货物运输的行为。

5. 加大危险化学品安全生产综合治理力度

针对事故调查过程中发现的危险化学品储存和经营环节监管工作出现的漏洞和问题，湖南省及有关地方人民政府和安全监管部门要认真查找出现问题和漏洞的深层次原因，强化安全监管。要依法整顿危险化学品经营市场，积极推动危险化学品经营企业进入危险化学品集中市场进行经营，加快实现专门储存、统一配送、集中销售的危险化学品经营模式。要严格安全生产许可工作，现场审核必须严格按照有关规定和要求进行，委托下一级安全监管部门许可的，要研究制定保证许可质量的制度措施。要制定监督检查规定，规范监督检查工作，发现企业存在问题和隐患的，要安排专人跟踪督促整改，直至问题和隐患全部整改到位。要将危险化学品生产、经营、使用企业许可情况定期通报同级交通运输部门，共同加强危险化学品运输源头监管。要督促危险化学品储存经营企业建立健全并严格执行发货和装载的查验、登记、核准等安全管理制度和管理台账，如实记录危险化学品储量、销量和流向。要督促危险化学品企业配备熟悉相关法规标准和装卸工艺并经专门培训的安全管理人员、装卸人员等，在开具提货单据前查验车辆资质证件、驾驶人员和押运人员从业资格证件，查验车辆及罐体与行驶证照片是否一致，查验危险化学品警示灯具和标志是否齐全、有效，严格按照提货单据载明的品种、数量和对应的车辆实施装载，并对查验和装载情况进行详细登记。

6. 进一步加强道路交通和危险货物运输应急管理

湖南省及其有关地方人民政府和部门要高度重视道路交通和危险货物运输事故应急管理工作。要不断完善道路交通和危险货物运输应急预案体系，做好各地区、各部门之间应急预案的配套衔接，加强动态管理，经常性地组织开展各类预案的演练，针对发现的问题及时修订完善预案。公安交警部门要不断提高道路交通事故应急处置能力，严格按照交通事故处理工作规范要求划定警戒区，放置反光锥筒、警告标志、告示牌，停放警车示警等。同时，针对危险货物运输的特点，要依托相关企业和单位，建立专兼职应急救援队伍，配备专门的装备和物资，加强实战训练，切实提高应急处置能力和水平。

十、湖南郴州宜凤高速“6·26”特别重大道路交通事故

2016年6月26日，湖南省郴州市宜凤高速公路宜章段发生一起客车碰撞燃烧起火特

别重大道路交通事故。

依据《中华人民共和国安全生产法》和《生产安全事故报告和调查处理条例》（国务院令第 493 号）等有关法律法规，经国务院批准，成立了国务院湖南郴州宜凤高速“6 • 26”特别重大道路交通事故调查组（以下简称事故调查组），由国家安全监管总局副局长孙华山任组长，国家安全监管总局、公安部、监察部、交通运输部、全国总工会、工业和信息化部以及湖南省人民政府派员参加，全面负责事故调查工作。同时，邀请最高人民检察院派员参加，并聘请了车辆技术、公路工程、消防火灾等方面专家参与事故调查工作。

事故调查组坚持“科学严谨、依法依规、实事求是、注重实效”的原则，通过现场勘验、调查取证、检测鉴定、模拟试验、专家论证，查明了事故发生的经过、原因、人员伤亡和直接经济损失情况，认定了事故性质和责任，提出了对有关责任人员和责任单位的处理建议，分析了事故暴露出的突出问题和教训，提出了加强和改进工作的措施建议。

调查认定，湖南郴州宜凤高速“6 • 26”特别重大道路交通事故是一起生产安全责任事故。

（一）事故经过

6 月 26 日 5 时 54 分，湖南省衡阳市骏达旅游客运有限公司（以下简称骏达公司）驾驶人刘××驾驶湘 D94396 号大客车从位于衡阳市烝湘区阳焊村的家中出发，按照骏达公司的包车派单计划，准备搭载乘客前往湖南省郴州市莽山景区开展漂流活动。刘××驾车先在衡阳市区接到 2 名乘客，然后于 6 时 49 分进入衡阳市耒阳市区，在耒阳市神农广场接到其他全部乘客，客车一共载客 57 人（包括驾驶人刘××）。8 时许，车辆从耒阳市神农广场出发前往郴州市莽山景区。8 时 12 分由耒阳收费站进入京港澳高速公路，9 时 21 分驶入京港澳高速公路苏仙服务区，9 时 34 分从服务区驶出。10 时 19 分，当车辆行驶至湖南省郴州市宜凤高速公路宜章段 33 km + 856 m 处时失控，先后与道路中央护栏发生一次刮擦和三次碰撞（见图 3-4）。

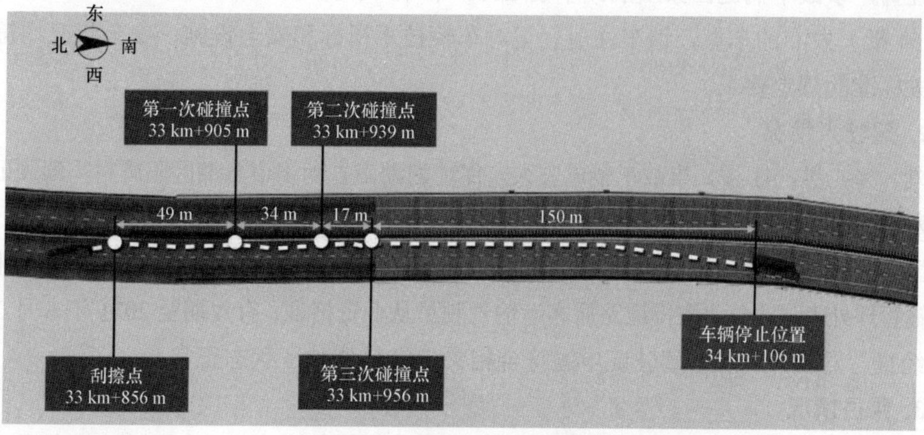

图 3-4　事故经过示意图

刮擦：发生在 33 km + 856 m 处，此时驾驶人未采取任何措施，车辆与道路中央的水泥混凝土墙式护栏（以下简称混凝土护栏）刮擦后继续前行。

第一次碰撞：发生在 33 km + 905 m 处。车辆发生碰撞前，车身左侧先刮撞道路中央的可移动式活动护栏（以下简称活动护栏），损坏长度为 520 cm，损坏部分被撞至对向快车道，车身左前部侵入中央分隔带。之后，车身左前部与连接活动护栏的混凝土护栏端头发生碰撞，造成车辆左前角被混凝土护栏割裂，左前轮爆胎，左前轮向后移位、右前轮向前移位，左油箱受左前轮挤压变形破损开始少量漏油。此时驾驶人向右打方向，但无法有效控制车辆，车辆继续紧靠中央护栏沿道路向前行驶。

第二次碰撞：发生在 33 km + 939 m 处，车身左前部与道路中央可移动的混凝土护墩（以下简称混凝土护墩）碰撞，左油箱因碰撞挤压破裂开始大量漏油。

第三次碰撞：发生在 33 km + 956 m 处，车身左前部再次与道路中央的混凝土护墩碰撞。此次碰撞后，车辆冲上东溪大桥桥面继续向前行驶。

在东溪大桥行驶过程中，驾驶人采取了制动措施，车辆逐渐减速并向右前方变线，在车辆右前角接近东溪大桥路侧混凝土护栏时停止，并于 10 时 20 分左右起火燃烧，由于车上人员未能及时疏散逃生，造成了重大人员伤亡。

（二）事故车辆和人员情况

1. 事故车辆情况

湘 D94396 号金龙牌大型普通客车（以下简称大客车），核载 55 人，出厂日期为 2009 年 8 月 5 日，初次登记日期为 2009 年 8 月 11 日，登记所有人为衡阳市骏达旅游客运有限公司，登记机关为湖南省衡阳市公安局交通警察支队车辆管理所，检验有效期至 2016 年 8 月 31 日。该车于 2010 年 12 月 23 日取得道路运输证，道路运输证号为湘交运管衡 430408000844 号，经营范围为市际旅游包车，核发机关为衡阳市道路运输管理处蒸湘管理所。车辆投保有机动车交通事故责任强制保险和每个座位最高保额 50 万元的道路客运承运人责任险。

经查，事故车辆是国家发展改革委 2007 年 11 月 14 日《车辆生产企业及产品公告》（第 154 批）发布的车型，该车注册登记时车辆技术指标和安全设施、安全状况均符合国家相关标准的规定要求。

2. 驾驶人情况

刘××，男，41 岁，事故车辆驾驶人，住址为湖南省衡阳市蒸湘区阳辉村，驾驶证发证机关为湖南省衡阳市公安局交通警察支队车辆管理所，初次领证日期为 1998 年 7 月 31 日，准驾车型为 A1、A2、E，有效期至 2026 年 7 月 31 日。2009 年 7 月 23 日，刘××经衡阳市道路运输管理处考试合格，取得道路旅客运输驾驶员从业资格证，有效期至 2021 年 6 月 22 日。

经查，驾驶人刘××驾驶证申领符合相关规定，驾驶证状态正常。

3. 乘员情况

事故车辆实载 57 人，其中包括驾驶人 1 名、旅游团领队 1 名和游客 55 名。超员 2 人。

（三）事故现场情况

1. 事故路段情况

事故路段位于宜凤高速公路（湖南省郴州市宜章县至广东省清远市凤头岭）33 km + 856 m 至 34 km + 106 m 处，道路为双向四车道，两侧设有应急车道，行车道宽 3.75 m，应急车道宽 3.25 m。事故路段道路线形为直线下坡，纵坡 0.5%，横坡 2%；北接设置超高的圆曲线，圆曲线半径为 656 m，纵坡 4.7%。

事故路段 33 km + 856 m 至 33 km + 956 m 为沥青路面，路侧设置有波形梁护栏；中央设置有混凝土护栏，其中 33 km + 865 m 至 33 km + 905 m 为活动护栏，33 km + 939 m 处为四块混凝土护墩。33 km + 956 m 至 34 km + 106 m 为东溪大桥，水泥路面，中央分隔带与路侧均设置有混凝土护栏，水泥路面与沥青路面连接处的中央分隔带有一块混凝土护墩。事故路段中央分隔带护栏上部均设置有防眩板。

宜凤高速公路全线施画了车行道边缘线、分界线等标线，设置了限速、线形诱导、避险车道提示等标志。其中，在 31 km 处设置有小型车辆限速 100 km/h、其他车辆限速为 80 km/h 的禁令标志，在 32 km 处设置有“连续下坡路段”警告标志和线形诱导标志，在 33 km 处设置有避险车道，在 33 km + 200 m 处设置有减速标线。

经查，事故路段中央分隔带设置的活动护栏与混凝土护栏形成了完整平滑的线性过渡，事故路段的技术指标、安全防护设施、标志标线均符合国家相关标准的规定要求。

2. 事故痕迹及遗留物情况

事故车辆头南尾北斜停于 34 km + 106 m 处行车道和应急车道上，车辆前部、车厢及行李舱烧毁严重，后轮往后至尾部车身未被烧毁。车体玻璃全部破碎。车厢过道顶部有两个安全顶窗处于闭合状态。

车辆正前方无碰撞痕迹，前保险杆左侧受损变形。左前角碰撞内陷，痕迹离地高 90 cm，向后变形。左前轮撞击变形，轮轴断裂脱落。左侧行李舱门和油箱盖板撞击脱落，油箱固定捆扎带脱落。左油箱向后挤压变形约 30 cm，变形部位有破口长约 3 cm、宽约 0.5 cm；油箱底部有一撕裂口，长约 20 cm、宽约 10 cm。车辆右侧车门无碰撞变形，抵靠在路侧护栏上，向外离开门框 6 cm、向下降低 3 cm，处于开启但未展开状态。

车辆与中央护栏发生刮擦碰撞的位置有接触痕迹及相关散落物。从 33 km + 906 m 处开始，左侧行车道地面有一条挫划印，起点距左侧行车道左边线 66 cm，向南延续 67.8 m 停止。33 km + 907 m 处左侧路缘带开始散落油渍，向南逐渐扩展至左、右两条行车道内，并终于车辆停止处。33 km + 939 m 处，对向快车道有扇形喷射状油渍，长 450 cm，油渍起点扇形最宽处 420 cm，最窄处 20 cm。34 km + 43 m 处，路面左侧行车道右侧有两条后轮间断性制动的印痕，平行斜向应急车道，终于车辆后轮停止位置，长度分别为 64.3 m 和 40.7 m。

3. 天气情况

经查，6 月 26 日 9 时至 11 时，事发路段所在地最高气温 30.9 ℃，最低气温 25.9 ℃，平均气温 28.9 ℃，天气晴朗，无降水、雷电天气，能见度良好。

（四）人员伤亡和直接经济损失情况

事故共造成 35 人死亡、13 人受伤，车辆烧毁，高速公路路面及护栏受损。截至 2016 年 7 月 14 日，依据《企业职工伤亡事故经济损失统计标准》（GB 6721—1986）等标准和规定统计，核定事故造成直接经济损失为 2 290 余万元。

（五）事故应急救援处置情况

1. 事故信息接报及响应情况

6 月 26 日 10 时 22 分，湖南省高速公路交通警察局郴州支队宜章大队接到一名群众报警，称宜凤高速公路 34 km 处有一客车起火，具体情况不详。10 时 23 分，宜章大队接到郴州支队指挥中心关于此事故的转警。接警后，值班员于 10 时 24 分通知消防部门，之后按照大队负责人要求立即通知相关民警出警，并将事故情况通知了 119、120、高速公路路政及宜章县应急办等相关联动部门和单位。

郴州市和宜章县党委、政府接到报告后，迅速组织应急、安全监管、公安、消防、医疗、民政等相关部门赶赴现场，全力开展现场救援及善后工作。

湖南省人民政府及相关职能部门立即启动湖南省突发公共事件总体应急预案，湖南省人民政府以及郴州市、宜章县有关负责同志先后到达事故现场，指导事故救援处置。

国家安全监管总局、公安部、交通运输部领导率工作组连夜赶赴事故现场，指导事故调查和善后处理工作。

2. 事故现场应急处置情况

事故车辆停止后，车上乘客要求驾驶人刘××打开车门，刘××尝试打开车门但没有成功，向乘客答复门打不开了，随即从左侧驾驶人窗口逃出车外。在此过程中，坐在副驾驶位置的旅游团领队黄××用灭火器砸前挡风玻璃欲破窗逃生但未砸破，也从驾驶人窗口逃出。车前排座位乘客拥挤至驾驶人位置，争抢着从驾驶人窗口逃生，先后共有 15 人（含驾驶人刘××和旅游团领队黄××）逃出。此时，路过事故路段附近的一辆公路养护车和一辆运钞车先后赶来救援，公路养护车和运钞车上人员将事故车辆右后部倒数第一和第二块车窗玻璃打破，先后有 7 人被救出生还。

10 时 45 分，湖南省高速公路交通警察局郴州支队宜章大队民警赶到现场，立即对道路实行了双向交通管制。公安交警部门陆续向现场增派了 50 余名警力，全力开展救援、警戒和分流示警等工作。

11 时 7 分，现场明火被扑灭，交通管制车辆开始单向放行。

3. 医疗救治和善后情况

事故发生后，湖南省、郴州市卫生部门紧急抽调烧伤科专家组成医疗专家组，对事故中伤员进行全力救治。郴州市、衡阳市成立了 35 个善后工作组和 13 个受伤人员工作组，做好遇难人员家属接待安抚和伤员救治工作。

（六）事故直接原因

1. 车辆刮擦碰撞原因分析

1）有关因素排除情况

（1）排除驾驶人酒驾毒驾因素。经检测，事故车辆驾驶人刘××血液检测乙醇呈阴性，尿液检测吗啡、氯胺酮、甲基苯胺呈阴性，排除驾驶人因酒驾和毒驾导致驾驶行为失控的因素。

（2）排除车辆故障因素。经检测，事故车辆转向系统和制动系统在事发前未发生机械故障，符合机动车安全运行的相关标准要求，排除因故障导致车辆失控的因素。

2）原因认定情况

经调查认定，驾驶人刘××疲劳驾驶是导致车辆刮擦碰撞的主要原因。具体表现在以下三个方面。

（1）驾驶人休息时间不满足安全驾驶要求。据调查了解，刘××于6月23日从衡阳出发，接旅游团前往广西桂林游玩，直至6月25日23时左右才返回家中，累计行驶1 000余公里。在此期间，刘××连续三天于早晨7时前（其中，6月23日为6时许，6月24日为6时20分，6月25日为6时58分）带团出发，期间除长时间驾驶车辆外，还陪同游客到景区游玩，但晚上睡觉的时间均在凌晨0时以后，身体没有得到充分休息。

《中华人民共和国道路交通安全法》第二十二条第二款规定："饮酒、服用国家管制的精神药品或者麻醉药品，或者患有妨碍安全驾驶机动车的疾病，或者过度疲劳影响安全驾驶的，不得驾驶机动车。"

6月25日23时左右回家后，刘××又用手机浏览新闻、观看视频，直至6月26日凌晨1时左右才休息。5时20分，刘××被闹钟叫醒，但自己感觉没有睡醒，便将闹钟关掉后继续睡觉，直到5时48分接到一名乘客询问乘车情况的电话后才起床，当晚实际共休息约4 h 20 min，睡眠严重不足，加之此前刘××已连续多日未充分休息，造成过度疲劳影响安全驾驶的问题。

（2）驾驶人精神状态符合疲劳驾驶的情形。经过多名生还乘客询问证实，6月26日7时10分左右在耒阳市神农广场乘车等候时发现刘××正趴在方向盘上睡觉，直到8时许发车时刘××才睡醒，驾驶过程中刘××存在打哈欠等精神不振的情况，甚至在途中有乘客提出要去高速公路服务区休息后，刘××将收费站出口匝道误以为是服务区入口而走错路。刘××自己也交代，其驾驶车辆进入车流量相对较少的宜凤高速公路后，由于车流量较少，自己开始精神不集中，有采取左右大幅观看、缓解颈部疲劳等动作，此后眼睛不知什么时候眯在一起，发生碰撞后才醒过来。

（3）现场痕迹符合疲劳驾驶造成事故的形态。根据现场勘查情况判断，该车最初与中央护栏刮擦后的一段时间内，刘××未采取任何安全措施，导致车辆继续前行49 m与中央护栏发生严重碰撞，显示刘××处于疲劳无意识状态。

2. 车辆起火燃烧原因分析

1）有关因素排除情况

（1）排除车内物品引发起火的因素。经调查，车上乘客因参加的是一日游活动，当天往返，均未携带大件行李，事故车辆行李舱内仅存放有4个不锈钢垃圾桶、1个拖把及几个纸箱子，车厢内也未发现有导致车辆起火的易燃性危险物品。

（2）排除车辆电气故障火花和摩擦火花引燃起火的因素。从事故形态勘查分析，车辆电线线路断头处和烧毁处未发现短路熔痕，大客车在滑行的过程中没有发生起火，没有车辆因电气故障火花和摩擦火花引燃起火的迹象。从起火因素分析，点燃柴油需要长时间持续性的较大点火能量，而车辆电气故障火花和摩擦火花能量相对较小，且持续时间有限，达不到点燃柴油的条件。

2）原因认定情况

经调查认定，事故车辆右前轮轮毂与地面摩擦产生高温，引燃了车辆油箱内泄漏流淌到地面上的柴油，是造成车辆起火燃烧的主要原因。具体表现在以下四个方面。

（1）起火部位与事故后车辆右前轮位置吻合。从事故车辆驾驶员刘××及现场有关施救人员询问笔录证实，最初大客车车厢内无明火，仅有少量烟，起火位置位于车辆前部。根据现场痕迹勘查，大客车烧毁情况呈现出前重后轻、右重左轻的特征（见图3-5)。经综合分析，认定车辆的起火部位在车头下方地面处。该部位与大客车碰撞后发生移位的右前轮位置吻合。

图3-5 车辆烧毁情况对比图

（2）右前轮轮毂与地面摩擦产生了高温。事故车辆因碰撞导致前桥发生移位偏转后，右前轮轮毂面斜向着车辆行驶前进方向，右前轮在车辆惯性推移作用下向外倾斜，导致轮毂上凸出的紧固螺栓头部与地面接触刮撞，在车辆高速行驶且车轮不停转动的双重作用下持续摩擦产生高温。最终，右前轮轮毂上 10 个螺栓螺母中，有 9 个存在明显磨损痕迹（螺栓螺母原长为 4.5 cm，磨损最重处与轮毂平齐）；1 个螺母被磨失后螺栓松脱，残留的螺栓螺母呈现不同方向的磨损斜坡划痕；右前轮轮胎外侧磨损严重，钢丝层裸露，边缘位置钢丝磨断（见图 3-6）；路面上因摩擦形成长达 67.8 m 的挫划印。

图 3-6　车辆右前轮磨损情况图

（3）摩擦产生的高温满足点燃柴油的条件。实验表明，右前轮轮毂螺栓螺母摩擦面温度可达 400 ℃以上。经鉴定，事故车辆事发前所加的同批次柴油自燃点为 221 ℃，低于摩擦面的温度。

（4）油箱破裂漏油使柴油与右前轮轮毂充分接触。三次碰撞过程中，左侧油箱受挤压变形破裂，左右油箱之间的连接管脱落，柴油持续泄漏。当事故车辆最终停止后，路面上泄漏的柴油遇到因摩擦产生高温的右前轮后起火，柴油燃烧的流淌火逐渐向车辆周围扩散，引燃了车辆的可燃物，致使火势蔓延扩大。

3. 车辆乘客不能及时疏散原因分析

（1）车门受路侧护栏阻挡无法打开。经检测，事故车辆车门技术状况良好，在事故中已经启动并处于外摆状态，正常打开时最大外摆距离为 35 cm。但是，由于车辆最终停止时右前角紧挨路侧混凝土护栏，车门在外摆 6 cm 后即被护栏顶住，展开受阻，致使车门无法有效打开。

（2）安全锤放置不符合规定，影响乘客破窗逃生。经对事故车辆内遗留物进行清理，共发现 5 把安全锤，其中有 4 把被放置在驾驶人座位左下侧储物箱内，放置位置不符合《机动车运行安全技术条件》（GB 7258—2004）第 12.6.4.2 条（安全窗应采用易于迅速从车内、外开启的装置；或采用安全玻璃，并在车内明显部位装备击碎玻璃的手锤）要求，影响乘客破窗逃生。

综上所述，事故直接原因是：驾驶人刘××疲劳驾驶造成车辆失控，与道路中央护栏发生碰撞事故。碰撞导致车辆油箱破损、柴油泄漏，右前轮向外侧倾倒，轮毂上的螺栓螺母与地面持续摩擦产生高温。车辆停止后，路面上的柴油遇到因摩擦产生高温的右前轮后起火。车辆右前角紧挨路侧护栏，车门无法有效打开，车上乘客不能及时疏散，且安全锤未按规定放置在车厢内，乘客无法击碎车窗逃生，造成重大人员伤亡。

（七）事故企业经营活动情况

1. 事故发生单位基本情况

事故发生单位为骏达公司，注册地址为衡阳市蒸湘区常胜西路3号。该公司由陈××和刘××于2008年12月9日共同出资注册，注册资本100万元，其中陈××、刘××各占资50%。该公司拥有大型客车32台，其中10台车辆为公司通过按揭贷款方式购买，其余车辆为车主自筹资金购买后带车入股。公司成立了安全生产管理机构，配备了部分安全管理人员，其中安全经理李××，全面负责公司日常安全工作；安全员刘××，负责车辆年检、保险及二级维护；专职动态监控员李×，负责卫星定位装置动态监管及会议培训记录；车辆回场安全例检员何××，负责车辆回场安全检验及车辆档案管理。

2. 事故车辆日常经营管理情况

事故车辆实际所有人为驾驶人刘××与蒋××（骏达公司员工）、王××（骏达公司业务经理），三人于2014年联合出资购买该车，注册登记在骏达公司名下，日常以骏达公司名义从事旅游客运活动，但未与骏达公司签订承包经营合同。其中，蒋××占该车所有权50%，刘××和王××各占25%。2015年6月，王××将其所持所有股份转让给其姐姐王××（非骏达公司员工）。骏达公司每月除了从车辆经营收入中抽取3%的费用外，还向该车收取1 000元的车辆管理费和100元动态监控管理费。

3. 骏达公司客运车辆驾驶人备案及交通违法处理情况

2014年1月至2016年6月，骏达公司定期将企业聘用的客运车辆驾驶人名单向衡阳市公安局交通警察支队蒸湘区大队进行备案，累计备案驾驶人54名。但是，期间骏达公司客运车辆已处理的274人次违法信息中，实际由123名驾驶人承担处罚（有113人记分），接受处罚的驾驶人远远多于企业向公安交管部门备案的驾驶人数。其中，最多的一台客运车辆有24人次接受处罚，累计扣72分，涉及11名驾驶人。

4. 事故车辆动态监控装置运行管理情况

6月23日15时16分开始，事故车辆动态监控装置发生故障，无法正常定位。此后到事故发生时，事故车辆的动态监控装置虽然显示在线，但是车辆显示位置没有随着车辆运动而实时更新，一直显示在故障前最后一次正常定位的地点，即广西壮族自治区桂林市滨江路日月双塔公园附近。

对此，骏达公司动态监控员李×于6月24日上午11时左右在公司监控平台发现该车不能正常定位的问题，但未进行报告处理，后续也没有及时跟踪解决该问题。而且，6月26日早8时至事故发生时，李×一直未在监控岗位。

5. 游客组织情况

2016年5月，郴州市莽山景区珠江源漂流有限公司（以下简称珠江源公司）向湖南风光国际旅行社有限公司（以下简称风光旅行社）提供了800个免费漂流名额，委托其在衡阳市独家开展莽山景区漂流旅游项目的市场推广活动，风光旅行社具体由谭×（风光旅行社法定代表人黄××丈夫）、周×（黄××外甥）、刘×三人负责。三人通过微信网络平台对外发布了6月份赴莽山景区进行漂流的旅游优惠信息，并于6月19日组织开展了第一批共约400名游客的漂流旅游活动，6月26日的漂流旅游活动为第二批。6月25日，周×向珠江源公司报送了6月26日漂流旅游活动计划书，提前将车辆领队、联系方式及游客人数等信息告知了珠江源公司，当日共有约400名游客，分乘8辆车前往莽山景区游玩。经查，谭×、周×、刘×三人均不是风光旅行社员工，但周×报送的6月26日漂流旅游活动计划书使用了风光旅行社的文头纸进行打印，落款方为风光旅行社并加盖了签署自己姓名的风光旅行社业务章。

6月26日旅游活动组织过程中，衡阳市耒阳市悦游山水俱乐部创建人资××通过在QQ和微信群平台发布活动消息的方式，帮助谭×等人招徕了部分游客并负责带团游玩。事故车辆共有55名游客，其中由悦游山水俱乐部自行招徕24人，从中赚取了每人30元差价后将剩余旅费转给了周×。此外，湖南省衡阳汽车运输集团交通旅行社有限公司（以下简称交通旅行社，营业执照注册登记号430400000021911，营业期限自1999年6月22日至长期，法定代表人雷××，许可经营业务为国内旅游业务、入境旅游业务）耒阳营业部、衡阳国旅国际旅行社有限公司（以下简称衡阳国旅，营业执照统一社会信用代码9143040079910001XN，营业期限自2007年2月14日至2017年2月13日，法定代表人陈××，许可经营业务为入境旅游业务、国内旅游业务、出境旅游业务）耒阳服务网点、湖南旅游国际旅行社有限责任公司（以下简称湖南旅游，营业执照统一社会信用代码91430200557630878P，营业期限自2010年6月30日至2030年6月29日，法定代表人唐××，许可经营业务为国内旅游业务、入境旅游业务、出境旅游业务）耒阳市营业部、衡阳市亲和力旅游国际旅行社有限公司（以下简称亲和力旅行社，营业执照统一社会信用代码91430400730527672K，营业期限自2001年9月26日至2021年9月25日，法定代表人李×，许可经营业务为国内旅游业务、入境旅游业务）耒阳市人民路服务网点共招徕游客31人，各家旅行社按每人30元差价赚取利润后，将剩余旅费通过资××转给了周×，但未签订旅游委托协议。湘D94396号大客车由资××联系租用，该车领队由悦游山水俱乐部另一名创建人黄××担任。经查，悦游山水俱乐部未取得营业执照和旅行社经营资质，资××和黄××也均未取得旅游从业人员相关资质。

6. 旅游包车客运标志牌办理情况

2014年初，为减少旅游客运市场竞争，骏达公司等四家旅游客运企业在衡阳市中心汽车站自发成立了衡阳市旅游车辆调度中心（以下简称车辆调度中心），对四家客运企业所属的旅游包车进行集中经营、统一调度。此后，四家企业提出希望能够集中办理每趟次旅游包车客运标志牌，以便于企业经营管理。对此，衡阳市道路运输管理处处长许××、副处长毛××、客货运输科科长王×等人商议后决定，将原分属道路运输管理处三个下属管理所的市际旅游包车办理权限统一交由雁峰管理所负责，具体由雁峰管理所副所长、驻站办主任阴×办理。

2015 年初，车辆调度中心解散，但旅游包车客运标志牌办理权限未随之调整，阴×仍然负责统一办理市际旅游包车客运标志牌。按照正常程序，阴×需首先从衡阳市道路运输管理处领取未加盖公章的空白旅游包车客运标志牌，然后登录“湖南省道路运输信息管理系统”对申请企业相关资质进行网上审核，并对企业提供的包车合同、车辆安检合格单和派车单等纸质材料进行现场审核，审核通过后由阴×在标志牌存根处签字，再通过上述管理系统在空白的市际旅游包车客运标志牌上套打相关信息，之后才能加盖雁峰管理所公章正式核发。但是，雁峰管理所所长王××同意阴×提前在空白旅游包车线路牌上加盖了雁峰管理所公章，此后阴×违规将盖有公章的空白旅游包车客运标志牌以及自己登录“湖南省道路运输信息管理系统”的账号密码提供给了骏达公司，由骏达公司自行打印办理市际旅游包车客运标志牌。阴×还将本应免费核发的旅游包车客运标志牌以每张 5 元的价格向骏达公司收取费用。

2016 年 6 月 25 日中午，骏达公司业务经理王××电话通知刘××，要求他 26 日到耒阳市接乘客去郴州市莽山景区游玩。此后，刘××通过微信联系骏达公司动态监控系统监控员李×，请他帮助办理 6 月 26 日去莽山的旅游包车客运标志牌。李×在没有车辆安检合格单的情况下，拟定了虚假包车合同，凭着阴×提供的账号、密码登录“湖南省道路运输信息管理系统”，使用盖有公章的空白市际旅游包车客运标志牌，自行套打了 6 月 26 日前往莽山的旅游包车客运标志牌。6 月 25 日晚，李×按照约定将该客运标志牌放在了骏达公司值班室。6 月 26 日早晨，刘××从家中出发后前往骏达公司值班室，将旅游包车客运标志牌取走后放在车上，从而使湘 D94396 号大客车获得了该趟次包车的营运手续。

（八）有关责任单位存在的主要问题

1. 事故相关企业

1）骏达公司违规安排事故车辆发车运营，未按有关规定要求开展企业日常安全管理工作

（1）未按规定对事故车辆开展安全检验。违反《道路旅客运输企业安全管理规范（试行）》（交运发〔2012〕33 号）第三十五条第一款“道路旅客运输企业应当对客运车辆牌证统一管理，建立派车单制度。车辆发班前，企业应对车辆的技术状况进行检查，合格后，企业签发派车单，由客运驾驶人领取派车单和车辆运营牌证。在营运中，客运驾驶人应如实填写派车单相关内容，营运客车完成运输任务后，企业及时收回派车单和运营单证”、第三十二条第一款“道路旅客运输企业应当定期检查车内安全带、安全锤、灭火器、故障车警告标志的配备是否齐全有效，确保安全出口通道畅通，应急门、应急顶窗开启装置有效，开启顺畅，并在车内明显位置标示客运车辆行驶区间和线路、经批准的停靠站点”的规定，事故车辆在事发前三天一直在外地行驶，6 月 25 日晚上返回后，车辆没有按规定进行回场安全例检，骏达公司仍违规安排事故车辆第二天发班；骏达公司未按规范要求定期检查车内安全和应急设施，致使事故车辆安全锤未按规定放置等安全隐患没有得到及时整改。

（2）未落实车辆动态监控管理规定。违反《道路运输车辆动态监督管理办法》（交通运输部令 2016 年第 55 号）第二十二条第一款“道路旅客运输企业、道路危险货物运输企业和拥有 50 辆及以上重型载货汽车或牵引车的道路货物运输企业应当配备专职监控人员。专职监控人员配置原则上按照监控平台每接入 100 辆车设 1 人的标准配备，最低不少于 2 人”、第二十六条第一款“监控人员应当实时分析、处理车辆行驶动态信息，及时提醒驾驶员纠正超速行驶、疲劳驾驶等违法行为，并记录存档至动态监控台账……”、第二十七条“道路运输经营者应当确保卫星定位装置正常使用，保持车辆运行实时在线。卫星定位装置出现故障不能保持在线的道路运输车辆，道路运输经营者不得安排其从事道路运输经营活动”的规定，骏达公司仅配备 1 名监控人员，还兼职公司董事长司机、办理包车客运标志牌和部分文职工作；动态监控人员未正确履行职责，没有及时报修事故车辆动态监控装置不能定位的故障；骏达公司在事故车辆卫星定位装置出现故障的情况下，仍然违规安排车辆于 6 月 26 日发班。

（3）非法打印旅游包车客运标志牌。违反《道路旅客运输及客运站管理规定》（交通运输部令 2016 年第 34 号）第五十一条第一款“客运包车应当凭车籍所在地道路运输管理机构核发的包车客运标志牌，按照约定的时间、起始地、目的地和线路运行，并持有包车票或者包车合同，不得按班车模式定点定线运营，不得招揽包车合同外的旅客乘车”的规定，骏达公司未经交通运输部门审核，自行非法打印了事故车辆 6 月 26 日当天的市际旅游包车客运标志牌。

（4）未采取有效措施防止驾驶人疲劳驾驶。违反《中华人民共和国道路交通安全法》第二十二条第二款“饮酒、服用国家管制的精神药品或者麻醉药品，或者患有妨碍安全驾驶机动车的疾病，或者过度疲劳影响安全驾驶的，不得驾驶机动车”的规定，骏达公司未考虑事故客车驾驶人刘××在 6 月 23 日至 6 月 25 日连续驾驶且没有得到充分休息的情况，仍安排其于 6 月 26 日发班，驾驶员休息制度和防疲劳驾驶制度未有效落实。

（5）未落实应急管理各项规定要求。违反《道路旅客运输企业安全管理规范（试行）》（交运发〔2012〕33 号）第二十一条第一款“道路旅客运输企业应当建立客运驾驶人安全教育、培训及考核制度。定期对客运驾驶人开展法律法规、典型交通事故案例警示、技能训练、应急处置等教育培训。客运驾驶人应当每月接受不少于 2 次，每次不少于 1 小时的教育培训。道路旅客运输企业应当组织和督促本企业的客运驾驶人参加继续教育，保证客运驾驶人参加教育和培训的时间，提供必要的学习条件”、第六十条“道路旅客运输企业应当建立应急救援制度。健全应急救援组织体系，建立应急救援队伍，制定完善应急救援预案，开展应急救援演练”，以及《道路旅客运输及客运站管理规定》（交通运输部令 2016 年第 34 号）第四十五条第一款“客运经营者应当制定突发公共事件的道路运输应急预案。应急预案应当包括报告程序、应急指挥、应急车辆和设备的储备以及处置措施等内容”的规定，骏达公司应急处置制度不健全，相关规定在日常生产经营中均未得到有效落实；应急预案操作性不强，也没有组织开展应急救援演练。

2）相关旅行社违法违规从事旅游经营活动

（1）违法出借旅行社业务经营许可证。违反《中华人民共和国旅游法》第三十条“旅行社不得出租、出借旅行社业务经营许可证，或者以其他形式非法转让旅行社业务经营许可”、《旅行社条例实施细则》（国家旅游局令第30号）第二十七条“旅行社业务经营许可证不得转让、出租或者出借。旅行社的下列行为属于转让、出租或者出借旅行社业务经营许可证的行为：（一）除招徕旅游者和符合本实施细则第三十四条第一款规定的接待旅游者的情形外，准许或者默许其他企业、团体或者个人，以自己的名义从事旅行社业务经营活动的；（二）准许其他企业、团体或者个人，以部门或者个人承包、挂靠的形式经营旅行社业务的”的规定，风光旅行社默许了与公司无劳务关系的谭×、周×等人以风光旅行社名义从事除招徕旅客以外的旅行社业务经营活动。

（2）未按要求签订旅游委托书面合同。违反《中华人民共和国旅游法》第六十九条第二款“经旅游者同意，旅行社将包价旅游合同中的接待业务委托给其他具有相应资质的地接社履行的，应当与地接社订立书面委托合同，约定双方的权利和义务，向地接社提供与旅游者订立的包价旅游合同的副本，并向地接社支付不低于接待和服务成本的费用”、《旅行社条例》（国务院令第666号）第三十六条“旅行社需要对旅游业务作出委托的，应当委托给具有相应资质的旅行社，征得旅游者的同意，并与接受委托的旅行社就接待旅游者的事宜签订委托合同，确定接待旅游者的各项服务安排及其标准，约定双方的权利、义务”的规定，交通旅行社、衡阳国旅、湖南旅游、亲和力旅行社4家旅行社未与风光旅行社签订书面委托合同，仅通过口头约定方式将此次旅游接待业务委托给了不具备相应资质的个人。

（3）旅行社服务网点违规开展旅游经营业务。违反《旅行社条例》（国务院令第666号）第十一条“旅行社设立专门招徕旅游者、提供旅游咨询的服务网点（以下简称旅行社服务网点）应当依法向工商行政管理部门办理设立登记手续，并向所在地的旅游行政管理部门备案。旅行社服务网点应当接受旅行社的统一管理，不得从事招徕、咨询以外的活动”的规定，衡阳国旅耒阳服务网点非法从事招徕、咨询以外的旅游经营活动，湖南旅游耒阳市营业部、亲和力旅行社耒阳市人民路服务网点在尚未完成服务网点备案登记手续的情况下违规经营。

（4）未按规定与游客签订旅游合同。违反《中华人民共和国旅游法》第五十七条“旅行社组织和安排旅游活动，应当与旅游者订立合同”、《旅行社条例》（国务院令第666号）第二十八条“旅行社为旅游者提供服务，应当与旅游者签订旅游合同并载明下列事项……”的规定，衡阳国旅、湖南旅游、亲和力旅行社在组织和安排旅游活动中未与游客签订旅游合同。

2. 衡阳市有关部门

1）交通运输部门在旅游包车客运标志牌发放和对运输企业日常安全检查等工作中未按规定履行职责

（1）衡阳市道路运输管理处违规将旅游包车客运标志牌由雁峰管理所跨区集中发放，

造成重大安全隐患；未按规定督促指导相关科室和所辖管理所依法履行道路运输安全监管职责，对客货运输科未依法管理旅游包车客运标志牌发放工作失察；对雁峰管理所违规将空白旅游包车客运标志牌直接发放给客运企业的问题失察；对蒸湘管理所监管客运企业安全生产工作流于形式、企业重大安全隐患长期未能及时整改的问题失察。

（2）衡阳市交通运输局未按规定监督和指导衡阳市道路运输管理处依法履行对道路客运企业的监管职责，对衡阳市道路运输管理处监管客运企业安全生产工作流于形式、不按规定履职造成重大安全隐患的问题失察。

2）公安交管部门未按规定履行旅游包车等重点车辆和驾驶人的监督检查职责

（1）耒阳市公安局交通警察大队对旅游大客车的执法检查和路面执法管控存在薄弱环节，未发现事故车辆在辖区内违规停放上客和超员载客的问题。

（2）衡阳市公安局交通警察支队蒸湘区大队未按规定每月向辖区内交通运输主管部门、运输企业通报机动车驾驶人的道路交通违法行为、记分和交通事故等情况。

（3）衡阳市公安局交通警察支队对道路交通违法处罚部门在处罚过程中未认真核对驾驶证准驾车型和违法车辆车型的问题失察。对蒸湘区大队未定期向运管部门和客运企业通报驾驶人道路交通违法行为、记分等情况失察。未有效督促和指导耒阳市公安局交通警察大队加强路面执法管控工作。

3. 旅游行业监管部门未按规定对旅行社进行监督检查

（1）耒阳市交通运输和旅游局未按有关法律和规定要求，履行旅游市场监督检查职责，对监督检查中发现相关旅行社服务网点没有备案登记的问题，未及时督促整改；未发现相关旅行社服务网点不按规定签订旅游合同、违法委托旅游接待业务、非法从事旅游经营等问题。

（2）衡阳市旅游外侨民宗局未按规定履行旅游市场监管和执法检查职责，对辖区内旅行社及服务网点违法违规开展旅游业务、旅游市场非法经营等问题失察；未有效督促指导耒阳市旅游监管部门履行旅游市场监管职责。

4. 衡阳市人民政府

衡阳市人民政府没有牢固树立安全发展理念，对安全生产工作重视程度不够，未按法律规定加强对安全生产工作的领导，未有效督促交通运输、公安交管、旅游行业监管部门依法履行安全生产监督管理职责。

（九）对有关责任人员和单位的处理意见

根据事故原因调查和事故责任认定，依据有关法律法规和党纪政纪规定，对事故有关责任人员和责任单位提出处理意见：司法机关已对 21 人采取刑事强制措施，其中公安机关对 17 人依法立案侦查并采取刑事强制措施（涉嫌交通肇事罪 1 人，涉嫌重大责任事故罪 16 人）；检察机关对 4 名涉嫌职务犯罪人员依法立案侦查并采取刑事强制措施（涉嫌滥用职权罪 1 人，涉嫌玩忽职守罪 3 人）。涉嫌犯罪人员待司法机关作出处理后，属中共党员或行政监察对象的，由当地纪检监察机关或负有管辖权的单位及时给予相应的党纪政纪处分。

事故调查组依据2016年《中国共产党纪律处分条例》第二十九条和第三十一条、《行政机关公务员处分条例》（国务院令第495号）第二十条和《事业单位工作人员处分暂行规定》（人力资源和社会保障部、监察部令第18号）第十七条等规定，建议对21名责任人员（厅局级1人、县处级5人、科级及以下15人）给予党纪政纪处分（撤职5人、降级3人、记大过及以下处分12人、单独给予党内严重警告1人）。事故调查组建议对6家事故有关企业及相关负责人的违法违规行为给予行政处罚。

事故调查组建议责成湖南省人民政府和衡阳市委、市人民政府作出深刻检查。

1. 事故相关企业（17人）

（1）刘××，事故车辆驾驶人、车主。因涉嫌交通肇事罪，2016年7月11日被宜章县人民检察院批准逮捕。

（2）蒋××，事故车辆车主。因涉嫌重大责任事故罪，2016年8月5日被郴州市公安局取保候审。

（3）王××，事故车辆车主。因涉嫌重大责任事故罪，2016年8月5日被郴州市公安局取保候审。

（4）陈××，骏达公司董事长。因涉嫌重大责任事故罪，2016年7月3日被郴州市公安局取保候审。

（5）何×，骏达公司法人代表、总经理。因涉嫌重大责任事故罪，2016年8月4日被郴州市人民检察院批准逮捕。

（6）李××，骏达公司安全经理。因涉嫌重大责任事故罪，2016年8月4日被郴州市人民检察院批准逮捕。

（7）王××，骏达公司业务经理。因涉嫌重大责任事故罪，2016年8月4日被郴州市人民检察院批准逮捕。

（8）刘××，骏达公司安全员。因涉嫌重大责任事故罪，2016年8月5日被郴州市公安局取保候审。

（9）何××，骏达公司车辆回场检测员。因涉嫌重大责任事故罪，2016年8月4日被郴州市人民检察院批准逮捕。

（10）李×，骏达公司动态监控员及旅游包车线路牌办理员。因涉嫌重大责任事故罪，2016年8月4日被郴州市人民检察院批准逮捕。

（11）资××，事故车辆旅游活动的组织者。因涉嫌重大责任事故罪，2016年8月4日被郴州市人民检察院批准逮捕。

（12）黄××，事故车辆旅游团领队。因涉嫌重大责任事故罪，2016年7月15日被郴州市公安局取保候审。

（13）周×，莽山漂流活动组织策划者。因涉嫌重大责任事故罪，2016年8月19日被郴州市人民检察院批准逮捕。

（14）彭×，交通旅行社业务审核经理。因涉嫌重大责任事故罪，2016年8月19日被郴州市公安局取保候审。

（15）徐×，衡阳国旅耒阳服务网点负责人。因涉嫌重大责任事故罪，2016 年 8 月 19 日被郴州市公安局取保候审。

（16）李××，湖南旅游耒阳市营业部负责人。因涉嫌重大责任事故罪，2016 年 8 月 19 日被郴州市公安局取保候审。

（17）何××，亲和力旅行社耒阳市人民路服务网点负责人。因涉嫌重大责任事故罪，2016 年 8 月 19 日被郴州市公安局取保候审。

2. 衡阳市有关部门

1）交通运输部门（14 人）

被检察机关立案侦查人员（4 人）：

（1）许××，衡阳市道路运输管理处党委副书记、处长。2016 年 9 月 20 日，因涉嫌玩忽职守罪，被检察机关立案侦查。

（2）谭××，中共党员，衡阳市交通运输管理处蒸湘管理所所长。2016 年 7 月 14 日，因涉嫌玩忽职守罪，被检察机关立案侦查。

（3）王××，中共党员，衡阳市交通运输管理处雁峰管理所所长。2016 年 7 月 14 日，因涉嫌玩忽职守罪，被检察机关立案侦查。

（4）阴×，群众，衡阳市交通运输管理处雁峰管理所副所长兼驻中心汽车站管理办公室主任。2016 年 7 月 4 日，因涉嫌滥用职权罪，被检察机关立案侦查。

给予党政纪处分人员（10 人）：

（1）罗××，衡阳市交通运输局党委书记、局长。不认真贯彻落实国家有关道路运输法律法规，对安全生产工作疏于监督管理，对该局相关科室和衡阳市道路运输管理处未按规定依法履行监管职责的问题失察。对事故的发生负有重要领导责任，建议给予党内警告、记大过处分。

（2）冯××，衡阳市交通运输局党委委员、工会主席，分管道路运输管理等工作，联系衡阳市道路运输管理处。不认真贯彻落实国家有关道路运输法律法规，对衡阳市道路运输管理处监管客运企业安全生产工作流于形式、不按规定履职造成重大安全隐患等问题失察。对事故的发生负有主要领导责任，建议给予党内严重警告、降级处分。

（3）姚××，中共党员，2016 年 4 月始任衡阳市交通运输局安全监督科科长，2013 年 4 月至 2016 年 4 月任该局道路运输科副科长（2013 年 8 月起主持该科工作）。在主持道路运输科工作期间，未按规定履行职责，对衡阳市道路运输管理处违规跨区集中发放市际旅游包车客运标志牌造成重大安全隐患的问题失察。对事故的发生负有重要领导责任，建议给予记过处分。

（4）宋××，衡阳市道路运输管理处党委书记、副处长（事业编制）。不认真履行职责，疏于管理，未有效监督衡阳市道路运输管理处和所辖管理所的党员干部依法履行职责。对事故的发生负有重要领导责任，建议给予党内严重警告处分。

（5）毛××，衡阳市道路运输管理处党委副书记、副处长（事业编制）。2012年7月至2015年12月，分管道路旅客运输等工作，在此期间，参与违规决策，将市际旅游包车客运标志牌跨区集中发放，造成重大安全隐患；疏于管理，对雁峰管理所违规将空白市际旅游包车客运标志牌直接发放给客运企业的问题失察。对事故的发生负有主要领导责任，建议给予撤销党内职务、行政撤职处分。

（6）刘××，衡阳市道路运输管理处党委委员、副处长（事业编制），分管道路旅客运输等工作，联系蒸湘管理所。未按规定履行职责，对客货运输科未依法管理市际旅游包车客运标志牌发放工作和蒸湘管理所未按规定履行客运企业监管职责的问题失察。对事故的发生负有主要领导责任，建议给予撤销党内职务、行政撤职处分。

（7）胡××，衡阳市道路运输管理处党委委员、副处长（事业编制），联系雁峰管理所。疏于管理，未按规定督促雁峰管理所依法履行职责，对该所长期违规将空白市际旅游包车客运标志牌直接发放给客运企业的问题失察。对事故的发生负有主要领导责任，建议给予撤销党内职务、行政撤职处分。

（8）朱××，中共党员，衡阳市道路运输管理处运输安全指导科负责人（事业编制）。未按规定组织指导蒸湘管理所依法履行职责，对该所监管骏达公司安全生产工作流于形式、企业重大安全隐患长期未能及时整改的问题失察。对事故的发生负有重要领导责任，建议给予记过处分。

（9）何×，中共党员，衡阳市道路运输管理处客货运输科负责人（事业编制）。未按规定督促指导雁峰管理所依法履行职责，对该所违规将空白市际旅游包车客运标志牌直接发放给客运企业的问题失察。对事故的发生负有重要领导责任，建议给予记过处分。

（10）王×，中共党员，衡阳市道路运输管理处驾驶员培训科负责人（事业编制）。2012年10月至2015年7月任该处客货运输科科长，在此期间，参与违规决策，将市际旅游包车客运标志牌跨区集中发放，造成重大安全隐患；对雁峰管理所长期违规将空白市际旅游包车客运标志牌直接发放给客运企业的问题失察。对事故的发生负有直接责任，建议给予党内严重警告、行政撤职处分。

2）公安交管部门（5人）

（1）祝××，衡阳市公安局交通警察支队党委委员、副支队长，分管驾驶员违法行为处罚等工作。不认真贯彻落实国家有关道路交通安全法律法规，未按规定履行职责，对道路交通违法处罚部门在对骏达公司客运车辆违法行为处理中未认真核对驾驶证准驾车型和违法车辆车型的问题失察。对事故的发生负有重要领导责任，建议给予记过处分。

（2）刘×，衡阳市公安局交通警察支队蒸湘区大队党支部书记、大队长。不认真贯彻落实国家有关道路交通安全法律法规，对辖区内骏达公司疏于监督检查，对该公司未按规定落实安全生产主体责任的问题失察。对事故的发生负有重要领导责任，建议给予记大过处分。

（3）朱×，衡阳市公安局交通警察支队蒸湘区大队党支部委员、副大队长，分管道路交通安全宣传、重点车辆和驾驶人管理等工作。未按规定履行监督检查职责，未依法有效对辖区内骏达公司客运车辆及其驾驶人实施监管。对事故的发生负有主要领导责任，建议给予党内严重警告、降级处分。

（4）蒋××，耒阳市公安局交通警察大队党支部书记、副大队长（主持大队全面工作），分管城区一中队。不认真贯彻落实国家有关道路交通安全法律法规，对城区一中队勤务安排不合理等问题未及时纠正，对该中队未有效履行道路交通安全管理职责的问题失察。对事故的发生负有重要领导责任，建议给予记过处分。

（5）谢××，中共党员，耒阳市公安局交通警察大队城区一中队中队长。未根据辖区警情、有关文件要求及时调整中队勤务安排，未按规定有效加强路面执法管控，对事故车辆在辖区内违法停靠、超员载客的问题失察。对事故的发生负有重要领导责任，建议给予记大过处分。

3）旅游行业监管部门（5人）

（1）晋××，衡阳市旅游外侨民宗局党组成员、副局长，分管旅游质量监督科。不认真贯彻落实国家有关旅游市场监管法律法规，对旅游质量监督科、耒阳市旅游部门不按规定认真履行旅游市场监管职责的问题失察。对事故的发生负有重要领导责任，建议给予记过处分。

（2）宋××，中共党员，衡阳市旅游外侨民宗局旅游质量监督科科长。未认真履行职责，对辖区内旅行社及服务网点违法违规开展旅游业务、旅游市场非法经营等问题失察，未按规定督促指导耒阳市旅游部门依法履行监管职责。对事故的发生负有重要领导责任，建议给予记大过处分。

（3）罗××，耒阳市交通运输和旅游局党委书记、局长。不认真贯彻落实国家有关旅游市场监管法律法规，疏于监督管理，对耒阳市旅游服务中心未认真履行日常监管职责的问题失察。对事故的发生负有重要领导责任，建议给予党内警告、记大过处分。

（4）资××，中共党员，耒阳市旅游服务中心主任（事业编制）。不认真落实有关文件要求，未有效督促行业股依法履行旅游监管职责，对耒阳市旅游市场存在的违法违规经营等问题失察。对事故的发生负有主要领导责任，建议给予党内严重警告、行政撤职处分。

（5）资×，中共党员，耒阳市旅游服务中心行业股股长（参公管理事业编制）。未认真履行旅游市场监管职责，未有效督促辖区内旅行社服务网点整改未备案的问题，对其不按规定签订旅游合同、违法委托旅游接待业务、非法从事旅游经营等问题失察。对事故的发生负有主要领导责任，建议给予降级处分。

4）衡阳市人民政府

刘××，衡阳市政府党组成员、副市长，分管交通运输等工作。不认真贯彻落实国家有关道路运输法律法规，未有效督促市交通运输部门依法履行道路运输安全监管职责。对事故的发生负有重要领导责任，建议给予记过处分。

3. 建议给予行政处罚的单位和人员

1）骏达公司

建议依法关闭骏达公司，吊销道路运输经营许可证和营业执照，并处高限罚款。企业主要负责人终身不得担任本行业生产经营单位的主要负责人。

2）相关旅行社

建议依法吊销风光旅行社的旅行社业务经营许可证，对旅行社主要负责人处以高限罚款，在旅行社业务经营许可被吊销之日起五年内不得担任任何旅行社的主要负责人。

建议依法责令交通旅行社、衡阳国旅、湖南旅游、亲和力旅行社停业整顿，并处高限罚款。

企业已被司法机关采取刑事强制措施的人员中，经司法机关审理免于刑罚的，依法给予相应行政处罚。对相关企业及人员的行政处罚，由湖南省人民政府负责组织有关部门实施。

4. 其他建议

建议责成湖南省人民政府向国务院作出深刻检查，责成衡阳市委、市人民政府向湖南省委、省人民政府作出深刻检查，认真总结和吸取事故教训，进一步加强和改进安全生产工作。

（十）事故主要教训

1. 驾驶员安全意识和应急处置能力差

肇事客车驾驶员刘××连续高强度工作，但工作之余没有合理安排休息时间，致使身体过度疲劳、影响了安全驾驶；车辆虽然配备了安全锤，但未按规定要求放在车厢内显著位置；发生车辆起火的险情后，驾驶员首先跳窗逃生，没有组织车内人员紧急疏散。存在这些问题的深层次原因是运输企业对客运车辆驾驶员缺乏日常安全管理，驾驶员培养选拔机制还不够科学，日常安全教育培训针对性不强甚至流于形式，应急演练培训等工作未有效开展。

2. 营运客车安全技术性能有待进一步提升完善

事故车辆采用了单门和全封闭车窗式结构设计，不利于人员疏散逃生。虽然我国已经调整了客车相关标准，规定 9 m 以上大客车须设置双门或外推式、推拉式逃生窗的结构要求，但按照旧标准生产的存量在用车辆仍然较多。同时，由于新标准未强制要求客车生产企业采用外推式、推拉式逃生窗，因此大多数新生产大客车仍然沿用全封闭车窗结构，紧急情况下需使用安全锤破窗逃生。然而，车辆乘客往往缺乏相关培训，安全锤多数不符合标准，紧急情况下破窗困难，安全风险仍然较大。此外，车辆内饰材料阻燃性能仍有待进一步提高，地板的阻燃性能尚缺乏强制性国家标准。

3. 事故道路运输企业安全生产主体责任不落实

骏达公司虽然成立了安全生产管理机构、配备了部分专职安全管理人员，但为了追求经济利益而忽视国家法律法规，在安全投入方面严重不足，对于承包经营的车辆重收费、轻管理，存在安全管理规章制度照抄照搬、专职的动态监控人员未按要求配备、车辆回场例检制度不落实、日常安全教育和应急演练培训缺失等问题。在本次事故中，企业违规私自打印空白旅游包车线路牌，违规安排动态监控装置故障的车辆发车运行，并且对车辆驾驶员的身体安全状况放任不管，最终导致了事故发生。

4. 旅游包车源头安全监管工作开展不力

旅游包车与普通的班线客车不同，不需要进入汽车站内发车运行，一般都是根据包车客户的需求在指定地点接客出发，且运行线路不规律。因此，旅游包车发车前的线路牌审核发放工作就显得尤为重要。但是本次事故中，衡阳市交通运管部门不仅没有认真审核车辆及驾驶员的资质、车辆安检合格单、旅游包车合同等材料，而且滥用职权将盖好运管部门公章的空白纸质包车客运标志牌发放给企业自行打印，致使事故车辆完全脱离于监管之外。

5. 道路运输车辆动态监控系统未发挥应有作用

道路运输企业没有落实交通运输部门对动态监控系统提出的“车辆一动、全程受控”要求，对车辆驾驶员失管失控。骏达公司日常未对动态监控系统报警的超速等交通违法行为进行处罚，事发当天车辆行驶过程中骏达公司一直无人员进行监控值守。动态监控装置发生故障后，公司未及时报修，运营服务商也未及时进行处理，日常的故障处置机制不完善。交通运输部门在对骏达公司的多次监督检查中也未发现企业存在的问题，日常监督执法不严。

6. 针对重点营运车辆及驾驶人的监管合力未有效发挥

交通运输部门重点营运车辆及驾驶人从业资质信息与公安交管部门交通违法处罚等信息未有效对接，影响了监管合力的发挥。公安交管部门未认真履行职责，针对旅游包车等重点营运车辆，没有每月向辖区内交通运输部门和运输企业通报机动车驾驶人的道路交通违法行为、记分和交通事故等情况；骏达公司很多接受交通违法处罚的驾驶人并不是运输企业备案的驾驶人，借证清分的问题较为严重，重点营运车辆非现场交通违法行为的处罚机制有待进一步完善规范。

7. 旅行社及其从业人员安全责任意识淡薄，日常安全监管存在盲区

相关旅行社安全管理混乱，安全教育培训流于形式，长期存在违规委托旅游业务、不与游客签订旅游合同、未订立书面委托合同、部分服务网点超范围从事旅行社经营活动、无从业资质人员从事导游工作等违法违规问题。旅游行业主管部门对旅行社的日常安全监管乏力，未制定监督检查计划，未督促旅行社开展经常性、针对性的安全生产隐患排查整治，没有及时发现和制止旅行社存在的安全生产违法违规行为。此外，对新出现的一些不具备旅行社营业资格的机构和个人利用网络社交平台非法从事旅游经营活动的行为，尚缺乏具体的法律法规支撑和有效的监督管理手段。

（十一）事故防范措施建议

1. 进一步加强营运客车驾驶员的教育培训

国务院有关部门要进一步总结大客车驾驶员职业教育的试点经验，适时在全国范围内推广，通过系统全面的职业教育培训，从源头上解决大客车驾驶员整体素质不高、安全意识薄弱等问题。此外，各地区、各有关部门和单位要进一步加强对营运客车驾驶员的入职培训和日常教育培训，完善驾驶员驾驶证和从业资格证审验教育培训，加大对道路交通安全法律法规、安全行车常识、典型事故案例等内容的学习，时刻强化安全责任意识。要督促运输企业制订完善应急预案，明确客运车辆驾驶员的应急处置职责和程序，切实开展应急演练，有效提升突发紧急情况下的应急处置能力和水平。

2. 进一步提升营运客车安全技术性能

各地区要针对此次事故中暴露出的大客车安全隐患问题，全面开展排查整治工作，为单门全封闭车窗的大中型客车更换符合标准的安全锤，鼓励在客车两侧的应急窗加装破窗器或外推式车窗，并为所有大型客车配发安全告知光盘或安全须知卡，告知乘客车上安全设施的使用方法和应急逃生知识。加快研究制定《营运客车安全技术条件》，对营运客车的内饰材料阻燃性、应急逃生、防侧翻等方面的性能，提出更高、更严格的技术要求。积极开展疲劳驾驶告警、自动紧急制动、车道偏离告警等智能主动安全技术在大中型客车上的应用研究。

3. 进一步推动道路旅客运输企业提升安全管理工作水平

各级交通运输部门要严格道路旅客运输市场准入管理，鼓励道路客运企业实行规模化、公司化经营，对新设立的企业要严格审核安全管理制度和安全生产条件，强化道路运输企业安全主体责任。建立道路客运企业安全生产诚信体系，开展企业安全生产诚信评价，将诚信评价结果与企业运力发展、服务质量招投标、扩大经营范围和规模审批、评比表彰等方面挂钩，不断完善安全管理的激励约束机制。建立以安全为导向的市场退出机制，对发现存在违规运营和安全隐患的运输企业和驾驶员要及时处理；对存在重大安全隐患或不具备安全生产条件的运输企业，要责令其停业整顿；经停业整顿后仍不具备安全生产条件的，报请当地政府批准后，依法吊销其相关证照，予以关闭。

4. 进一步完善包车客运安全监管措施

各级交通运输部门要严格落实旅游包车客运标志牌管理制度，在继续巩固省际旅游包车网上全程申请、审核、打印功能的基础上，进一步推动市际及以下等级旅游包车全面使用包车客运管理信息系统，完善包车合同等资料的网上审核功能，从根本上避免违规发放空白包车牌证的情况发生。交通运输部门要逐步为执法人员配齐包车客运标志牌识别设备，加大对旅游景区、旅客集散地等区域监督检查力度，严查没有合法包车标志牌、超范围经营的包车客车；公安部门要严把“出城、出站、上高速、过境”四关，重点检查车辆安全锤、安全带等安全设施配备使用情况、车辆安全技术状况，严查超速、超员、疲劳驾驶等交通违法行为。

5. 进一步推进重点营运车辆动态监控联网联控工作

各级交通运输部门要严格按照《道路运输车辆动态监督管理办法》（交通运输部令2016年第55号）的要求，建立完善对道路运输企业的考核评价办法和细则，进一步规范道路运输车辆动态监控的组织机构和人员配备、违规行为的闭环处理、监控数据的统计分析、终端设备和平台的维护等工作内容和要求，提高系统的应用水平。积极推进动态监控系统与运政管理、报班发车等信息管理系统的有机结合，实现静态管理与动态管理的相互促进与融合。要建立动态监控系统运营服务商服务质量评价及监督制度，对于产品质量存在问题以及技术服务不到位、维护能力不足、无法满足动态监控需要的运营服务商，要坚决清退出市场。

6. 进一步强化针对重点营运车辆及其驾驶人的安全监管合力

公安交管部门要认真履行针对重点营运车辆的安全监管职责，进一步明确违法信息抄告、年检年审提醒、安全宣传教育等工作的具体标准要求，加大对相关岗位执法人员的业务知识培训，制定完善相应的绩效考核办法，有效加强对长途客车、旅游包车以及校车、危险化学品运输车等重点营运车辆及其驾驶人的日常安全监管。要制定重点营运车辆非现场交通违法行为处罚的工作流程和规范，健全交通运输部门与公安交管部门重点营运车辆相关信息数据的对接机制，严厉整治借证清分的违规行为，真正发挥交通违法记分对重点营运车辆驾驶人的督促约束作用。

7. 进一步加大旅游安全执法和教育培训工作力度

各级旅游部门要在跨部门联合执法的基础上，建立跨区域执法联动机制，针对旅游旺季导游持证上岗、旅行社日常安全管理以及旅游包车资质审核和协议签署等重点薄弱环节，加大对旅行社企业和导游的监督检查力度，规范旅游市场经营行为，确保旅客安全。要进一步完善相关法律法规，加强对机构和个人利用网络社交平台从事非法旅游经营活动的监管。要加强各相关部门的协调联动，搭建部门信息共享渠道，建立违法旅行社、机构以及个人的“黑名单”制度，完善社会信用体系建设。要广泛开展旅游安全宣传，加大对旅游企业和从业人员的培训教育力度，将企业安全培训情况纳入日常监督检查重点，有效强化旅游企业安全生产主体责任。